Unternehmensführung systemisch gedacht

Cristina Barth Frazzetta / Claudia James

Unternehmensführung systemisch gedacht

Ein Weg zum integrierten Unternehmenserfolg

1. Auflage

Schäffer-Poeschel Verlag Stuttgart

Reihe Systemisches Management

Bibliografische Information der Deutschen Nationalbibliothek

Die Deutsche Nationalbibliothek verzeichnet diese Publikation in der Deutschen Nationalbibliografie; detaillierte bibliografische Daten sind im Internet über http://dnb.dnb.de abrufbar.

Print: ISBN 978-3-7910-4555-9 Bestell-Nr. 10350-0001
ePub: ISBN 978-3-7910-4567-2 Bestell-Nr. 10350-0100
ePDF: ISBN 978-3-7910-4568-9 Bestell-Nr. 10350-0150

Cristina Barth Frazzetta / Claudia James
Unternehmensführung systemisch gedacht
1. Auflage, Oktober 2019

www.schaeffer-poeschel.de
service@schaeffer-poeschel.de

Produktmanagement: Dr. Frank Baumgärtner

Schäffer-Poeschel Verlag Stuttgart
Ein Unternehmen der Haufe Group

Inhaltsverzeichnis

1	**Einleitung**	13
1.1	Die Freude an der Arbeit – wohin ist sie verschwunden?	13
1.2	Das Machbarkeitsparadigma	14
1.3	Leben und Arbeiten – ein gemeinsames Ganzes	15
1.4	Effizienzsteigerung – eine moderne Seuche?	16
1.5	Paradigmen als Programm	16
1.6	Erfolgreich sein – aber ausgewogen	17
2	**Weshalb wir dieses Buch geschrieben haben – oder: Was bedeutet Erfolg?**	19
2.1	Von der kurativen Medizin zur Prävention	19
2.2	Handlungsspielräume wiederentdecken und ausweiten	22
3	**Das Machbarkeitsparadigma – Versuch einer historischen Herleitung**	27
3.1	Der Bausatz des Universums	27
	3.1.1 »Der Da-Vinci-Code«	28
	3.1.2 Die Erfolgsgeschichte des Zerlegens	29
3.2	Jede Methode hat ihre Grenzen	29
3.3	Fragmentierung unserer Gesellschaft	30
4	**Die Macht der Paradigmen**	33
4.1	Der menschliche Kompass	33
	4.1.1 Persönliche Survival-Kits	35
	4.1.2 Die Unumstößlichkeit erlernter Lösungsmuster	35
	4.1.3 Oder: Muster umstoßen als neue Lösung	36
	4.1.4 Den Werkzeugkasten ausbauen	37
5	**Wirtschaft und Gesundheit – Wohlstand basiert auf beidem**	39
5.1	Zwei Seiten einer Medaille	39
5.2	Erschöpfung als Maßstab für Erfolg?	40
5.3	Sinnvolle Prozesse sind nicht zwangsläufig sinnstiftend	40
5.4	Analyse bis zur Paralyse	41
5.5	»Müßiggang ist aller Laster Anfang« oder »Dem Glücklichen schlägt keine Stunde«?	43
5.6	Was Menschen als Glück empfinden	44
5.7	Lemminge begehen keinen Suizid – sie überschätzen ihre Kräfte	45

6 Unternehmenskultur und Machbarkeit ... 47
6.1 Unternehmenskultur als Prägung ... 47
6.2 Zukunft ohne Gegenwart ... 48
6.3 Machtmissbrauch oder Führung? ... 49
6.4 Wenn Unternehmensleitbilder mehr als nur Worthülsen sein sollen ... 50
6.4.1 Erwünschtes Verhalten ableiten ... 51
6.4.2 Gelebte Leitwerte bestimmen auch die Arbeitszufriedenheit ... 54
6.4.3 Wahrnehmung: das beste Mittel zur Wertschätzung ... 55
6.4.4 Machbarkeit als Werte-Killer ... 55

7 Machbarkeit und Ohnmacht in der Medizin ... 57
7.1 Von der Verleugnung der Ohnmacht ... 57
7.2 Agieren bis zur Erschöpfung ... 58
7.3 Mehr vom Gleichen bringt mehr vom Gleichen ... 59
7.3.1 Der Kopf ist rund, damit das Denken die Richtung wechseln kann ... 62
7.4 Bauchgefühl wagen ... 63

8 Wie das Machbarkeitsparadigma das Handeln in Unternehmen bestimmt ... 65
8.1 Im Bann der Kennzahlen ... 65
8.2 Was ist wirtschaftlich? ... 66
8.3 Hinterfragen ist erlaubt ... 67
8.4 Plan und Planerfüllung(swahn) ... 67
8.4.1 Der Plan: erzwungene Selffulfilling Prophecy ... 68
8.4.2 Wenn der Sinn dem Plan zum Opfer fällt ... 69
8.5 Systemisch handeln als Alternative ... 70
8.6 Kann Planerfüllung Sinnerfüllung sein? ... 71
8.7 Chancen sind wie Sonnenuntergänge – wer zu lange wartet, verpasst sie ... 72
8.8 Realität ist für jeden etwas anderes ... 72
8.9 Wir sind am besten in der Ergänzung ... 74
8.9.1 Die »Energizing Preference« ... 75
8.9.2 Die »Attention Preference« ... 76
8.9.3 Die »Decision Preference« ... 78
8.9.4 Die »Lifestyle Preference« ... 80
8.10 Diversity beginnt schon unter Gleichen ... 83
8.11 Planer an den Schaltstellen ... 85
8.12 Vor lauter Zahlen den Sinn nicht aus den Augen verlieren ... 85
8.13 Aufwand reduzieren, Sinnhaftigkeit und Motivation steigern ... 87
8.14 Flexibilisierung anstatt starrer Planerfüllung ... 88
8.15 Auch ganzheitlicher Erfolg braucht Kennzahlen ... 90

9 Machbarkeit ausbalancieren ... 91
9.1 Erst verstehen – dann handeln ... 91
9.2 Der eigenen Wahrnehmung vertrauen ... 92
9.3 Werte und Ethik: wirksame Instrumente zur inneren Stärkung ... 93
9.4 Aus dem Labor zurück in die Realität ... 96
9.4.1 Von der Schwierigkeit, Stroh zu Gold zu spinnen ... 97
9.4.2 Das System selbst nutzen ... 100
9.5 Der Zusammenhang zwischen Mikro- und Makroebene sind wir ... 101
9.6 Effizienzsteigerung als falsch verstandene Optimierung ... 102
9.7 Verantwortung für das Wichtige übernehmen ... 102
9.7.1 Richtig aussortieren – Priorisierung nutzen ... 103
9.7.2 Wer loslässt, hat die Hände frei für etwas anderes ... 104
9.8 Entlastung anstelle von Druck ... 105

10 Balance ist Führungsthema ... 107
10.1 »Zwei Seelen wohnen, ach, in meiner Brust« ... 107
10.1.1 Realität anerkennen ... 109
10.2 Das Netzwerk weben ... 111
10.2.1 Intrige und Diplomatie – zwei ungleiche Schwestern ... 112
10.3 Netzwerken mit Diversität ... 112
10.4 Selbstreflexion und echte Neugier ... 113
10.4.1 Ohne Fremdbild geht es nicht ... 113
10.5 Wir wissen mehr als wir denken ... 115
10.6 Empathie als Kompass ... 115
10.7 Fordern und fördern – nicht über- oder unterfordern ... 116
10.8 »Wo gelacht wird, sind noch Kapazitäten frei« ... 117
10.9 Die Klaviatur der Führungsstile ... 119
10.9.1 Flexibel variieren können ... 121
10.10 Weiterentwicklung – ein stetiger Fluss ... 123
10.10.1 Der Mix macht's ... 124
10.10.2 Man sieht sich mindestens zwei Mal im Leben ... 126
10.10.3 Die eigene Unit als Marke ... 126
10.10.4 Heterogenität wird belohnt ... 127

11 Kommunikation bedeutet Verbindung aufnehmen ... 129
11.1 Moderation und Kommunikation – ein starkes Paar ... 129
11.2 Der Zauber offener Türen ... 130
11.3 Der größte Irrtum hinsichtlich der Kommunikation ist die Annahme, sie habe stattgefunden 130
11.4 Störungen gehen vor 133

11.5 Das Drama des Managers ... 134
11.5.1 W wie Wunder ... 135
11.5.2 Das Wissen im Kopf der anderen entdecken ... 136
11.5.3 Das Schweizer Messer coachender Führung ... 136
11.6 Gesprächsführung mit offenen Fragen: Wertschätzung für MitarbeiterInnen ... 137

12 Vertrauen – Delegieren – Fehler minimieren ... 139
12.1 Freiheiten gewähren = Risiken eingehen? ... 139
12.2 Vertrauenskultur ist die Basis eines guten Risikomanagements ... 140
12.2.1 Routine macht unaufmerksam ... 141
12.2.2 Stress kommt von außen – Hektik von innen ... 142
12.3 »Endlich wissen wir, wie wir es nicht machen dürfen« ... 145
12.4 Vertrauen heißt auch zutrauen ... 146
12.5 Entlastung und Motivation durch Delegieren und Vertrauen ... 149

13 Delegieren will gelernt sein ... 151
13.1 Erst das Vertrauen, dann die Arbeit ... 151
13.2 Sisyphos oder doch lieber sortieren und delegieren? ... 152
13.2.1 »Kannste mal eben?« – warum Abgrenzung nicht immer unkollegial ist ... 153
13.2.2 Der Berg an Arbeit ... 154
13.3 Delegieren – das sagt sich so leicht ... 155
13.4 Von dem Vergnügen, sich eines Besseren belehren zu lassen ... 158
13.4.1 Mix aus Fähigkeiten und Werten ... 160

14 Erfolg^4: Machbarkeit sinnvoll nutzen ... 163
14.1 Gesundheit hat mit Equilibrium zu tun ... 163
14.2 Von der Nützlichkeit der Primär-Emotionen – auch im Business ... 164
14.2.1 Von der Fragwürdigkeit der Sekundär-Emotionen – auch im Business . 166
14.2.2 Das Empfinden wiederfinden ... 169
14.3 Komfortzone Stress – Wir gewöhnen uns wirklich an alles ... 172
14.4 Gesundheit basiert auf vier Säulen ... 175
14.5 Sinn des Lebens und Lebenssinn ... 179
14.6 Modell für ein gesundes Wirtschaften ... 181
14.6.1 Vier Säulen für einen ganzheitlichen Unternehmenserfolg ... 181
14.6.2 Begründung des Modells ... 182
14.6.3 Gleichwertigkeit ... 183
14.7 Säule 1: Erneuerungskraft und Integrationsgrad des KundInnen-Feedbacks ... 183
14.7.1 Definition ... 183
14.7.2 Auswirkungen auf Unternehmensprozesse ... 184

14.7.3 Die richtigen Schlüsse ziehen ... 185
14.7.4 Mit KPI abteilungsübergreifende Teamarbeit sichern ... 187
14.7.5 Den Fokus auf die wesentlichen Werte legen ... 188
14.7.6 Gewinn/Verlust ... 189
14.8 Säule 2: MitarbeiterInnen-Befinden ... 190
14.8.1 Definition ... 190
14.8.2 Verantwortung des Unternehmens ... 191
14.8.3 Verantwortung der MitarbeiterInnen ... 191
14.8.4 Ermittlung des MitarbeiterInnen-Befindens ... 192
14.8.5 Kommunikation ... 192
14.8.6 Mitwirkung ... 193
14.8.7 Maßnahmen ... 193
14.8.8 Gewinn/Verlust ... 193
14.9 Säule 3: Schadschöpfung und Ressourcen-Bilanz ... 194
14.9.1 Definition ... 194
14.9.2 Gewinn/Verlust ... 195
14.10 Säule 4: Finanzielle Lage ... 196

15 Diskussion ... 197

Widmung ... 201
Literatur ... 203
Glossar ... 207
Danksagung ... 211
Die Autorinnen ... 213

»Die Wirtschaft hat dem Menschen zu dienen und nicht umgekehrt.«

Angela Merkel, Festrede zu 100 Jahren ILO 2019

1 Einleitung

1.1 Die Freude an der Arbeit – wohin ist sie verschwunden?

Seit vielen Jahren wird, mit nur sehr wenigen »Ausreißern« in einzelnen Jahren, ein kontinuierliches Wachstum der Wirtschaft (Veränderung des Bruttoinlandsproduktes (BIP) gegenüber dem Vorjahr) in Deutschland beobachtet.[1,2] In jüngerer Zeit sehen wir uns parallel dazu mit einem anderen gesellschaftlichen Phänomen konfrontiert: In den Gesundheitsreports der großen Krankenkassen zeichnet sich ein seit ein paar Jahren anhaltender Trend ab: der Anstieg von Fehltagen aufgrund psychischer Erkrankungen. Diese Krankheitskategorie belegt statistisch mittlerweile einen der beiden vorderen Plätze. Maßgebliche Treiber sind die beiden Diagnosen »Depressive Störungen« und »Reaktionen auf schwere Belastungen«.[3] Sie zeigen, dass das Arbeiten in einer globalisierten und sehr schnell agierenden Welt viele überfordert, und sie haben unseren Blick als Autorinnen auf die Frage gelenkt, ob Management und Führung daran etwas ändern könnten.

Die reflexartigen Reaktionen des Menschen auf Stress – Flucht oder Starre – zeigen sich auch in der Arbeitswelt. Durch immer mehr Arbeit treten viele MitarbeiterInnen die »Flucht nach vorn« an, dabei steigt das Risiko der Erschöpfung bei Dauerstress. Andere reagieren mit dem Muster der Erstarrung, welches sich in einer demotivierten Haltung äußert, bei der die MitarbeiterInnen Dienst nach Vorschrift leisten und innerlich gekündigt haben.

Dabei wäre es ein wirksames Mittel, die Freude an der Arbeit, eine bessere Balance zwischen Frei- und Arbeitszeit und damit die Widerstandsfähigkeit von MitarbeiterInnen zu stärken. Doch ist das in unserem globalen Wirtschaftssystem überhaupt möglich?

Diese Frage haben wir – die Autorinnen – uns gestellt und sind bei unserer Spurensuche einem Phänomen auf den Grund gegangen, dass wir das *Paradigma der Machbarkeit* nennen. Dieses Paradigma ist aus unserer Sicht die tieferliegende Ursache für eine allumfassende Fehlentwicklung in der heutigen Wirtschafts- und Arbeitswelt. Indem wir

1 Statista: Wirtschaftswachstum in Deutschland anhand der Veränderung des Bruttoinlandsproduktes (BIP) gegenüber dem Vorjahr in den Jahren 1992 bis 2018: https://de.statista.com/statistik/daten/studie/2112/umfrage/veraenderung-des-bruttoinlandprodukts-im-vergleich-zum-vorjahr/, letzter Abruf März 2019

2 Metz, R.: Deutschland in Daten, Bundeszentrale für politische Bildung, http://www.bpb.de/nachschlagen/zahlen-und-fakten/deutschland-in-daten/221081/bip, letzter Abruf März 2019

3 Marschall, J. et al (2017): DAK-Gesundheitsreport 2017. Analyse der Arbeitsunfähigkeitsdaten. Update: Schlafstörungen. In: Storm, A. (Hrsg.): Beiträge zur Gesundheitsökonomie und Versorgungsforschung (Band 16). Hamburg 2017, S. 8

dieses subtil wirkende Paradigma sichtbar machen, eröffnen wir eine neue Perspektive auf bestimmte, geradezu paradoxe Verhaltensweisen von einzelnen ManagerInnen und ganzen Konzernen. Wir können diese in einem anderen Licht betrachten, nicht um sie zu beschönigen, sondern vielmehr um grundsätzlich neue Lösungsansätze zu generieren.

Bevor wir auf die Wirkung von Paradigmen allgemein eingehen und die Herkunft dieses speziellen *Machbarkeitsparadigmas* historisch begründen und seine Erscheinungsformen mit Beispielen genauer beschreiben, möchten wir es bereits an dieser Stelle kurz beleuchten.

1.2 Das Machbarkeitsparadigma

Bei unseren Überlegungen sind wir davon ausgegangen, dass unsere westliche Gesellschaft unbewusst von der Überzeugung beherrscht wird, dass wir Menschen fast alles beeinflussen können und daher nichts einfach geschehen lassen (dürfen).

Methodisch führt diese Überzeugung dazu, dass wir analysieren, antizipieren, planen und kontrollieren, was uns große Fortschritte in Wissenschaft und Wirtschaft beschert hat. Allerdings führt sie auch dazu, dass wir diese Methoden selbst dort einsetzen, wo wir »schicksalhafte« Einflüsse des Gesamtsystems (unser Planet), in dem wir uns befinden oder auch des Lebens an sich akzeptieren müssten.

Dieses Leugnen der partiellen Ohnmacht des Menschen führt zu der enormen Anstrengung, immer mehr Details beherrschen zu wollen, wodurch wir schließlich den Blick auf das Wesentliche verlieren und uns in einem sich immer schneller drehenden Rad wiederfinden. Diese Entwicklung hat in jeder Hinsicht, sei sie auf persönlicher Ebene, auf Ebene von Unternehmen oder global, schwerwiegende Auswirkungen auf unsere Ressourcen.

Zudem führt der ständige Tätigkeits- und Handlungszwang aus unserer Sicht nicht nur dazu, dass der Blick für das Wesentliche verloren geht, sondern auch dazu, dass die Unterscheidung zwischen »richtig« und »falsch« oder zwischen Handlungen, die einen positiven bzw. einen negativen Einfluss auf die Umgebung haben, immer schwerer fällt. Denn die Menschen nehmen sich schlichtweg nicht mehr die Zeit, die nötig ist, um ihr Tun zu bedenken und zu hinterfragen oder ihr Bauchgefühl hinzuzuziehen.

Dabei ist natürlich nicht zu übersehen, dass die Überzeugung, Einfluss nehmen zu können, zu großen Fortschritten und Segnungen für die Menschheit geführt hat. Da sich diese Überzeugung aber im Laufe der Geschichte verselbstständigt hat, kommt es zu Exzessen, die wir obendrein als Normalität zu empfinden scheinen.

Unser Anliegen ist es daher, das *Machbarkeitsparadigma* einer bewussten Betrachtung zugänglich zu machen, wodurch wir zu einer neuen Wahlfreiheit bezüglich seiner Anwendung und damit zu neuen Lösungen im Sinne eines ganzheitlichen Wirtschaftens kommen können.

1.3 Leben und Arbeiten – ein gemeinsames Ganzes

Die Arbeitswelt und die private Lebenswelt einer Person sind keine voneinander abgetrennten Einheiten. Vielmehr sind beide Teile eines Systems, die untrennbar miteinander verbunden sind und einander beeinflussen.

Rein *zeitlich* ist eine Trennung zwar möglich und sollte im Sinne einer guten Lebensbalance auch erfolgen, also in Zeit, in der man arbeitet und in Zeit, in der man sich tätig oder untätig erholt und sich anderen wichtigen Lebensbereichen widmet. Trotzdem können wir die beiden Einheiten nicht als voneinander getrennte *Systeme* betrachten, weil sie z. B. über Werte, innere Einstellungen und Mechanismen miteinander vernetzt sind.

Einen solchen verbindenden Mechanismus stellt unserer Meinung nach das *Paradigma der Machbarkeit* dar. Dieses scheint uns geradezu mechanisch zu steuern und dazu zu zwingen, ständig etwas beeinflussen, verändern, *machen* zu müssen – mit all den Auswirkungen, die dieses fortwährende Tun zur Folge hat.

Wie kommt es aber, fragten wir uns, dass in einer Zeit des Überflusses in unserer Gesellschaft ein krank und unglücklich machendes Phänomen so wenig – von uns allen – hinterfragt wird? Und das, obwohl es ein Phänomen ist, das im Rückblick zukünftigen Generationen vermutlich so gruselig und bedrückend erscheinen wird wie uns heute die Pest-Epidemien des Mittelalters.

Beschleunigung als Folge der Machbarkeit

Wir sind davon überzeugt, dass das oben benannte Paradigma Körper, Geist und Ressourcen in allen Lebensbereichen überlastet und als Folge daraus eine immerwährende Effizienzsteigerung entsteht – fast möchte man sagen: Effizienzsteigerung um ihrer selbst willen. Ihr Effekt ist logischerweise eine fortwährende Beschleunigung, denn einmal geschafft, erzeugt sie schnellere Prozesse, erfordert somit schnellere Reaktionszeiten. Eine Effizienzsteigerung zieht unweigerlich sofort die nächste nach sich.

Jede noch so kleine »effizienzfreie Zone« wird beleuchtet und bereinigt oder zumindest sofort gefüllt, wodurch ein Innehalten Angst oder zumindest Unbehagen auslöst, weil die Menschen nicht mehr lernen, wie sie ein erholsames Pausieren als sinnvoll erleben können.

1.4 Effizienzsteigerung – eine moderne Seuche?

Spätere Generationen werden diese Epoche vielleicht die Accelleration-Era nennen und darüber staunen, dass der Zusammenhang zwischen der Fixierung auf eine bestimmte Methode (Effizienzsteigerung) und der eindeutigen Zunahme von bestimmten Krankheiten zwar hier und da »benannt«, aber dennoch nicht »erkannt« wurde. Obwohl das leichter zu erkennen gewesen wäre als z.B. der bakterielle Auslöser der Pest.

Wie kommt es also, dass wir – man kann bis zu einem gewissen Grad sagen, dass wir *alle* – das Phänomen der andauernden Effizienzsteigerung mit all seinen Folgen unhinterfragt akzeptieren, als sei es unvermeidlich wie eine Staublunge für die Minenarbeiter in den Kohlebergwerken des 19. Jahrhunderts? Ein solches allgemeines Verhalten in Zeiten vielfältiger wissenschaftlicher Fortschritte und Erkenntnismöglichkeiten ist nur durch übergeordnet wirksame Paradigmen erklärbar.

1.5 Paradigmen als Programm

So wie im Mittelalter das Paradigma direkter Einflussnahme eines personifizierten Gottes den Blick der Menschen auf eine »Kausalkette« (Erreger und Übertragungswege) verstellte, so müssen auf unser Verhalten ebenfalls bestimmte Paradigmen unmerklich wirken.

Wir haben eines davon besonders in den Blick genommen und nennen es das *Machbarkeitsparadigma*. Unsere Beobachtungen schöpfen wir beide aufgrund unserer beruflichen Expertise in Unternehmenszusammenhängen – Claudia James als Managerin aus der Innenperspektive und Dr. med. Cristina Barth Frazzetta als Executive Coach aus der Außenperspektive.

Führungskräfte im Fokus

Bei unseren Beobachtungen, Ausführungen und Lösungsansätzen haben wir insbesondere ManagerInnen in Unternehmen im Blick. Menschen also, die in der heutigen Wirtschaftswelt an Schaltstellen sitzen und diese mehr oder weniger nutzen.

Warum aber konzentrieren wir uns gerade auf sie? Weil das Wirtschaften, das sogenannte *ökonomische* Handeln, eine enorme Triebfeder für unsere Entwicklung mit globalen Auswirkungen für alle Lebensbereiche darstellt. Und da – wie einleitend gesagt – die Arbeits- und Lebenswelten der Menschen untrennbar miteinander verbunden sind, ist die Beleuchtung derjenigen, die die Arbeitswelt gestalten, ein wesentlicher Baustein, um gesamtgesellschaftliche Erkenntnisse und Lösungen zu schaffen.

Von der Dysbalance zur Balance
Unsere heutige Weltsicht scheint uns einseitig ausgeprägt und in manchen Teilen festgefahren zu sein. Dabei ist uns bewusst, dass gerade diese Weltsicht zugleich zahllose Vorteile mit sich brachte und hervorragende Errungenschaften möglich machte. Es gilt also nicht, diese abzuschaffen, sondern sie zu modifizieren.

Das Buch soll daher das Bewusstsein für eine besonders stark wirkende übergeordnete Grundannahme schärfen und dadurch mögliche Wege zu einer Verbesserung eröffnen. Es regt an, eigenes Handeln zu hinterfragen und eigene Handlungsspielräume (wieder) zu entdecken. Denn wenn eine »kritische Masse« an kleinen Veränderungen erreicht ist, wird sich zwangsläufig eine größere Veränderung einstellen.

Wir sind davon überzeugt, dass uns Menschen letztendlich das Streben nach *Erfolg* antreibt. Gleichzeitig ist es von grundlegender Bedeutung, wie Erfolg definiert wird, denn diese Definition gibt die Richtung vor, in die wir uns bewegen.

1.6 Erfolgreich sein – aber ausgewogen

»Erkenne Dich selbst« und »Nichts im Übermaß«: Auf diese beiden Inschriften am Tempel des Apollon in Delphi beziehen sich Platon und Sokrates in ihren Diskursen. Beide Aufforderungen waren bereits beim Betreten des Tempels Teil der Richtungsweisung, die sich der Ratsuchende auf seinem Weg zum Erfolg von dem dort wirkenden, berühmten Orakel erhoffte. Sie sind also sozusagen die Voraussetzung jeglichen Erfolgs.

Die Philosophie befasst sich seit der Antike mit Fragen des Erfolgs und setzt ihn, sehr verkürzt gesagt, mit einem guten Leben gleich, ja, häufig auch mit Glück. Darüber hinaus vertreten Philosophen die Ansicht – auch dies eine Verkürzung –, dass Erfolg kein dauerhafter Zustand sei, der sich durch das Erreichen äußerer Ziele final etablieren lasse; dass es ihn demnach immer wieder neu zu erreichen gelte und dass er sehr viel mehr mit innerem Wohlbefinden (»Seelenruhe«[4]) zu tun habe, als mit äußeren Gütern. Denn äußere Ziele, insbesondere materielle, könnten das innere Wohlbefinden zwar möglicherweise befördern, es aber an sich nicht herbeiführen. Deshalb verwundert es auch nicht, dass Menschen, wenn sie nach ihren Erfolgen gefragt werden, selten rein materielle Antworten, im Sinne von »mein Haus, mein Auto, meine Yacht«, geben. Die Aussagen haben hingegen meistens viel mehr mit Freude, Stolz und Glück zu tun.

4 Seneca, L.A. (1999): De Tranqillitate Animi – Über die Seelenruhe. In: Rosenbach, M. (Hrsg.): Philosophische Schriften in fünf Bänden. Darmstadt 1999, S. 101–175

Sehr schnell sprechen Menschen also von Glückserfahrungen im weiteren Sinne, wenn sie nach Erfolg gefragt werden. Die Sätze klingen in etwa so: »Es macht mich glücklich und stolz, dass ich es geschafft habe, zehn Kilo abzunehmen und jetzt schon lange viel gesünder lebe«. »Es ist wunderbar, dass meine heute erwachsenen Kinder sagen, ich sei Ihnen ein guter Vater!«. »Meine Mitarbeiter haben mir in diesem Jahr ein richtig schönes Feedback auf meinen Führungsstil gegeben«. »Mein größter Erfolg ist, dass ich den Mut hatte, mein Examen noch ein drittes Mal zu machen!«. »Ich bin nach der Niederlage vor drei Jahren wieder aufgestanden und habe mit dem Wenigen, das noch da war, etwas ganz Neues aufgebaut«. Selbst wenn die Antwort eine materielle Komponente hat, so wird diese doch häufig im Zusammenhang mit positiven Erfahrungen auf dem Weg dorthin oder auch mit dem Erreichten selbst genannt. Mitunter hört sich das dann so an: »Das hat zwar richtig viel Geld gebracht, aber das Wichtigste ist doch ...«

Lebensfreude und Glücksempfinden von innen schienen Epikur (4. Jh. v. Chr.) zugleich Wege und Indikatoren für persönlichen Erfolg zu sein. Die Stoa (4. Jh. v. Chr.) rät sogar dazu, die Intentionalität auf das Äußere ganz abzulegen, um zu einer Art innerer Ruhe zu gelangen – was aber nicht bedeutet, sich nicht mehr mit Äußerem zu befassen, vielmehr weiterhin in Bezug auf ein Ziel zu tun, was man kann, ohne jedoch das Ziel selbst zum Glück zu machen. Bei dieser Betrachtungsweise bekommt die Definition des Erfolgs eine zusätzliche, qualitative Seite und wird umfassend. Er kann nicht mehr auf die Zielerreichung verschoben werden, sondern bezieht den Weg dorthin mit ein. Schäden, die in Kauf genommen werden, müssen einen angemessenen Ausgleich finden, weil sonst das Wohlbefinden (aller) auf der Strecke bleibt und sich auch bei Ankunft am Ziel nicht einstellen wird.

Wir sind deshalb der Meinung, dass notwendige Veränderungen erst durch das Erkennen und Hinterfragen des *Machbarkeitsparadigmas* und eine in Teilen neue bzw. erweiterte Definition von *Erfolg* möglich werden. Wirtschaft und Gesundheit als Handlungs- und Auswirkungsfelder sind dafür von essentieller Bedeutung. Um auf diesem Weg voranzukommen, stellen wir am Ende des Buches zwei Modelle vor, die ausbalancierte Gesundheit des Einzelnen und ausbalancierten Erfolg von Unternehmen beschreiben (könnten).

In der Hoffnung, Reflexion und neue Perspektiven für Denken und Handeln anzustoßen, bedienen wir uns in diesem Buch auch ganz bewusst des Perspektivwechsels zwischen uns Autorinnen.

2 Weshalb wir dieses Buch geschrieben haben – oder: Was bedeutet Erfolg?

Cristina Barth Frazzetta

2.1 Von der kurativen Medizin zur Prävention

In den 35 Jahren meiner beruflichen Tätigkeit als Ärztin, Psychotherapeutin und Coach habe ich die Veränderung der Arbeitswelten hautnah erlebt, was natürlich auch Auswirkungen auf mein eigenes Berufsleben hatte. Das erste Mal war das so, als ich nach 15-jähriger ärztlicher Tätigkeit die Konsequenz aus meinen beunruhigenden Beobachtungen zog: Unser reparativ-kurativ agierendes Gesundheitssystem, in dem Prävention nicht vorgesehen war, bescherte mir quasi täglich aus meiner ärztlichen Sicht Vermeidbares. Dazu schienen mir die Diagnosen geradezu passende Botschaften zu senden. Hier einige Beispiele:

Schmerzhafte, bewegungseinschränkende Verspannungen in Schultern, Rücken und Kreuz: »Ich kann es nicht mehr ertragen«; wiederkehrende Stirn- und Nebenhöhlen-Entzündungen: »Ich habe die Nase voll!«; psychovegetatives Erschöpfungssyndrom: »Ich muss durchhalten«; reaktive Depression, Schuldgefühle und Leere: »Was soll das alles, was mache ich hier ...«. Und nicht selten galt es sogar schon in der Lebensmitte der Betroffenen Hörstürze, Herzinfarkte und Schlaganfälle zu behandeln.

Eine Impfung gegen Stress

Die Analyse der Lebenssituationen meiner Patienten ergab überproportional häufig Probleme am Arbeitsplatz. Die von ihnen geschilderten Situationen waren fast immer objektiv – oder besser gesagt und mit gesundem Menschenverstand betrachtet – schlicht überfordernd: Arbeitszeiten von 14 Stunden, häufige Zusatzarbeiten an den Wochenenden, nicht selten getoppt durch einen zumindest empfundenen Mangel an Wertschätzung und ein angespanntes Betriebsklima.

Als zusätzlich psychotherapeutisch tätige Allgemeinmedizinerin hatte ich dadurch zwar immer eine volle Praxis mit langer Warteliste, aber ich erkannte natürlich, dass meist die Möglichkeit bestand, früher zu intervenieren. Deshalb fand ich mein gezwungenermaßen abwartendes Handeln geradezu unethisch, denn ich wollte präventiv, oder noch besser »primärpräventiv« tätig sein.

Die einzige echte primärpräventive Maßnahme, die im Rahmen unseres Gesundheitswesens zumindest damals anerkannt war, war das Impfen. Anders als bei der Vorsorge, also der üblichen Prävention, sucht man beim Impfen nicht nach einer Krankheit im Frühstadium, sondern wendet sich an Menschen, die sicher noch nicht krank sind, ja, bei denen man nicht einmal weiß, ob sie jemals krank werden, und behandelt sie im Vorhinein. Man verabreicht ihnen ein Mittel, das in ihrem Körper eine Reaktion auslöst und bewirkt auf diese Weise, dass sie schließlich gegenüber der möglichen Erkrankung immun werden.

Es musste doch auch so etwas wie eine Impfung gegen die Erkrankungen durch Stress geben, gegen all die Erschöpfungs-Krankheiten und Fatigue-Fälle, die ich gesehen hatte und die durch die Lebensumstände und Arbeitsbedingungen der Menschen entstanden waren. Heute werden diese unter dem Begriff »Burn-out-Syndrom« (Ärzte nennen es eher »psychovegetative Erschöpfung«) zusammengefasst.

Im Jahr 1996 machte ich kurz entschlossen meine Praxis zu, denn ich wollte diese Themen zukünftig lange bevor sie zu pathologischen Befunden führen und vor Ort anpacken, um rechtzeitig wirksam gegenzusteuern.

Ich entschied mich damals, ManagerInnen in Unternehmen im Hinblick auf ihre Führungsaufgabe zu unterstützen und bot mich ihnen als Sparring (später hieß es dann Coach) zur Reflexion ihrer konkreten Fragestellungen an. Die Idee war, dass gelungene Selbstführung und Selbstrespekt die Voraussetzungen eines fürsorglichen und zugleich zielorientierten Umgangs mit MitarbeiterInnen sind. Das schien mir der wirksamste Hebel gegen das Ausbrennen auf beiden Seiten zu sein.

Tatsächlich konnte ich viele Jahre erfolgreich in unterschiedlichsten Branchen Führungskräfte, deren MitarbeiterInnen, ganze Teams und vereinzelt sogar die ganze Belegschaft darin unterstützen, vorsorglich stressmindernd (also »primärpräventiv«) mit sich und anderen umzugehen. Die Mittel waren dabei immer die gleichen: Selbstwahrnehmung, Selbstmanagement, Führungskompetenz auf der Basis von emotionaler Intelligenz und Reflexion.

Die neue Ohnmacht der Entscheider
Was hat sich seither verändert?

Auch wenn meine Arbeit auf der Individual- und Teamebene bis heute noch erfolgreich ist, stößt sie doch auf der systemischen Ebene nach 20 Jahren zunehmend wieder – wie damals im Gesundheitssystem – an immanente Grenzen.

Der Einfluss des Einzelnen und sein Spielraum wurden in dieser Zeitspanne selbst auf höchster hierarchischer Ebene immer mehr eingeschränkt. Unübersichtliche Matrixorganisationen und Konzernstrukturen, immer häufigere Wechsel in den Vorstandsebenen mit nachfolgenden Umstrukturierungen und kurzfristige börsenhörige Strategiewechsel haben den wesentlichen Schutzfaktor gegen das Ausbrennen nämlich den individuellen »Spielraum« immer weiter abgebaut.

Das Ergebnis: Allerorten machen sich Ohnmachtsgefühle breit. Zudem erhöhte sich bekanntlich die Drehzahl in den Geschäftsabläufen und Informationsströmen immer mehr und die Prozesse wurden optimiert – das ist an sich natürlich sinnvoll, führt jedoch meist auch zur Verringerung des sogenannten Headcounts, sodass von den verbliebenen Leistungsträgern konsequenterweise Dauererreichbarkeit nämlich unternehmerische Mitverantwortung erwartet wird.

Letztere ist zwar grundsätzlich für viele Menschen motivierend, wenn aber in Wirklichkeit durch zunehmende Standardisierung und administrative Kontrollinstrumente gar kein Gestaltungsspielraum gegeben ist, wird die »Mitverantwortung« zur Farce.

Ich selbst stellte daher wieder einmal fest, dass ich mit meiner Arbeit keine ausreichende Prävention mehr betreiben konnte, denn die Definition von individuellen Gestaltungs- und Einflussbereichen fand real in immer engeren Grenzen statt. Ich hatte mitunter den Eindruck, dass ich mit meiner Arbeit nur noch ein in vieler Hinsicht ungesundes Gesamtsystem stabilisiere. Mir kam sogar der Verdacht, dass ich die Menschen, die mir vertrauen, womöglich nur noch darin unterstütze, »besser« zu leiden.

Erfolgsfragen stellen

Bei den Anfragen an mich als Coach gab es zu diesem Zeitpunkt allerdings eine neue Entwicklung: Immer häufiger kamen erfolgreiche ManagerInnen eigeninitiativ mit ganz grundsätzlichen Orientierungsfragen auf mich zu. Sie hatten sich meistens seit Langem keine übergeordneten Qualitätsfragen wie z.B. »Was bedeutet für mich persönlich Erfolg?« oder »Was macht mich eigentlich glücklich?« mehr gestellt. Sie waren dadurch aus der inneren Balance geraten und suchten nun Unterstützung.

Die Konsequenz, die diese Menschen nach einem klärenden Coaching für sich zogen, war bei einigen Wenigen durchaus radikal: Sie verließen ihre bisherige Position. Bei den meisten aber handelte es sich »lediglich« um eine Verschiebung von Prioritäten und damit verbunden eine veränderte Haltung gegenüber Forderungen, die von außen an sie herangetragen wurden, was eine große lebensverbessernde Veränderung herbeiführte.

In den seither vergangenen Jahren wurde ich so zum persönlichen Sparring vieler Führungskräfte und bestärkte sie darin, im Spannungsfeld zwischen System und Persönlichkeit einen für sie selbst authentischen Führungs- und Lebensstil zu entwickeln.

So sehr ich diese Arbeit liebe und mich über die Erfolge freue, ist mir doch bewusst, dass es sich dabei um »einen Tropfen auf den heißen Stein« handelt. Mit diesem Buch möchte ich daher die Leser anregen, übergeordnete Grundannahmen in den Blick zu nehmen, die aus meiner Sicht fundamental zu den Auswüchsen in der aktuellen Arbeitswelt beitragen. Denn es gilt, diese zunächst infrage zu stellen, bevor wirklich Neues entstehen kann.

Claudia James

2.2 Handlungsspielräume wiederentdecken und ausweiten

Ich habe dieses Buch geschrieben, um einen Beitrag zum gesellschaftlichen Diskurs zu leisten. Ursprünglich ist mein Ausbildungshintergrund kein ökonomischer, sondern ein geisteswissenschaftlicher: Ich studierte Ostslavistik mit dem Schwerpunkt russische Literatur, sowie historische und systematische Musikwissenschaften. Danach bin ich in die Wirtschaft und schließlich ins Management quer eingestiegen.

Der Blick von außen
Obwohl ich in den vergangenen Jahren in unterschiedlichen Unternehmenskontexten und -hierarchien erfolgreich war, habe ich versucht, mir eine Außenperspektive auf meine berufliche Umgebung zu bewahren. Dazu gehörte, dass ich immer wieder Dinge hinterfragte, die angeblich so und nicht anders sein müssen, wie z.B. die Annahme, dass man Entscheidungen des Managements nicht (offen) hinterfragen darf. Oder den angeblichen Zwang zu immer mehr Arbeit, wenn man ehrgeizige Ziele erreichen möchte. Oder den manifesten Glauben, dass einmal gemachte Pläne unbedingt starr erfüllt werden müssen, anstatt sie flexibel anzupassen. Und allem voran: dass man fast alles beeinflussen muss bzw. kann, wenn man nur hart genug arbeitet.

Ich stellte in den Jahren immer wieder fest, dass durch ein offenes aber konstruktives Hinterfragen von Umständen und Entscheidungen mit anschließenden Verbesserungsvorschlägen ein offenes und kritikfähiges Klima entsteht bzw. bestehen bleibt, dass es möglich ist, Ziele auf eine ausbalancierte und die jeweilige Lebenssituation des Einzelnen berücksichtigende Art und Weise zu erreichen und oft auch zu übertreffen. Und dass für das Unternehmen sinnvolle Planänderungen – offensiv und transparent kommuniziert – kein »Unding« sein müssen, sondern dazu beitragen, Erfolg ausgewogen zu unterstützen.

Viel hilft nicht unbedingt viel
Auch wenn Plantreue und Überstunden wirklich zum Erfolg führen – zumindest zunächst zum finanziellen Erfolg, weil die Kennzahlen von Unternehmen so gestaltet sind – so ist andererseits allzu oft zu beobachten, dass sehr harte Arbeit nicht unbedingt dazu führen muss, dass Ziele garantiert erreicht werden. Vor diesem Hintergrund ist es in der Rückschau umso tragischer, wenn man an die überarbeiteten Menschen denkt, die trotz reichlicher Überstunden und privater Opfer den ersehnten und auch verdienten Erfolg nicht erreichen.

Ich traf in den Jahren immer wieder Menschen in unterschiedlichen Unternehmenszusammenhängen, die zwar hinter vorgehaltener Hand Entscheidungen kritisierten, sich aber nicht trauten und auch nicht ermutigt wurden, diese konstruktiv zu äußern und anschließend mit an einer Verbesserung zu arbeiten. Das dadurch entstehende Klima changiert zwischen Unwohlsein, Zynismus, bis hin zu Resignation – alles »beste« Voraussetzungen für den berühmten Dienst nach Vorschrift.

In diesem Zusammenhang beobachtete ich auch starres Führungsverhalten, (überspielte) Ängste, sich eine Blöße zu geben, aber auch Egoismen von ManagerInnen und wenig Mut, Dinge zu hinterfragen, sie anders zu tun, umzupriorisieren und selbstständig zu sein – letztlich ein Gefangensein in dem jetzigen System, welches diese Eigenschaften eher fördert als unterbindet.

Es ist sicher weder ein Einzelfall noch ein echtes Geheimnis, dass sehr viele Controller am Jahresende Unternehmenszahlen für Shareholder »zurechtzimmern« – sodass es danach aussieht, als sei der ursprüngliche Plan eingehalten worden.

So geraten festgefahrene Sichtweisen – unterstützt durch heutige Controlling-Mechanismen – zu starren Verhaltensmustern, gepaart mit einer fast götzenhaften Verehrung des Top-Managements seitens der eigens dafür kultivierten Inhaber von Schlüsselpositionen. Dies sind nur einige Auswirkungen einer die MitarbeiterInnen einengenden Arbeits- und damit auch Lebenswelt. Es gibt noch eine Menge anderer Folgen, von denen das Nicht-Leben einer konstruktiven (!) Kritik-Kultur vielleicht die verheerendste ist.

Was ist eigentlich *Erfolg*?
Im Laufe meiner Berufsjahre durfte ich glücklicherweise auch eine ganze Reihe von Führungspersönlichkeiten kennenlernen, die anders »tickten« und in einem Sinne

erfolgreich waren, der Aspekte einer gesunden Balance zwischen Planerreichung und Hinterfragen, privater und beruflicher Zeit sowie eines respektvollen und nicht angstgesteuerten oder vorrangig machtgetriebenen Miteinanders vereinte. Da diese Menschen meiner Beobachtung nach in der Minderzahl sind, drängten sich mir zunehmend Fragen wie diese auf:

- Warum wird die heutige Managementwelt scheinbar immer konformer?
- Was ist gut und was ist schlecht daran?
- Warum landen so viele Menschen auf Führungspositionen, obwohl sie augenscheinlich gar nicht führen können bzw. wollen (sondern vornehmlich reine Experten oder auf die Sicherung ihrer eigenen Macht aus sind)?
- Warum nimmt die Zahl der ArbeitnehmerInnen – so stellt es sich mir zumindest dar und Studien geben Hinweise darauf[5] – die demotiviert oder erschöpft sind, immer mehr zu?
- Was bedeutet eigentlich Erfolg?
- Welchen Paradigmen unterliegen wir als Teil der Wirtschaftswelt und welche Mechanismen tragen zu ihrer Sicherung bei?
- Was können wir tun, um einen besseren Zustand zu erreichen?

Diese Fragen stellten sich mir, weil heutige Konzerne – so wird es zumindest dargestellt – in einer vermeintlichen Zwangslage stecken, die sie, dem System folgend, immer weiter verstärken. Sie wird häufig kritiklos und unhinterfragt von den Belegschaften der Unternehmen mitgetragen und hat zuallererst Wachstum und die Maximierung des eigenen bzw. des Shareholder-Gewinns zum Ziel. Angesichts begrenzter Ressourcen ist das ein aus dem Blickwinkel der Menschheit gesehen gefährliches Verhalten, welches uns in die Sackgasse führt.

Meine Gespräche mit anderen Führungskräften über die Jahre zeigten mir, dass ich nicht die Einzige bin, die hier ein Problem sieht. Doch Dinge zu hinterfragen und dies auch innerhalb eines Unternehmens zu äußern oder sogar umzusetzen, erfordert – insbesondere in heutigen Managementstrukturen, in denen Führungskräfte vom Vorstand bzw. der Personalabteilung systematisch nach einer gewissen »Passung« ausgesucht werden, die in sich leider auch den Hang zur Uniformität und Kritiklosigkeit trägt – einen angemessenen Mut zum Risiko und zum Anderssein.

Ich wurde bislang bestimmt nicht als die bequemste aller MitarbeiterInnen von meinen Vorgesetzten und KollegInnen empfunden. Da ich jedoch den Boden der konstruktiven Kritik nicht verließ, wurde ich über die Zeit hinweg zu einer geachteten Sparringspart-

5 DGB-Index Gute Arbeit. Der Report 2017. In: Institut DGB-Index Gute Arbeit (Hrsg.) Berlin 2017, S. 5–11

nerin meiner Vorgesetzten und gesuchten Ratgeberin für KollegInnen und MitarbeiterInnen, wenn es darum ging, nach verträglichen und umsetzbaren Lösungen zu suchen. Manchmal suchte man auch das Gespräch mit mir, um Argumente durchzusprechen, mit denen man begründet »Nein« zu etwas sagen kann und im Gegenzug Verbesserungsvorschläge macht.

Das zeigt aus meiner Sicht, dass es Möglichkeiten der Beeinflussung und Spielräume für den Einzelnen und vor allem auch die Sehnsucht danach gibt. Diese Spielräume müssen jedoch besser genutzt bzw. wieder ausgeweitet werden (dürfen).

Führungskräfte sitzen naturgemäß an den Schaltstellen der Unternehmen und sind zusammengenommen eine mächtige Masse, wenn man darüber nachdenkt, wie man eine Richtung gesamthaft beeinflussen kann. Dabei entsteht aus vielen kleinen Entscheidungen, die in die passende Richtung gehen, eine größere Bewegung, die wirklich etwas verändern kann.

Um es in ein Bild zu fassen: Es funktioniert meines Erachtens nicht, seinen Kindern abends Pippi Langstrumpf vorzulesen (und damit Werte wie Mut und Individualität zu vermitteln), andererseits aber die eigene Persönlichkeit, den eigenen Mut, die eigene Freiheit und Konstruktivität am nächsten Morgen vor den Firmentoren zu lassen. Das kommt einer Spaltung der Persönlichkeit gleich und sorgt nur für eine letztlich tiefe Erschöpfung des Einzelnen, der, wenn er sich dessen bewusst ist, zwischen zwei Wertewelten hin- und herpendelt und dabei seine eigene Mitte verliert. Aus meiner Sicht hat auch unsere heutige Wirtschaftswelt ihre Balance verloren und gerät unheilvoll und viel zu schnell (dazu noch turbo-digitalisiert) aus den Fugen.

Ich hoffe, dass ich mit meinen Beobachtungen, Ideen und Vorschlägen in diesem Buch den gesellschaftlichen Diskurs bereichern und zu einem Fortschritt in unserem wirtschaftlichen und unternehmerischen Denken und Handeln beisteuern kann – hin zu mehr Balance, Mut, Gerechtigkeit, Schonung von Ressourcen und Förderung von besseren Bedingungen in der Arbeitswelt.

3 Das Machbarkeitsparadigma – Versuch einer historischen Herleitung

Cristina Barth Frazzetta

Und plötzlich wird alles anders

Tiefgreifende gesellschaftliche Veränderungen vollziehen sich meist iterativ in kleinen Schritten und doch gibt es nicht selten einen Zeitpunkt, an dem gewissermaßen der Schalter umgelegt wird. Es geschieht etwas, das alles verändert und eine neue Epoche beginnt.

Um ein solches Ereignis handelt es sich, wie der Harvard Professor Stephen Greenblatt in seinem Buch »Die Wende«[6] anschaulich beschreibt, bei einer Entdeckung, die der Humanist und ehemalige Papstsekretär Poggio Bracciolini an einem kalten Januartag des Jahres 1417 machte. Bei seiner Suche nach verlorenen Bücherschätzen in einem deutschen Kloster fällt ihm ein besonders altes Manuskript in die Hände. Es ist das letzte vorhandene Exemplar eines antiken Meisterwerks: »De rerum natura«, ein Lehrgedicht von Lukrez (Titus Lucretius Carus, *99 v. Chr.), in dem er der Naturphilosophie von Epikur (*341 v. Chr.) huldigt. Der ursprünglich sechs Bücher umfassende Text handelt von der Stellung des Menschen in einem von den Göttern nicht beeinflussten Universum. Es ist geprägt von der materialistischen Atomlehre der griechischen Antike und verkündet, dass die Götter weder in der Lage noch willens sind, sich in das Leben der Menschen einzumischen.

Poggio Bracciolini war sich zwar bewusst, dass er einen außerordentlichen Fund gemacht hatte, aber die ganze Tragweite dieses Augenblicks wird er vermutlich nicht erfasst haben, denn dieses eine Buch mit seinen unerhörten Gedanken über die Natur der Dinge wird die Gedankengebäude des ausgehenden Mittelalters in ihren Grundfesten erschüttern und den Menschen neue Horizonte eröffnen.

Es schürt die damals noch kleine Flamme der beginnenden Renaissance, also der Wiedergeburt und Weiterführung eines mehr als 1.000 Jahre verschollenen Wissens und erzeugt einen Flächenbrand, der die Basis unserer modernen naturwissenschaftlichen Weltsicht bildet.

3.1 Der Bausatz des Universums

In seiner Lehre von der Natur der Dinge postuliert Epikur unsichtbar kleine, unteilbare Bausteine aller Materie, die er Atome (*tomein*, altgrch. zerschneiden) nennt. Diese Teil-

6 Greenblatt, S. (2013): Die Wende. Wie die Renaissance begann. 1. Auflage, München 2013

chen und Leere – nichts weiter – bilden, so Epikur, unsere sichtbare Welt und das ganze Universum.

Sehr vereinfacht zusammengefasst besagt seine Annahme, dass diese Atome fortwährend durch die Leere schwirren und gelegentlich aufeinanderstoßen, wodurch sie Konglomerate bilden, die dann im Großen und im Kleinen die für uns sichtbaren Formationen erzeugen.

Da die Atome immer in Bewegung bleiben, entstehen und vergehen all diese Formationen unaufhörlich. Sie seien also alle nur vorübergehend. Dies gelte sowohl im Hinblick auf das einzelne Leben als auch auf alle Lebensformen. Auch die Seele sei Bestandteil dieses immerwährenden Prozesses und entsprechend zerfalle auch sie mit dem Zerfall des jeweiligen Körpers. Ja, selbst die Götter seien lediglich andere Ausformungen und hätten entsprechend keinerlei Einfluss auf uns.

Man kann sich ohne Weiteres vorstellen, wie ungeheuer ketzerisch dieses Gedankengut in einer Zeit wirkte, in der die Kirche ihre unbeschreiblich große Macht auf dem ganz konkret beschriebenen »Leben nach dem Leben« aufbaute. Basierend auf der Renaissance (dieses Gedankenguts) und der darauffolgenden sogenannten »Aufklärung« ist unsere Welt heute weitgehend logisch verstehbar – zumindest glauben wir das. Denn an die Stelle der bis dahin verbreiteten mystisch-spirituellen (oder metaphysischen) Sichtweise auf Leben und Tod ist das seither vorherrschende naturwissenschaftliche Weltverständnis getreten, das uns auf scheinbar realen Fakten basierende Gewissheiten vermittelt.

3.1.1 »Der Da-Vinci-Code«

Als Beispiel für einen der ersten Wissenschaftler, der den Weg zu dieser modernen Weltsicht ebnete, mag Leonardo da Vinci gelten. Seine hervorragenden Studien des menschlichen Organismus beruhen auf Leichenöffnungen, so konnte er eine genaue Katalogisierung der inneren Organe und ihrer Lage in der Leibeshöhle vornehmen. Zu seiner Zeit waren das Zerteilen und das Studium der Anatomie des menschlichen Körpers in der christlichen Welt noch tabuisiert, auch wenn beides in der Antike bereits stattgefunden hatte. Da Vincis detailliert naturalistischen Zeichnungen oder auch seine technisch exakten Vogelflugstudien sind zugleich Anstoß wie Ausdruck jenes damals noch neuen physikalisch-naturwissenschaftlichen Denkens. Es basierte vor allem auf faktischem Begreifen (also dem »Anfassen«) und herrscht bis in unsere Zeit vor, weil es sich in vielerlei Hinsicht für den Umgang mit der äußeren Wirklichkeit bewährte. Das Zerlegen einer Sache oder eines Sachverhaltes in immer kleinere

Bestandteile – die Suche nach dem Ursprung des Lebens im Mikroskop – hat uns, um nur drei Beispiele zu nennen, zur Entdeckung von Krankheitserregern und der Elektrizität und zu Beginn dieses Jahrhunderts schließlich zur Entschlüsselung der menschlichen DNA geführt. Die Vorteile liegen förmlich auf der Hand, ermöglicht uns Letzteres doch eine effektive und immer punktgenauere, ja zukünftig sogar personalisierte Krankheitsbekämpfung.

3.1.2 Die Erfolgsgeschichte des Zerlegens

Dieses neue – oder besser wiederentdeckte – Denken hat darüber hinaus zur Entwicklung der meisten modernen Technologien geführt, die uns alltäglich unterstützen und den Menschen von mancherlei Mühsal entlasten.

Es hat Ultrapräzision, berufliche Hochspezialisierungen und die Unterteilung von Arbeitsabläufen in exakt definierte Prozess-Schritte hervorgebracht, deren positive Wirkung nicht zu übersehen ist: Waren können schneller, in größerer Menge und in gleichbleibender Qualität für viel mehr Menschen produziert werden. Der Zugang zu lebensnotwendigen und auch zu Luxus-Produkten ist in unserer Welt daher nicht mehr ausschließlich einer privilegierten Herrscherklasse vorbehalten.

3.2 Jede Methode hat ihre Grenzen

Das Problem mit dem aufgeklärten Denken ist nur, dass es uns glauben macht, es gäbe (fast) nichts Unerklärliches. Und mehr noch: Wir sind dem Glauben verfallen, dass wir eigentlich alles in unserem Leben beeinflussen können und müssen. Uns modernen Menschen ist Vieles, was nicht begreiflich oder kontrollierbar ist, suspekt. Wir gehen davon aus, dass es für fast alles eine rationale (Er-)Klärung geben muss und machen uns auf die Suche nach entsprechenden Belegen. Das führt mittlerweile dazu, dass wir in unserer Gesellschaft eine Flut von Daten produzieren, die gesammelt, ausgewertet und für ökonomische Zwecke wiederverwendet werden. Es herrscht ein wahres Durchleuchten von allem und jedem, auch jedes Einzelnen. Im Gegenzug dazu scheinen Fantasie, Emotion und Instinkt als wesentliche Instrumente für Weiterentwicklung und Lösungsfindung aus der Mode gekommen zu sein. Und gravierender noch ist, dass etwas (Geschehen-) Lassen bei dieser Sicht der Dinge nicht mehr möglich erscheint, denn schließlich ist alles erklärlich und von uns selbst beeinflussbar.

So hat sich aus dem ursprünglich aus der Aufklärung getriebenen Willen, zu verstehen und zu ergründen, ein Paradigma entwickelt, das sich in vielen heutigen Lebensbereichen manifestiert und das wir, wie eingangs bereits erläutert, als *Paradigma der Machbarkeit* bezeichnen.

Claudia James

3.3 Fragmentierung unserer Gesellschaft

Wie oben beschrieben, hat uns das »Zerlegen« in ungeahnte Bereiche der Medizin und der Wissenschaft vordringen lassen und tut es auch heute noch. Die positive Erfahrung mit der »Machbarkeit«, die sich daraus entwickelt hat, birgt jedoch Schattenseiten, weil wir uns mittlerweile der Machbarkeit unterordnen und nicht umgekehrt.

Oder anders gesagt: Es ist in der gesellschaftlichen Diskussion in letzter Zeit oft angemerkt worden, dass wir derzeit keine große gemeinsame und sinnstiftende Vision haben, auf die wir uns zubewegen wollen. Auf dem Weg dorthin könnte Machbarkeit als Instrument sinn- und vor allem maßvoll eingesetzt werden. Unsere Gesellschaft entwickelt sich in weiten Teilen jedoch scheinbar genau gegenteilig: Wir agieren und agieren um des Agierens willen und vergessen uns zu fragen, wohin wir eigentlich gehen wollen. Wohin soll uns der Weg führen?

Gefilterte Informationsbruchstücke
Durch das ständige Beschäftigtsein verlieren wir zudem das große Ganze aus dem Blick und können noch weniger die Chance nutzen, nach vorne zu schauen und eine Vision zu entwickeln. Das führt beispielsweise zu einem Gefühl des Ausgeliefertseins, da die Machbarkeit keinen Stillstand kennt, sondern im Gegenteil – sich ihrem eigenen Gesetz folgend – ständig akzelerierend alle und alles weitertreibt. Und da das Zerlegen eine sehr wichtige Basis der Machbarkeit ist – man vergegenwärtige sich an dieser Stelle die Entwicklung des Digitalen – ist die Fragmentierung an sich bereits eine Grundlage unserer Gesellschaft geworden.

Wir wundern uns vielleicht darüber, dass es augenscheinlich immer fragmentiertere Sichtweisen gibt – wir haben dafür die Begriffe *Filter-* oder *Informationsblase* kennengelernt – und darüber, dass sich in der Folge unsere politische Parteienlandschaft offenbar zunehmend »zerstückelt«. Doch ist das wirklich verwunderlich?

Auf Basis unseres jetzigen Wirtschafts- und Erfolgsmodells ist das aus dem Blickwinkel der Technik und der mit ihr verbundenen Machbarkeiten in diesem Falle nur eine logische Konsequenz: Die Algorithmen filtern den Ausschnitt des individuellen Interesses eines jeden Einzelnen heraus – sie zerlegen dadurch die Welt in kleine Gruppen von ähnlichen Individuen. Und da sie durch das jeweils ausgelöste *Engagement* (Interaktion des Nutzers mit den angebotenen digitalen Inhalten) belohnt werden – weil die Besitzer der Algorithmen finanziell durch die Anzahl der Interaktionen belohnt werden – schreitet diese fragmentierende Entwicklung und das damit einhergehende immer spezifischere Zielgruppenmarketing logischerweise fort. Dieses Zielgruppenmarketing hat mittlerweile auch die politische Bühne betreten, indem Wahlkämpfe mit Mitteln des Online-Marketings betrieben werden.

Vor dem Hintergrund der Funktionsweise des Internets und dem dahinterliegenden Geschäftsmodell scheint das Nachdenken über eine Lösung, darüber wie »ganzheitliche« Algorithmen aussehen könnten, die der Fragmentierung entgegenwirken, indem sie den Blick wieder freigeben auf Vielfalt und größere Zusammenhänge und diese im besten Fall sogar vermitteln, zwingend.

Vielfalt ist die Basis einer offenen Gesellschaft

Würde der bisherige Algorithmus von »ähnlich« auf »unterschiedlich« umgepolt werden, dann könnte ein Einkaufserlebnis im Netz auch zukünftig ganz anders aussehen. Anstatt eines Banners mit der Aussage »ähnliche Artikel, die Sie auch interessieren könnten« oder »Kunden, die sich für Ihren Artikel interessierten, interessierten sich auch für …« könnte sinngemäß dort stehen: »Artikel, die sich von Ihren unterscheiden« oder »Wussten Sie schon, dass es auch so etwas gibt?« oder …

Denn: Wenn der Mensch nicht damit konfrontiert wird, über seinen Tellerrand hinausgucken zu müssen und sich mit Dingen und Menschen auseinander zu setzen, die anders sind als er selbst und seine Umgebung, dann stirbt die Vielfalt und der gesellschaftliche Zusammenhalt gerät in Gefahr, weil beide auf der gegenseitigen Akzeptanz und dem Konsens Unterschiedlicher basieren.

»Die offene Gesellschaft«[7] auf Bundesebene oder der »Pulse of Europe«[8] auf europäischer Ebene, um nur zwei Initiativen zu nennen, haben es sich zur Aufgabe gemacht, den gesellschaftlichen Zusammenhalt wieder zu stärken und hier sinnstiftend zu wirken. Das zeigt, dass die Sehnsucht danach und nach Gemeinschaft bei Vielen, wenn nicht sogar bei der Mehrheit vorhanden ist.

---

7 Initiative Offene Gesellschaft e. V.: https://www.die-offene-gesellschaft.de/. Abrufdatum 21.3.2019
8 Pulse of Europe e. V.: https://pulseofeurope.eu/. Abrufdatum 21.3.2019

Buddies unter sich statt Diversity

Schaut man in die Chefetagen von Unternehmen, dann erblickt man hier mitunter in Bezug auf (Meinungs-)Vielfalt folgendes Bild: Wenn das Management zu homogen zusammengesetzt ist, werden Einstellungen und Meinungen »geklont«. Da das kritische Korrektiv fehlt, weil gegenteilige Meinungen, unterschiedliche Charaktertypen oder unterschiedliche Geschlechter nicht ausreichend vertreten sind, entsteht keine fruchtbare Vielfalt. In einer solchen Konstellation sind durchaus repressive Verhaltensweisen von Führungsriegen zu beobachten, deren Ursprung u. a. in mangelnder oder sogar verweigerter Auseinandersetzung mit dem »Anderen« liegt.

Die sogenannte »Diversity« in Unternehmen soll diesem mittlerweile erkannten Phänomen Rechnung tragen. Ich frage mich nur, wenn in deutschen börsennotierten Unternehmen auch 2018 nur 7,8 % der Vorstandsposten weiblich besetzt sind[9]: Wie ernst ist diese wirklich gemeint, wenn man noch keine, die gesellschaftliche Realität widerspiegelnde, Durchmischung von weiblichen und männlichen Führungskräften schafft, ganz zu schweigen von weiteren gesellschaftlich vorhandenen Gruppen? Und: Was bedeutet es im Umkehrschluss für unsere Gesellschaft, wenn unsere Wirtschaftsunternehmen so »homogen« geführt werden?

Wir fragen uns nun in Anbetracht vieler zweifelhafter Entwicklungen, ob diese Einseitigkeit im Weltverständnis wirklich so viel besser ist als die Einseitigkeit zu Zeiten von Geisterglaube und Magie. Jedes Schwarz-weiß-Denken produziert auf seine Art Leid und Leiden. Deshalb ist es an der Zeit, genau hinzusehen und zu überprüfen, ob es noch zu unserer heutigen Lebenswirklichkeit passt oder besser: ob wir diese überhaupt noch so wollen.

Auf den folgenden Seiten wollen wir uns zunächst Sinn und Wirkung, Mechanismen und Funktionsweisen von Paradigmen und Glaubenssätzen etwas näher ansehen. Danach nehmen wir uns das aus unserer Sicht momentan mächtigste Paradigma vor und beleuchten und hinterfragen es anhand von Beispielen, bevor wir uns, ebenfalls beispielhaft, seinen Erscheinungsformen und Auswirkungen auf unser Leben, unsere Arbeitswelt und unsere Gesundheit widmen.

Doch dabei wollen wir es nicht belassen, denn etwas kritisch zu hinterfragen, ist zwar schon eine Menge wert, aber letztlich doch nur die halbe Miete. Folglich stellen wir Ihnen im letzten Kapitel unseres Buches unsere Vision von einer besseren Balance vor: eine systemische Kombination von bestehenden sozialen, ökonomischen und Umwelt-Faktoren, mit denen wir einen neuen Vorschlag für die Definition von *wirtschaftlichem Erfolg* machen.

---

9 Ernst & Young GmbH Wirtschaftsprüfungsgesellschaft (2018): Frauenanteil in deutschen Vorständen steigt weiter leicht – aber 54 Frauen stehen 638 Männern gegenüber. https://www.ey.com/de/de/newsroom/news-releases/ey-20180705-frauenanteil-in-deutschen-vorstaenden-steigt-weiter-leicht. Abrufdatum 21.3.2019

4 Die Macht der Paradigmen

Cristina Barth Frazzetta

4.1 Der menschliche Kompass

Gesellschaftliche Paradigmen und persönliche Glaubenssätze bilden Wegweiser oder auch Navigationssysteme durch unser Leben. Sie helfen uns bei der Orientierung und sichern die Entwicklung nützlicher Stärken und Überlebensstrategien. Gemeinsam ist ihnen, dass sie unser Leben nachhaltig in bestimmte Richtungen lenken, obwohl wir sie kaum bewusst wahrnehmen. Es ist, als ob uns ein Mikrochip implantiert worden wäre, der uns heimlich subtile Anweisungen gibt und uns gar keine freie Wahl lässt. Sie erlauben uns das eine, indem sie uns einflüstern, es sei richtig, gut und Erfolg bringend und verbieten uns das andere, indem sie es leise verteufeln, maskieren oder gar unsichtbar machen.

Selbst Liebe folgt Paradigmen

Paradigmen sind lediglich Grund-»Annahmen« in der Wissenschaft oder Welterklärungsversuche in der Gesellschaft. Streng genommen handelt es sich also um vorläufige Entwürfe, deren Gültigkeit erst noch bewiesen werden muss.

Genau dieses Vorläufige gerät aber in Vergessenheit oder wird sogar oft von vornherein manipulativ unterschlagen, sodass das jeweilige Paradigma zu einer allgemein anerkannten Wahrheit wird, deren Richtigkeit für lange Zeit nicht mehr infrage gestellt wird. Sollte dies jemand dennoch tun, neigen die Menschen dazu, die Inhalte zu verteidigen und meist obendrein zur Moral zu erheben.

Aus der Geschichte sind uns viele Paradigmen bekannt und erscheinen uns aus heutiger Sicht nicht selten völlig unbegreiflich, denn wir sehen vor allem ihren einschränkenden Charakter. Wir können diesen jedoch nur erkennen, weil es Menschen gab, die vor uns den steinigen Weg des Umbruchs auf sich nahmen.

Weshalb es nur »böswillig« sein konnte, seinen Ehepartner zu verlassen

Ein Beispiel für die Wirkung eines Paradigmas ist die in unserem Kulturkreis bis ins späte 19. Jahrhundert übliche Zweckheirat. Heute fällt uns dazu vor allem die Unterdrückung der Individualität oder ein distanziertes, vielleicht sogar unglückliches Nebeneinander ein und es fällt uns schwer, die Sinnhaftigkeit einer solchen Verbindung aus der damaligen Weltsicht zu sehen oder besser zu fühlen: Es war die zwischen benachbarten Familien Frieden stiftende, Wohlstand mehrende Wirkung einer Zweckheirat, durch die Stabilität und Sicherheit entstand. Dahinter stand die Grundannahme (das Paradigma), dass der einzelne Mensch nicht so wichtig sei wie die Sippe und dass ein gutes Leben nur im Verbund und durch dessen Stärkung zu erreichen sei. Ein für die betreffende Epoche wichtiges Prinzip für den gesellschaftlichen Zusammenhalt und Wohlstand.

Mit zunehmender Bedeutung des Individualitätsparadigmas trat die von Wünschen und Bedürfnissen geprägte Liebesheirat in den Vordergrund, die zu damaligen Zeiten, sofern sie nicht als Beigabe der Zweckheirat auftrat, als unbeherrschte, ja triebhafte Verantwortungslosigkeit empfunden wurde, der man ein desaströses Ende vorhersagte. Die Trägheit des Paradigmenwechsels vom Bild des Menschen als Bestandteil der Großfamilie und einer definierten Gesellschaftsschicht hin zum Bild vom »unabhängigen, selbstbestimmten« Individuum zeigte sich am Thema Scheidung, bei dem das alte Paradigma bis in die jüngere Vergangenheit nachwirkte.

Bis zur Mitte der 1970er-Jahre war die Scheidung in Deutschland von staatlicher Seite juristisch mit dem Schuldprinzip belegt. Die Gerichte suchten bei ihrer Urteilsfindung nach dem Vergehen der Eheleute, das die Aufkündigung der Ehe zur Folge hatte. So machte sich derjenige Ehepartner, der sich trennte, in der Regel des böswilligen Verlassens schuldig und hatte nach der Scheidung einen Eintrag im polizeilichen Führungszeugnis, meist auch materielle Nachteile und verlor fast immer das Sorgerecht für die Kinder. Es bestand also die Überzeugung, dass grundsätzlich einer der beiden Ehepartner die »Schuld« am Scheitern der Ehe trug – dieser Verurteilung konnte der aktive Partner, also der Verlassende, nur entkommen, wenn er dem anderen Ehepartner dessen Schuld nachwies. »Seelische Grausamkeit« hieß der euphemistische Fachausdruck für Misshandlung und emotionale Abwendung. In jedem Fall war das Ergebnis für beide Seiten mit großen Schwierigkeiten und mehr Belastungen als bei heutigen Scheidungen verbunden. Es handelte sich dabei um ein Relikt des alten Paradigmas von der Ehe als Zweck-Gemeinschaft, die es, sofern nicht bei einem der Partner ein ganz verwerfliches Verhalten vorlag, aufrecht zu erhalten galt.

Paradigmen sind schwerfällig wie Ozeanriesen

Angesichts der heute geltenden Vorstellung von einer gemeinsamen Verantwortung beider Ehepartner können wir kaum glauben, dass diese Rechtsprechung vor nur gut 40 Jahren noch galt. Der Staat schützte damit die Ehe als einen Grundpfeiler der gesellschaftlich über Jahrhunderte geltenden Paradigmen (säkular und religiös), bis sich allmählich das Individualitätsparadigma durchzusetzen begann. In den frühen 1970er-Jahren wurden an den großen fortschrittlichen Universitäten – allen voran in Berlin – Seminare mit programmatischen Titeln wie »Der repressive Charakter der Institution

Ehe« gehalten. Der Wandel war nicht mehr aufzuhalten. Das ursprüngliche Paradigma, das den strengen Sippenzusammenhalt als einzigen Weg für ein Überleben der Gesellschaft vorschrieb, wurde damals also schon längst nicht mehr explizit formuliert, stieß aber noch immer gegen Barrieren in den Köpfen und verlor seine Bedeutung erst gänzlich mit der Änderung des Scheidungsrechtes 1976.

4.1.1 Persönliche Survival-Kits

Schauen wir nun auf die Glaubenssätze: Sie sind sozusagen Paradigmen auf der persönlich-individuellen Ebene, denn sie führen zu unumstößlichen Überzeugungen im Hinblick auf das Leben und beeinflussen somit viele Entscheidungen des betreffenden Menschen. Die Ähnlichkeit zu Paradigmen besteht darin, dass der Betroffene das Phänomen der inneren Fremdsteuerung selbst gar nicht bemerkt, auch dann nicht, wenn Mitmenschen seine Entscheidungen höchst merkwürdig finden.

Lassen Sie uns ein einfaches Beispiel nehmen. Angenommen, ein Kind hört in seinem Elternhaus wiederholt die Botschaft: »Wenn du dich auf andere verlässt, bist du verlassen!«. So könnte sich in ihm folgender Glaubenssatz oder folgende innere Anweisung entwickeln: »Ich muss unabhängig von anderen sein, sonst bin ich ausgeliefert!«. Jemand, der das glaubt, wird – sofern er mit ausreichender Intelligenz ausgestattet ist – zu einem großartigen Einzelkämpfer. Er wird sich immer etwas einfallen lassen und wenig fragen und so gut wie nie Hilfe beanspruchen. Vermutlich würde er, in einer ausweglos scheinenden Situation allein gelassen, noch die letzte kleine Chance erkennen und nutzen, weil er die Verantwortung für die Problemlösung nur bei sich sieht und sein Denken total fokussiert ist. Das sind ohne Zweifel beeindruckende Stärken. An seine Grenzen kommt dieser Mensch wahrscheinlich erst, wenn er im Team arbeiten oder andere im modernen Sinne führen soll. Diese Fähigkeiten zu entwickeln, wird ihm schwerfallen und womöglich unbewusste Katastrophenszenarien erzeugen, die seine Abwehr mobilisieren – er steht also an der Grenze seiner Komfortzone. Die hier notwendige Veränderung, respektive der Erwerb anderer, zusätzlicher Stärken erfordert zunächst eine tiefere Selbstreflexion, die in den meisten Fällen nur mit äußerer Unterstützung gelingt.

4.1.2 Die Unumstößlichkeit erlernter Lösungsmuster

Meine Erfahrung in der Arbeit mit Menschen zeigt, dass der Grund für diese Abwehr des Umdenkens einerseits in der Unmerklichkeit von Glaubenssätzen zu finden ist, andererseits aber auch in der »archaischen Wucht«, die sie in sich tragen. Sie werden meist sehr früh implementiert und unser wenig vorgeprägtes plastisches Gehirn nimmt sie als

Skript für die notwendige Nischenanpassung. Diese ist erforderlich, weil der Mensch »ubiquitär«, also überall auf der Welt vorkommt. Anders als die meisten Tiere, die sich über viele Generationen nur allmählichen Veränderungen in einem bestimmten Ambiente anzupassen haben, müssen wir Menschen von Geburt an schon fähig sein, uns an die Nische zu adaptieren, in die wir geboren werden. Alles, was wir frühzeitig, oft schon in der vorsprachlichen Kleinkindphase erlernen, empfinden wir daher als »Normalität« und als »einzig richtige Lösung«, sodass die darin enthaltene Anweisung zu einer Frage von Leben und Tod wird. »Nur, wenn ich das befolge, werde ich hierbleiben dürfen ... und wenn ich nicht bleiben darf, muss ich sterben«, würde eine solche innere Anweisung beispielsweise lauten. Ein Abweichen-Wollen löst also große Angst aus.

4.1.3 Oder: Muster umstoßen als neue Lösung

Wenn wir uns weiterentwickeln möchten, kann dies also nur geschehen, indem wir aus unserem Konstrukt der Eindeutigkeiten ausbrechen und wenn wir erkennen, dass es sich bei einem Paradigma nur um eine Möglichkeit nützlicher Welterklärung und bei einem uns eigenen Glaubenssatz nur um eine nützliche Orientierungshilfe für unser persönliches Leben handelt. Durch die Begegnung mit anderen Kulturen und durch die Betrachtung anderer historischer Perioden wird für die meisten Menschen sichtbar, dass es dort ebenso funktionierende Gemeinschaften gab oder gibt, deren Weltbild auf ganz anderen Paradigmen basiert. Dadurch kann es uns gelingen, auch eigene gesellschaftliche Paradigmen zu erkennen.

Schon bei Wissenschaftsparadigmen fällt es deutlich schwerer, diese loszulassen. So werden z.B. bis heute in der geltenden Schulmedizin die heilkundlichen Lehren alter Kultur- und Naturvölker fast vollständig verleugnet. Selbst dort, wo bestimmte Methoden von erfahrenen Praktikern empirisch erprobt und mit reproduzierbarem Erfolg angewandt werden, bleiben sie außerhalb unseres Gesundheitswesens, sprich Privatsache. Lange Zeit wurde selbst Akupunktur als »Placeboeffekt« abgetan, dabei wäre ja sogar das eine echte und wichtige Wirkung, nämlich eine Mobilisierung der Selbstheilungskräfte, die wir in unserer naturwissenschaftlich geprägten, insgesamt ohne Zweifel sehr erfolgreichen Schulmedizin nur allzu oft vergessen.

Am schwierigsten ist es aber mit den persönlichen Glaubenssätzen. Sie sind so tief verankert, dass der betreffende Mensch sich schwertut, sie überhaupt aufzuspüren. Obendrein gibt es oft Überschneidungen zu den gesellschaftlichen Paradigmen, da die persönlichen Lebensweisheiten der Elterngeneration meistens darauf aufbauen. Glaubenssätze sind also sozusagen doppelt versiegelt. Dennoch ist es natürlich sehr viel leichter, einen persönlichen Glaubenssatz zu verändern als ein gesellschaftliches Paradigma aufzulösen, also ein ganzes System zu bewegen.

4.1.4 Den Werkzeugkasten ausbauen

Paradigmen und Glaubenssätze sind wichtig für uns, weil sie uns helfen, aus der Vielzahl möglicher Problemlösungen schnell und effektiv auszuwählen. Wir entwickeln durch sie ein Tool-Set, auf das wir jederzeit quasi im Schlaf zurückgreifen können. Das ist fraglos wichtig und gut, ihr limitierender Faktor besteht allerdings darin, dass wir sie auf jede Art von Problem anwenden wollen, auch dann, wenn sich, wie in unserer jetzigen Epoche, so Vieles verändert. Denn: In der heutigen Zeit gibt es kaum etwas Wichtigeres, als dass wir uns von unseren durch Paradigmen entstandenen Fixierungen befreien, um ganz neue Lösungswege für die Ist-Situation zu finden. Das Loslassen ist übrigens viel weniger gefährlich, als es scheint, denn sollten unsere bisher bevorzugten Lösungsansätze für bestimmte Probleme wirklich nützlich sein, so können wir (als Quasi-Experten) ja jederzeit wieder auf diese zurückgreifen. Nicht loszulassen und weiter immer das Gleiche zu tun, ist hingegen die eigentliche Gefahr.

5 Wirtschaft und Gesundheit – Wohlstand basiert auf beidem

Cristina Barth Frazzetta

5.1 Zwei Seiten einer Medaille

So wie das wirtschaftliche System einen Einfluss auf unsere Gesellschaft hat, so hat die Gesundheit jedes Einzelnen nicht nur einen Einfluss auf sein eigenes Wohlbefinden, sondern zusammengenommen ist der gesundheitliche Zustand aller Mitglieder einer Gesellschaft ebenfalls ein Indikator für das Wohlbefinden dieser Gesellschaft als Ganzes Schließlich ist Gesundheit eine der wichtigsten Grundlagen des menschlichen Wohlbefindens.

Der gesunde Zustand einer Gesellschaft zeigt sich natürlich zuallererst in einem generellen Wohlstand, einem Wohlstand, der auch wohlverteilt ist. Das ist gegeben, wenn die überwiegende Mehrheit der Menschen nicht nur ausreichend mit Grundgütern versorgt ist, sondern auch gleichermaßen Zugang zu Bildung im umfassenden Sinne hat. Dies beinhaltet auch die Möglichkeit der Teilhabe an bildenden (gesellschaftlichen) Veranstaltungen, sinnstiftenden Aufgaben und konkret gesundheitsfördernden Maßnahmen, die die jeweilige Gesellschaft anbietet.

Es muss sicher nicht betont werden, dass diese Definition allgemeiner gesellschaftlicher Gesundheit eine funktionierende Ökonomie zur Schaffung der materiellen Möglichkeiten und eine sozial-integrativ ausgerichtete Politiklandschaft voraussetzt. Des Weiteren manifestiert sich die Gesundheit der Gesellschaft auch ganz konkret im psychisch-physischen Gesundheitszustand oder besser Wohlbefinden ihrer einzelnen Mitglieder.

Die von den Krankenkassen jährlich erfassten Daten zur Entwicklung des Krankenstandes[10], die Flut medialer Berichte zum Thema Erschöpfung in der Gesellschaft und auch meine eigenen konkreten Beobachtungen von Belastungs- und Unruhezuständen meiner Klienten lassen den Schluss zu, dass wir als Gesellschaft hinsichtlich Gesundheit und Wohlbefinden etwas falsch machen. Doch obwohl dies so offensichtlich scheint und

10 Marschall, J. et al: DAK-Gesundheitsreport 2017. Analyse der Arbeitsunfähigkeitsdaten. Update: Schlafstörungen. In: Storm, A. (Hrsg.): Beiträge zur Gesundheitsökonomie und Versorgungsforschung (Band 16). Hamburg 2017, S. 32–34

obwohl ein hoher Krankenstand Gesellschaft und Unternehmen wirtschaftlich belastet, ist keine grundsätzliche Änderung in Sicht.

5.2 Erschöpfung als Maßstab für Erfolg?

Im Gegenteil: Mitunter scheint es, als sei der Grad an Erschöpfung, den eine Person beklagen »kann«, äquivalent mit dem Grad an Loyalität und Einsatz für die Sache und die Sache selbst wiederum von höherer Bedeutung, wenn sie einen bis zur Erschöpfung fordert. Eine an sich banal erscheinende systemische Betrachtung, darüber wie sinnvoll es für das Ganze ist, wenn ein Leistungsträger krank wird und somit ausfällt, wird erstaunlicherweise sowohl von den Führungsverantwortlichen als auch von den Betroffenen selbst viel zu selten angestellt. Diese würde die Bedeutung der Sache an sich in den meisten Fällen sofort relativieren.

Ist ein Burn-out also ein »Pour le Mérite« für heldenhafte Aufopferung in der beruflichen Position? Eine Erklärung für diese Verkehrung lässt sich durchaus auch hier wieder in der permanenten Effizienzsteigerungssuche, die auf Basis von mehr Spezialisierung – also Fragmentierung der Aufgaben – erfolgt, entdecken, durch die wir sogar im Hinblick auf Gesundheit, das große Bild aus den Augen verlieren. Ärzte verlassen sich bekanntlich immer häufiger auf Labordaten und auf durch Technik erbrachte Untersuchungsergebnisse (»Apparate-Medizin«).

5.3 Sinnvolle Prozesse sind nicht zwangsläufig sinnstiftend

Im Hinblick auf Effizienzsteigerung »fragmentieren« viele darüber hinaus die Zeit, die sie mit dem Patienten verbringen. Sie erheben beim ersten Patienten kurz, ja stichwortartig, den Anlass, um dann Anweisungen für Untersuchungen zu geben und währenddessen zum nächsten Patienten zu gehen und zu noch einem, bis sie schließlich wieder zum ersten zurückkommen und auf dessen Daten schauen.

Nicht, dass dieser Prozess völlig verkehrt wäre – er verhindert ja tatsächlich Leerläufe – leider kommt dabei der Blick auf »das Ganze«, nämlich den Patienten, oft zu kurz. Dieser findet dabei selbst mitunter zu wenig Beachtung, der Arzt nimmt sich kaum die Zeit und Ruhe dessen Zustand zu erfragen, zu sehen und zu hinterfragen. Er verlässt sich auf die Daten und sieht dabei nicht selten nur auf einen Bildschirm.

Gesellschaftlich befördert wird diese Haltung durch die auch an das Gesundheitswesen erhobene Forderung nach Effizienzsteigerung und einem Honorarsystem, das genau darauf abhebt. Dass die Zeit, die ein Arzt sich nimmt, um auf einen Patienten einzugehen und seinen Gesamtzustand vor allem mit menschlicher Zuwendung und ärztlicher Erfahrung zu erfassen, womöglich sehr effektiv genutzt ist, ist nicht so einfach durch konkrete Daten zu belegen. Außerdem muss der Arzt, sollte er bereits zu einer Diagnose kommen, diese in der Regel im Anschluss ohnehin zusätzlich durch Tests untermauern. Also wird die dafür investierte Zeit im Sinne eines stromlinienförmigen, in planbare Schritte unterteilten (fragmentierten) Ablaufes als ineffizient eingestuft.

Was dabei aus dem Blick gerät ist, dass sowohl der Patient bei seinem Heilungsprozess als auch der behandelnde Arzt bei seiner Arbeit der wohltuenden Wirkung ganzheitlichen Handelns beraubt werden.

5.4 Analyse bis zur Paralyse

Ärzte stehen dadurch mittlerweile selbst unter einem Beschleunigungsdruck, genau wie viele ihrer Patienten und es fehlen ihnen dadurch ebenfalls sinnstiftende Gesamtzusammenhänge und Selbstwirksamkeitsbefriedigung. Parallel dazu verlassen sich Menschen in unserer evaluationsfreudigen Gesellschaft häufig auch im Hinblick auf ihren eigenen Körper nur noch auf ablesbare Daten.

Der Blick auf den Fitness-Tracker ersetzt heute mitunter den Blick nach innen. Auch wenn Letzterer zwar im Gegensatz zu den stets komplexer werdenden Geräten keine ablesbaren Einzelfakten liefert, so gibt er doch Auskunft zum Zustand des Gesamtsystems »Körper«.

Viele der über Technik erfassbaren Werte werden durch das körpereigene Messsystem sozusagen automatisch abgefragt und wir erhalten die Antwort, wenn wir uns einfach selbst nach unserem Befinden befragen. Mitunter liefert uns diese Frage sogar mehr Erkenntnis, weil sie in einen Bedeutungszusammenhang integriert ist. Es ist nämlich durchaus möglich, dass alle gemessenen Werte (noch) stimmen, es aber dennoch Anlass zur Vorsicht gibt und umgekehrt, dass ein Wert aus der Norm schlägt, im betreffenden Fall aber unbedeutend ist.

So kann es schließlich dazu kommen, dass weder Arzt noch Patient genau hinschauen, wie es dem Betroffenen eigentlich geht und so entweder nur aufgrund eines unklaren Wertes die Untersuchungsmaschinerie anwerfen oder nur, weil alle Werte unauffällig sind, andere Warnsignale übersehen.

Es scheint, dass immer häufiger ganz einfache Zusammenhänge und Lebensweisen zu kurz kommen. Denken wir nur einmal an drei besonders wichtige Bereiche:

Ausgewogene Ernährung, die nicht nur der Nährstoff-Zufuhr ohne Zeitverlust dient oder gar der Kontrollausübung über den eigenen Körper, wie wir ihn bei übertriebenen Diäten – im Extremfall bei der Magersucht – sehen, sondern auch die Seele nährt, weil sie Genuss und Geselligkeit mit sich bringt.

Regelmäßige und angemessene Bewegung, die die Muskeln trainiert, das Skelett stärkt, die Organe durchblutet und Freude macht. Der Bewegungsmangel, nicht selten mit Übergewicht einhergehend, ist als Fehlentwicklung auf diesem Gebiet wohlbekannt – weniger Beachtung findet hingegen die übertriebene Belastung. Anfang 2018 veröffentlichte das Hamburger Ärzteblatt eine Randnotiz zu einer kardiologischen Studie der Hamburger Universitätsklinik unter dem Titel »Intensiver Ausdauersport kann Männerherzen schädigen«[11] und im ärztlichen Journal wird zum selben Thema Prof. Dr. Lund, Mitglied der Forschergruppe, mit den Worten zitiert:

> *»Es gibt wahrscheinlich eine persönliche Belastungsgrenze. Wird sie überschritten, kann das Herz Schaden nehmen.«*[12]

Wichtig erscheint mir hier das Wort »persönlich«, die oben erwähnten Norm-Werte helfen an dieser Stelle nämlich nur begrenzt weiter.

Auch *gesunder Schlaf*, der nicht nur dem Zeitplan des Terminkalenders unterworfen oder gar als Zeitverschwendung betrachtet wird, sondern dem Biorhythmus folgt, wirkt präventiv gegen Krankheit.

Anfang 2019 gingen allerdings die Ergebnisse einer DAK-Studie durch die Medien[13], die belegt, dass Schüler, insbesondere der höheren Klassen, unter chronischem Schlafmangel leiden. In Zusammenarbeit mit dem IFT-Nord (Institut für Therapie- und Gesundheitsforschung) wurden 9600 Schüler befragt. Es stellte sich heraus, dass ungefähr jede/r dritte SchülerIn unter Schlafmangel leidet und dass eine Korrelation zwischen geringer

11 Scherer, M. (2018): Intensiver Ausdauersport kann Männerherzen schädigen. Hamburger Ärzteblatt 02/2018, S. 25

12 Lemm, S. (2018): Intensiver Ausdauersport kann Männerherzen schädigen. In: Ärztliches Journal, München Januar 2018. http://www.aerztliches-journal.de/medizin/medizin/medizin/intensiver-ausdauersport-kann-maennerherzen-schaedigen/e2d34561b0137315500c2594c826e84c/. Abrufdatum 21.3.2019

13 Pressestelle DAK Gesundheit (2019): Fast jeder dritte Schüler hat Schlafstörungen. DAK-Präventionsradar 2018 untersucht Zusammenhang mit Schulstress und langen Bildschirmzeiten. https://www.dak.de/dak/bundes-themen/praeventionsradar-2042446.html. Abrufdatum 21.3.2019

Schlafmenge und erhöhter Stresshäufigkeit besteht. Ganz abgesehen davon, dass häufiger Stress krank macht, können sich unausgeschlafene Schüler schlecht konzentrieren und lernen weniger. Eine für unsere Zukunft durchaus ernstzunehmende Gefahr.

Schlaf – das ungenutzte Zeitkontingent

Ungeachtet derartiger Meldungen und der Tatsache, dass 2017 sogar der Nobelpreis für Medizin drei US-Amerikanern, Jeffrey C. Hall, Michael Rosbash und Michael W. Young, für die Erforschung zirkadianer Rhythmen (innere Uhr), verliehen wurde, hält sich jedoch in unserer Wirtschaftswelt weiterhin hartnäckig die Überzeugung, dass Biorhythmus nur ein Mythos sei.

Inzwischen macht im Gegenteil schon der Euphemismus des »All nighters« die Runde, der suggeriert, dass es sich bei Schlafentzug um eine großartige sportliche Leistung handele, weil Schlaf doch nur verschwendete Zeit sei.

5.5 »Müßiggang ist aller Laster Anfang« oder »Dem Glücklichen schlägt keine Stunde«?

Ganz zu schweigen von der Muße, dem wachen, selbstentschiedenen Nichtstun. Sie widerspricht dem *Machbarkeitsparadigma* so vollkommen, dass wir uns mit ihr äußerst schwertun. Da wir das Bedürfnis danach aber verspüren, hat sich mit Wellness-Angeboten und einer Vielzahl vorgefertigter Abschalt-Programme eine ganze Industrie um die Muße herum entwickelt. In dieser Form ist die Muße dann auch gesellschaftsfähig, jedoch widerspricht deren Event-Charakter ihrem eigentlichen Wesen.

Dabei ist sie unerlässlich, um zur Besinnung zu kommen. Das bedeutet, dass wir uns (nicht nur im Urlaub) übergeordnete Fragen stellen, deren Beantwortung nicht selten einen richtungsweisenden Effekt auf unser Tun hat. Ohne Muße laufen wir hingegen Gefahr, in einem Dauerbeschäftigungs-Tunnel zu landen, der es uns unmöglich macht zu erkennen, ob wir, obwohl wir viel arbeiten und dabei alles »richtig« machen, vielleicht doch *das Falsche* tun. Das Falsche wiederum wird uns auf lange Sicht krank machen, da es uns nicht befriedigt oder anders gesagt, nicht glücklich macht.

Falsch verstandene Olympiade

Ein extremes Beispiel dafür ist das Geschäft mit dem modernen Spitzensport – es reicht auch dort nicht mehr, dass Athleten ihren Körper durch eine stärkende Lebensführung, positive mentale Einstellung und hartes Training zu (seinen individuellen) Bestleistungen bringen. Sie quälen ihn vielmehr über das für ein gutes Training erforderliche Maß hinaus, indem sie seine Grenzen mithilfe von Drogen umgehen. Sie überhören dabei konsequent seine Bedürfnisse und setzen seine Unversehrtheit, seine wundervolle Selbstregulationsfähigkeit aufs Spiel, um noch mehr als eigentlich möglich aus ihm herauszuholen.

Damit leben sie dem Rest der Bevölkerung ein durch und durch ungesundes Verhalten vor, das sich jedoch im schillernden Gewand des Sieges zeigt. Nicht selten lässt es einen geschundenen und wenig attraktiven Körper zurück oder es führt gar zu frühem Ableben. Die unter Spitzensportlern gehäuft vorkommenden Depressionen oder ein Leben, das sich nach der (kurzen) aktiven Phase oft unter der Armutsgrenze (weltweit 50.000 ehemalige Olympioniken![14]) abspielt, zählen fast noch zu den mildesten Spätfolgen. Dennoch finden sie als Vorbilder in den Gyms dieser Welt teilweise groteske Nachahmung – bis hin zur mittlerweile belegten Sportsucht oder zu völlig absurden Auswüchsen wie Muskel-Implantaten aus Silikon.

Es geht in all diesen Fällen nicht um Wohlbefinden oder Gesundheit, sondern vielmehr um den Aspekt der Kontrolle – in diesem Fall über den eigenen Körper und je mehr dieser sich quälen muss, desto größer ist das Kontroll- und Machtgefühl, denn von alleine würde er das schließlich nicht tun.

5.6 Was Menschen als Glück empfinden

Meistens sind es jedoch eher die kleinen Erlebnisse, die Menschen benennen, wenn sie auf das Thema Glück angesprochen werden. So klein und geringfügig, also womöglich im Hinblick auf Effizienz verzichtbar diese auch erscheinen mögen – sie sind es gerade, die unsere physiologischen Abläufe positiv beeinflussen und somit unsere Gesundheit stabilisieren.

Natürlich sind es auch die weiter oben erwähnten größeren Lebenserfolge, die uns glücklich machen, aber diese stehen meistens am Ende eines langfristigen Einsatzes und natürlich brauchen wir auch Anstrengung, also den Einsatz und die Nutzung unserer Kräfte, denn das lässt uns überhaupt etwas (er-)schaffen. Das macht uns darüber hinaus auch ganz direkt glücklich – vorausgesetzt allerdings dieser Einsatz erscheint uns sinnvoll, dient also einem für uns erkennbaren Zweck und ist maßvoll, also zeitlich so begrenzt, dass er Raum für die anderen, die kleinen Lebensfreuden lässt.

14 Wippert, P.-M. (2011): Kritische Lebensereignisse in Hochleistungsbiographien, Untersuchungen an Spitzensportlern, Tänzern und Musikern. Lengerich 2011, S. 9

Wir lassen uns jedoch von zunehmend spezifischeren Angeboten in allen Bereichen dazu animieren, unsere Aufmerksamkeit und damit unsere Zeit und Energie dafür herzugeben. Die Fragmentierung, die sich in der Spezifizierung der Angebote niederschlägt, erzeugt die Illusion von persönlicher Ansprache – »hier finde ich mich mit meinen ganz speziellen Bedürfnissen erkannt« – und hat dadurch große Anziehungskraft.

Tatsächlich ist das jedoch nur eine Aneinanderreihung von mehr des Gleichen und es wird in Wirklichkeit kein Bedürfnis erkannt, sondern vielmehr eines erzeugt. Ohne die entsprechenden Vorschläge würden wir nach vielen dieser Dinge nicht suchen, gerade *weil* sie einander so ähnlich sind – und uns anderem zuwenden. Dieses Andere ist eben doch von Person zu Person verschieden und macht so unsere Individualität aus. Das zu erkennen, erfordert allerdings ein Abstandnehmen …

Dies sind nun für uns alle keine bahnbrechenden Neuigkeiten mehr und doch wird nach wie vor eine steigende Anzahl der Menschen von einer Getriebenheit erfasst, die sie auf Dauer bedenklich schwächt. Nicht zuletzt zeigt sich das in den oben erwähnten Statistiken der Krankenkassen:

Hinsichtlich der Fehltage rangieren Erkrankungen des Muskel- und Skelett-Apparates, welche meiner Erfahrung nach in vielen Fällen mit schweren Verspannungen oder mangelnder, beziehungsweise übertriebener, Ausbildung des Muskelapparates zu tun haben, dort an erster Stelle. Direkt gefolgt werden sie von den psychischen Erkrankungen, unter denen auch alle psychovegetativen Erschöpfungszustände erfasst sind. Die DAK machte 2017 in ihrem Bericht Schlafstörungen zum Schwerpunktthema und widmet ihnen ein eigenes Kapitel[15].

5.7 Lemminge begehen keinen Suizid – sie überschätzen ihre Kräfte

Dass sich dagegen so wenig grundsätzliche, dem Überlebensinstinkt entspringende Rebellion regt, sondern vielmehr mit einer größeren Anpassungsanstrengung reagiert wird, und dass die Wirtschaft das gigantische Einsparpotenzial, das in diesen zu einem großen Teil vermeidbaren Ausfällen liegt, nicht aktiver angeht, lässt sich unserer Meinung nach nur durch den schwer erkennbaren Einfluss des *Machbarkeitsparadigmas* erklären.

15 Marschall, J. et al (2017): Gesundheitsreport 2017. Analyse der Arbeitsunfähigkeitsdaten. Update: Schlafstörungen. In: Storm, A. (Hrsg.): Beiträge zur Gesundheitsökonomie und Versorgungsforschung (Band 16). Hamburg 2017, S. 8; S. 32 ff.

6 Unternehmenskultur und Machbarkeit

Claudia James

6.1 Unternehmenskultur als Prägung

Wenn Paradigmen und Glaubenssätze unsere Handlungsfreiheit jedoch einschränken, weil sie uns nicht nur unmerklich steuern, sondern uns vermeintlich den Weg abschneiden, der für uns wichtig wäre, um als Gesellschaft den nächsten Schritt in unserer Entwicklung zu tun, dann ist es an der Zeit, diese Paradigmen zu benennen und zu hinterfragen.

Aus unserer Sicht bewirkt das *Machbarkeitsparadigma* vor allem den Zwang zur ständigen Geschäftigkeit und Effizienzsteigerung, der es nicht zulässt, sich genügend Zeit zum Wahrnehmen, Reflektieren, Sacken lassen und Fühlen zu nehmen – Dinge, die unerlässlich sind, um Dysbalancen zu vermeiden.

Wirtschaft und Gesundheit sind wichtige Säulen einer Gesellschaft. In unserer sind jedoch auf diesen Gebieten Dysbalancen entstanden. Wir schildern in den folgenden Kapiteln dazu Beispiele aus Unternehmenswelten und dem Gesundheitswesen und machen Vorschläge, wie mehr Balance erreicht werden kann.

Persönliche Glaubenssätze, die wir auf der individuellen Ebene antreffen, gibt es auch als eine Gruppe von Menschen prägende – häufig unausgesprochene – gemeinsame innere Einstellungen und Grundannahmen. Wie mächtig diese sein können, hat meine Mitautorin weiter oben beschrieben.

In Unternehmen begegnen wir in diesem Zusammenhang einem interessanten Phänomen, denn die Macht dieser gemeinsamen Grundannahmen ist auch den Firmenstrategen und den vielen Beratern um sie herum nicht verborgen geblieben. Und so versuchen sie also Werte, Verhalten und Orientierung der MitarbeiterInnen über bewusst formulierte Leitwerte zu steuern, neudeutsch: »Vision – Mission – Values.« Ein neutral betrachtet kluger Gedanke, denn wer Leitbilder als *Programme* nutzt und sie richtig umsetzt, kann damit ganz bewusst eine gemeinsame Firmenkultur schaffen, die wiederum Identifikation und Halt, aber auch Richtung und Motivation stiftet.

Jede Firma ist durch eine ihr eigene Kultur gekennzeichnet, die sich in Einstellungen und Verhaltensweisen der Firmenmitglieder ausdrückt. Diese Kultur setzt sich auch aus einer für jede Firma spezifischen Mischung von Leitwerten zusammen. Sie prägen den Betrieb und sind Ausdruck für das Selbstverständnis eines Unternehmens – dieses ganz spezifische »So-sind-wir-das-können-Wir«.

Die Krux mit den Leitlinien bzw. den bewusst formulierten Glaubenssätzen beginnt aber genau dann, wenn sie eine Verschiebung des »So-sind-wir-das-können-wir« hin zu einem »Das-wollen-wir-sein-das-wollen-wir-können« darstellen.

6.2 Zukunft ohne Gegenwart

Diese Verschiebung entsteht, wenn darüber versucht wird, der Vision oder Mission des Unternehmens im Hier und Jetzt, schon etwas näher zu kommen: Eine im Präsens formulierte Affirmation soll das Ziel schon in greifbare Nähe rücken.

So ein Satz könnte beispielsweise lauten: »Wir sind der bevorzugte Partner unserer KundInnen in unseren Kernländern«, was nichts anderes heißt als: »Wir wollen Marktführer in den Ländern A, B und C werden.«

Was für die Vision und deren Formulierung im Sinne einer unterstützenden Affirmation oder Zielrichtung sinnvoll sein kann, wird jedoch problematisch, wenn es zu den »Values«, den Werten kommt. Werden (noch) nicht vorhandene Werte im Präsens in die Leitlinien hineinformuliert, als wären sie bereits vorhanden, dann kann dieser vermeintlich kluge Kunstgriff dazu führen, dass Leitlinien von der Belegschaft nur als Wandtapete gesehen werden. Denn formuliert man z. B. in Vorstandsworkshops den gewünschten Endzustand genauestens aus, indem an jedem Wort gefeilt wird und vergisst danach jedoch, dass eine Entwicklung notwendig ist, um von dem jetzigen Zustand in den zukünftigen zu kommen, dann wird dieses Manko nach der ersten Euphorie über die neuen und »schönen« Werte schnell für Ernüchterung sorgen.

Formulieren allein reicht nicht

Bei den »Values« zeigt sich besonders deutlich, dass mit dem Ausgeben von Leitlinien die Arbeit eigentlich erst beginnt, denn Werte werden von jedem einzelnen Firmenmitglied täglich im Arbeitsalltag erlebt bzw. geprägt.

Dafür ist das Verhalten der Firmenmitglieder, insbesondere das der Führungskräfte, der einzige und entscheidende Faktor. Oder anders: Es ist nicht entscheidend, was plakativ formuliert an Firmenwände geschrieben und als Firmenwerte ausgegeben wird. Entscheidend ist das *Verhalten* der Firmenmitglieder – und hier insbesondere das der Führungskräfte – welches das *Erleben* für die Angestellten erzeugt.

An diesem Punkt habe ich wiederholt festgestellt: Einige Führungskräfte scheinen die ihnen verliehene Position als Freibrief auszulegen, ihr eigenes Verhalten nicht (mehr) hinterfragen zu müssen – oder sogar dafür, sich genau anders verhalten zu dürfen, als es von ihren Mitarbeitern erwartet wird. Das ihnen zuteil gewordene Privileg verstehen sie dabei ganz offensichtlich vorrangig als Machtposition und nicht als Führungsaufgabe. Ein Missverständnis?

6.3 Machtmissbrauch oder Führung?

Die Antwort auf die Frage, ob die eigene Position bewusst und systematisch instrumentalisiert wird, um sich durchzusetzen entscheidet meiner Ansicht nach darüber, ob eine Führungsperson die ihr verliehene Macht verantwortungsbewusst einsetzt oder nicht.

Auf der Verhaltens-Klaviatur des Machtmissbrauchs gibt es viele Spielweisen – die Basis ist allerdings oft die Gleiche: Es wird mit Angst und Druck gearbeitet – und auch mit Geringschätzung. Führung hingegen setzt auf Überzeugung und Kommunikation.

Auch wenn die hier beschriebene Einteilung sehr grob ist und es viele Mischformen aus den oben genannten Einstellungen gibt, so ist dennoch das vorrangige Muster einer Leitungskraft entscheidend. Betrachtet man dieses vor dem Hintergrund der Firmenkultur, so ist zu klären, ob die eigenen Führungskräfte im Unternehmen bereit sind, die Leitwerte selbst umzusetzen und vorzuleben – und dadurch gegebenenfalls auch darauf verzichten, ihre Machtposition auszunutzen, um diese zu umgehen.

Verhalten versus Leitwerte – Der Fisch stinkt vom Kopf her
Denn: In vielen mit »our values« überschriebenen Strategiepapieren werden Sie einen solchen oder ähnlichen Satz finden: »Wir pflegen ein wertschätzendes Miteinander.« Das klingt erst einmal nach einem wirklich schönen Satz und es würde sicher niemand widersprechen, wenn es darum geht, ihn in den Wertekanon einer Firma aufzunehmen.

Er ist jedoch so lange unkonkret und in gewisser Weise leblos, bis nicht erklärt wird, was damit im Arbeitsalltag gemeint ist. Es sollte möglichst allen MitarbeiterInnen klar sein, was dieser Satz über das hinaus, was man unter einem höflichen Umgang miteinander versteht, für seine Arbeit bedeutet. Denn jeder Einzelne interpretiert nicht nur seine eigene Sichtweise in diesen Satz, sondern formt sein Verständnis davon durch seine bereits gemachten Erfahrungen innerhalb der Firma.

Selbstreflexion

- Was bedeutet für mich als Führungskraft der Wertekanon unserer Firma?
- In wieweit ist mir klar, was die Leitsätze darin konkret bedeuten? Wie gut kann ich sie auf Nachfrage erläutern?
- Was interpretieren meine MitarbeiterInnen in die Leitwerte?
- Wie stark stimmt das mit der von der Führung intendierten Deutung überein?

Letztlich werden von den MitarbeiterInnen Wirksamkeit und Glaubwürdigkeit solcher Leitsätze an ganz konkreten Situationen festgemacht. Und daran entscheidet sich schließlich auch, ob MitarbeiterInnen das Gefühl haben, dass Leitsätze nur auf dem Papier stehen oder ob sie auch umgesetzt und gelebt werden. Genau hier aber kann sich der überlagernde Einfluss eines übergeordneten Paradigmas einstellen. Dazu ein Beispiel.

6.4 Wenn Unternehmensleitbilder mehr als nur Worthülsen sein sollen

Stellen Sie sich bitte folgende Situation vor: Ein Meeting soll beginnen, es sind alle Eingeladenen da, bis auf die Person, die eingeladen hat: eine Führungskraft aus der Geschäftsleitung. Die Besprechungsmitglieder kennen dieses Verhalten schon, denn die Person kommt eigentlich immer zu spät. Nach ca. 15 Minuten erscheint sie und die Besprechung beginnt.

Das ist ein sicher nicht aus der Luft gegriffenes Beispiel, das zeigt, wie das Verhalten einer Führungsperson den Leitsatz »Wir pflegen ein wertschätzendes Miteinander« durch ihr eigenes Verhalten unterminieren kann. Denn stellt man sich die Frage, welches Selbstverständnis hinter unpünktlich erscheinenden Besprechungsmitgliedern steht, kann man es bestenfalls als Marotte oder unorganisiertes Verhalten bezeichnen. In Wahrheit ist es jedoch nichts anderes als eine Nichtachtung eines der kostbarsten Güter im Arbeitsleben: die Zeit der MitarbeiterInnen. Und das sehen meiner Erfahrung nach MitarbeiterInnen, die auf einen notorisch Zuspätkommenden warten, genauso. Es sei denn, man hat sich explizit darauf geeinigt, dass Unpünktlichkeit vollkommen ok ist – ein eher schwer vorstellbares Szenario in der heutigen Geschäftswelt.

Ich habe erlebt, wie zerstörerisch vermeintliche Kleinigkeiten wirken können, denn gerade Führungskräfte stehen im ständigen Fokus und unter ständiger Beobachtung der MitarbeiterInnen, da sie von ihnen – zu Recht – eine Vorbildrolle erwarten, an der sie sich orientieren können. Wenn sich eine Führungsperson also in bestimmten Situationen systematisch anders verhält als das, was von MitarbeiterInnen als »wertschätzendes«

Verhalten gesehen wird, dann werden sie damit leider automatisch auch die Leitlinie unterminieren.

Subtile Steuerung
In vielen Fällen hat die Führungsperson dies vermutlich weder wahrgenommen noch so intendiert – sie würde bei genauerer Reflexion ihr eigenes Verhalten auch selbst nicht als wertschätzend bezeichnen. Wie kommt es, dass sie sich dennoch anders verhält, wo doch vermeintlich allen so klar ist, was wertschätzend ist und was nicht?

Betrachtet man das Geschehen im Lichte des *Machbarkeitsparadigmas*, ist eine sehr wahrscheinliche Erklärung dafür, dass eine vielbeschäftigte Führungskraft zu spät kommt, weil sie nicht mit Muße in ein Meeting kommen »darf«, da sie in der Lage sein muss, viele Bälle gleichzeitig in der Luft zu halten – sie muss auch noch den kleinsten Zeitspielraum nutzen – und kommt deshalb ständig zu spät. Daran wird deutlich, dass der Einfluss eines übergeordneten Paradigmas stärker sein kann, als das erarbeitete Firmen-Leitbild.

Selbstreflexion

- Welche erwünschten und konkreten Verhaltensweisen leiten sich aus den erarbeiteten Leitsätzen ab (bei uns im Unternehmensvorstand, auf der Ebene unserer Führungskräfte und bei unseren MitarbeiterInnen)?
- Wie lautet die klare und unmissverständliche Formulierung?
- Welche konkreten Beispiele für dieses erwünschte, aber auch für das nichterwünschte Verhalten haben wir?
- Haben wir genügend Gelegenheiten und Zeit organisiert, um diese an unsere Mitarbeiter-Innen weiter zu vermitteln?
- Wie viel Raum für Fragen und Diskussionen geben wir? Sehen wir Fragen, Diskussionen und Kritik als das an, was sie sind: das Interesse unserer MitarbeiterInnen?

6.4.1 Erwünschtes Verhalten ableiten

Um den obigen Satz – »Wir pflegen ein wertschätzendes Miteinander« – in der beschriebenen Meeting-Situation wieder aufzugreifen, kann u. a. diese daraus abgeleitete Regel eine wirksame Konkretisierung sein: »Wir sind pünktlich«.

Auch andere Verhaltensableitungen sind sinnvoll, erfahrungsgemäß genau diejenigen, die aus Sicht der Führungsmannschaft die Kultur, das Miteinander und den Arbeitsalltag prägen sollen. Beispielsweise, dass während einer Präsentation die Zuhörenden den Laptop zuklappen. Wer schon einmal vor Menschen präsentiert hat, die während eines an sie gerichteten Vortrags vor ihren Laptops sitzen und immer wieder Mails checken und beantworten, der weiß, wie unaufmerksam diese vermeintlich Zuhörenden in Wahrheit sind. Hier wird das *Machbarkeitsparadigma* noch einmal deutlich: Man erledigt nicht nur eine, sondern sogar zwei Aufgaben zur gleichen Zeit und meint, so noch effektiver und effizienter zu sein. Das Ergebnis ist eher, dass sich weder dem einen noch dem anderen wirklich mit voller Konzentration gewidmet wird und der Präsentierende permanent gegen eine Mauer der Unaufmerksamkeit anarbeitet.

Aber selbst, wenn es wirklich Menschen geben sollte, die gleichzeitig zwei Arbeitsaufgaben erledigen können – obwohl sich daran auf Forschungsseite mittlerweile Zweifel mehren[16]: Vergegenwärtigen Sie sich die Wirkung, die ein CEO auf alle Anwesenden hat, der während einer vorrangig für ihn gehaltenen Präsentation permanent auf seinen Laptop- oder Handy-Bildschirm schaut. Meiner Erfahrung nach empfinden MitarbeiterInnen dies tatsächlich als eine unhöfliche Art, sich zu entziehen und würden es als ehrlicher empfinden, wenn der »Doppeltbeschäftigte« den Raum verließe, um sich seinen anderen Aufgaben zu widmen.

Immerhin hat sich der Präsentierende Mühe gegeben und sich den Rhythmus, die Dramaturgie und die Inhalte seiner Präsentation genau überlegt, vielleicht an der ein oder anderen Stelle Pointen und Überraschungsmomente eingebaut. Das kann jedoch nur gewürdigt werden, wenn man seine Aufmerksamkeit auch darauf richtet. Sitzt man als Vorgesetzter jedoch in der »Machbarkeitsfalle«, dann bleibt diese Form der Wertschätzung auf der Strecke.

Selbstreflexion

- Welche (Aus-)Wirkung hat mein Verhalten auf die MitarbeiterInnen?
- Wie/Wodurch lebe ich die Firmenwerte vor?

Die oben beschriebenen Beispiele entspringen im Arbeitsalltag gemachten Beobachtungen. Ich möchte deshalb anmerken, dass es Situationen gibt, in denen sich Führungskräfte beispielsweise in lange Abteilungsworkshops ihrer MitarbeiterInnen hineinsetzen, um ansprechbar zu sein und die Zeit dabei nutzen, um sehr dosiert noch andere Dinge an ihrem Laptop zu tun. Da hier keine aktive Ansprache der MitarbeiterInnen in Richtung Führungskraft notwendig ist und folglich deren Aufmerksamkeit auch nicht ununterbrochen erwartet wird, hat dieses Verhalten meiner Beobachtung nach in solchen Situationen auch keine negativen Auswirkungen.

16 Groll, T. (2012): Alles gleichzeitig funktioniert nicht. Multitasking ist ein Mythos: Niemand kann mehrere komplexe Tätigkeiten gleichzeitig ausführen, das macht das menschliche Hirn nicht mit. https://www.zeit.de/karriere/beruf/2012-08/multitasking-gehirnleistung, Abrufdatum 21.3.2019

Anders verhält es sich jedoch, wenn das Management zur Zielgruppe der Kommunikation gehört. Da der Sinn und Zweck eines Meetings immer vorher bekannt ist, kann sich die Leitung vorher Gedanken machen, ob ihre Aufmerksamkeit erwartet wird oder nicht und sich dementsprechend darauf einrichten.

Zeitmanagement ist Management und Führung zugleich

Wenn eine Führungskraft ihre Zeit in Sitzungen dazu verwendet, um nebenher noch andere Dinge zu erledigen (E-Mails lesen und beantworten, mitgebrachte Lektüre lesen, etc.), dann kann das an mehreren Dingen liegen. Mangelhafte Zeiteinteilung oder zu wenig Abgrenzung wären mögliche Erklärungen, denn sie hat es nicht geschafft, ihre eigenen Aufgaben auf ihre Zeit so zu verteilen, dass sie Aufgaben nicht dann erledigen muss, wenn ihre Aufmerksamkeit und geistige Anwesenheit für andere Themen und vor allem für ihre MitarbeiterInnen gebraucht wird. Würde sie dort nicht gebraucht, müsste sie nicht in dem besagten Meeting sitzen, könnte gehen und sich in Ruhe anderen Dingen widmen.

Ich höre sehr oft Beschwerden darüber, dass Meetings zu lange dauern und ineffektiv sind. Ausgesprochen wirksame Gegenmaßnahmen sind die Konzentration aller benötigten Anwesenden auf das »Hier und Jetzt« – und die generelle zeitliche Begrenzung von Meetings auf das absolute Minimum. Aus langjähriger Praxiserfahrung kann ich sagen, dass eine allgemeine Richtlinie, Routinemeetings auf eine Stunde zu begrenzen, Wunder wirkt. Davon ausgenommen sind Sondermeetings – z. B. Strategieworkshops, Vertriebstagungen, Meetings mit eigens angereisten bzw. gebuchten Fremdfirmen/Agenturen und ähnliche mehr.

Alles selbst zu machen: Ist das machbar?

Eine andere mögliche Erklärung für die »Doppelbeschäftigung« von ManagerInnen in Sitzungen ist ungenügendes Delegieren und Abgeben von Aufgaben. Dahinter steckt meiner Beobachtung nach entweder mangelndes Vertrauen in die Fähigkeiten der eigenen MitarbeiterInnen oder die Erfahrung, dass diese die ihnen übertragenen Aufgaben regelmäßig nicht zufriedenstellend lösen. Deswegen machen Führungskräfte viele Dinge lieber selbst, verstricken sich in der Folge jedoch in einer Fülle von Aufgaben und den mit ihnen verbundenen Details, welche auf ihrer Ebene eigentlich keine Rolle mehr spielen sollten – denn sie verstellen den Blick auf das Wesentliche. Die vielen zu bedenkenden Kleinigkeiten führen immer tiefer in die Geschäftigkeitsfalle und fragmentieren gewissermaßen das große Bild, welches für strategisches und systemisches Denken so wichtig ist.

In jedem Fall ist es ein wichtiger Schritt in der Gestaltung einer Firmenkultur, sich des eigenen Verhaltens als Führungskraft bewusst zu werden und mit den gewünschten

Leitwerten des Unternehmens abzugleichen. Nur durch ganz konkrete »Handlungsableitungen« können etwaige störende Folgen des *Machbarkeitsparadigmas* überwunden werden. Das setzt voraus, dass die Leitwerte einer Firma nicht nur erklärt, sondern auch auf Handlungsebene heruntergebrochen und schließlich insbesondere von der Führung konsequent vorgelebt werden.

Kleinigkeiten mit großer Wirkung

Ich konnte beobachten, dass sich die Haltung seitens des Managements, sowohl die Zeit der KollegInnen als auch die eigene Zeit wertzuschätzen und gut zu planen, große Auswirkungen hat. Wenn der eigene »Zeithaushalt« und der des anderen respektiert wird, führt dies dazu, dass die »Work-Life-Balance« von MitarbeiterInnen positiv beeinflusst wird und im umgekehrten Fall eben genau nicht, denn: Das Verhalten von Vorgesetzten wird auch in einem solchen Punkt nachgeahmt.

Wenn dem Gegenüber Aufmerksamkeit und dadurch Wertschätzung entgegengebracht wird, wirkt sich das auf das Firmenklima in positiver Weise aus. Den MitarbeiterInnen seitens der Führung bewusst Aufmerksamkeit zu schenken, zeigt eine positive Wirkung.

6.4.2 Gelebte Leitwerte bestimmen auch die Arbeitszufriedenheit

Klafft zwischen grundlegend formulierten Firmenleitsätzen und dem alltäglich erlebten Miteinander für MitarbeiterInnen hingegen eine zu große Lücke, führt das bei jenen, denen hier zumindest unterbewusst eine Stimmigkeit wichtig ist, häufig zu einer zunehmenden Ermüdung, im besten Fall »nur« zu einer Minderung von Motivation – oft verbunden mit einer distanzierten inneren Haltung bis hin zu Zynismus.

Selbstreflexion

- Wie gut kann ich mich mit den Leitsätzen unseres Unternehmens identifizieren?
- Ggf.: Welcher Gesprächs- oder sogar Änderungsbedarf ergibt sich daraus für mich?
- Mit wem kann ich darüber sprechen?

Wenn es aus meiner Sicht Änderungsbedarf gibt:

- Wie kann ich dafür sorgen, dass meine Stimme dort gehört wird, wo Leitsätze bearbeitet werden?

Stimmt das Verhalten von Vorgesetzten mit den Firmenwerten überein, steigt meiner Beobachtung nach die Arbeitszufriedenheit. Der Grund dafür liegt auf der Hand: Über die Stimmigkeit des eigenen Verhaltens mit den Leitwerten der Firma vermitteln Führungskräfte ihren MitarbeiterInnen Authentizität und die Botschaft, dass es gerecht in der Firma zugeht. Denn gelten keine unabgestimmten Verhaltensausnahmen für Vorgesetzte oder bestimmte Gruppen, dann wird dies als »gut und richtig« empfunden und beruhigt den Arbeitsalltag.

6.4.3 Wahrnehmung: das beste Mittel zur Wertschätzung

Ein vielfach vermitteltes Bild heutiger Topmanager gleicht sich mindestens in einer Hinsicht – der Geschäftigkeit: Es wird viel bis ununterbrochen gearbeitet, angeblich wenig geschlafen und von einem Meeting ins Nächste gehetzt. Die Fähigkeit, die Umgebung und die Menschen in ihr noch in Ruhe wahrnehmen zu können, geht dabei mehr und mehr verloren.

Wenn man bedenkt, dass bei Arbeitnehmerbefragungen an den Top-2-Positionen zur Arbeitszufriedenheit immer wieder die Punkte »Wertschätzung« und »ehrliches Feedback« landen, wird ganz deutlich, dass ein gehetzter Vorgesetzter die denkbar schlechtesten Voraussetzungen hat, diese wichtigen Verhaltensweisen zu erfüllen. Denn wer Wertschätzung ausdrücken möchte, muss zunächst einmal Zeit und Ruhe haben, seine Umgebung auch wahrzunehmen.

6.4.4 Machbarkeit als Werte-Killer

Unser momentan vorherrschendes Wirtschaftssystem wird offensichtlich vom *Machbarkeitsparadigma* angetrieben und hat dadurch eine mächtige Wirkung auf unsere Gesellschaft. Es kann für große Differenzen zwischen unseren allgemein als ethisch empfundenen Werten und der Realität sorgen – als echter »Werte-Killer«. Denn das *Machbarkeitsparadigma* impliziert eine ununterbrochene Dringlichkeit von Dingen, die erledigt werden müssen und verstellt den Blick auf das Wichtige, für welches eine ruhige Distanz benötigt wird, um es zu erkennen. Dadurch gerät die Reflexion – auch in den Managementetagen – in den Hintergrund.

Ziel- und Erfolgsdefinition geben naturgemäß die Richtung vor, in die sich eine Firma und ihre Führungsmannschaft bewegt und KPI (Key Performance Indicators) – Kennzahlen zur Erfolgsmessung – spielen in diesem Zusammenhang die Hauptrolle. Wollen wir dem *Machbarkeitsparadigma* aber Einhalt gebieten, dann wird es unerlässlich sein, unsere KPI auf den Prüfstand zu stellen und neu zu gestalten, damit neue und ganzheitlichere Wertbetrachtung, Wertschöpfung und Wertmessung möglich werden.

Da wir Menschen – so sollte man zumindest meinen – frei sind in dem, wie wir Werte und Erfolg definieren, wäre es in so einem neuen Koordinatensystem vorstellbar, Dinge, die beispielsweise unsere Gesundheit oder das Klima nachgewiesenermaßen positiv beeinflussen, mit einem Wertsteigerungs-Index zu versehen. Denn sie tragen dazu bei, dass Ressourcen erhalten oder positiv beeinflusst werden. Auch das ist wirtschaftlich …

7 Machbarkeit und Ohnmacht in der Medizin

Cristina Barth Frazzetta

7.1 Von der Verleugnung der Ohnmacht

Wo begegnet man der Unbegreiflichkeit des Lebens direkter als in der Medizin? Doch gerade unter Ärzten ist es verbreitet, Unbegreifliches zu verleugnen und stattdessen zu glauben, alles könne naturwissenschaftlich-technisch erklärt und behandelt werden. Schwangerschaften werden hinsichtlich ihres Zustandekommens und des Zeitpunktes der Geburt beeinflusst, der Körper wird optimiert und korrigiert oder der Tod über die Grenze würdevollen Sterbens hinausgezögert. Nichtstun oder Abwarten kommt als Option nur selten infrage. So entstehen am Ende manchmal paradoxe Situationen wie diejenige, dass der Tod in einer bereits aussichtslosen Situation zwar nicht verhindert werden kann, aber auf gar keinen Fall im Operationssaal, dem Heiligtum der handelnden Medizin, eintreten darf. »Bringen Sie den Patienten raus hier, sonst stirbt er mir noch auf dem OP-Tisch!«. Diese Forderung eines Chirurgen zeigt, wie unerträglich eine Niederlage im Sinne des Machbarkeitsglaubens wirkt: Man hat es nicht richtig gemacht oder zumindest zu wenig getan. Situationen wie diese sind immer ein sicheres Zeichen dafür, dass ein Mensch, der so handelt oder spricht, von der Situation, in der er sich befindet, enttäuscht und überfordert ist. Das jedoch ist eine schier zwangsläufige Folge, wenn man glaubt, im Umgang mit Leben und Tod alles unter Kontrolle haben zu können. Der Tod eines Patienten bedeutet dann in der Tat eigenes Versagen und wird zur persönlichen Niederlage. Natürlich darf man diesen Irrglauben keinesfalls nur der Ärzteschaft anlasten, denn wir alle unterliegen, sicherlich in unterschiedlichen Ausprägungen, dem *Paradigma der Machbarkeit*. Schließlich kommen ja auch die Patienten selbst überwiegend mit der Forderung »*Machen* Sie mich gesund!« zum Arzt. Dennoch sind bei den behandelnden ÄrztInnen oft Schuldgefühle und Erschöpfung Symptome für diese negative Seite des modernen *Machbarkeitsparadigmas*, die sie dann gelegentlich mit Suchtmitteln so lange in Schach halten, bis sie in Depression und »Burn-out« enden.

Da muss doch noch etwas machbar sein …

Seit einigen Jahren schreitet nun auch die Ökonomisierung des Gesundheitswesens voran, wofür es zwar viele gute Gründe gibt, wie z.B. die Eindämmung der Verschwendung von Mitteln und die bessere Ausschöpfung von Synergien und Schnittstellen-Kooperation, wodurch sich jedoch die Situation der »Manager der Gesundheit« noch zusätzlich verschärft.

Waren sie bislang vor allem für die »Produktqualität« zuständig, haben sie nun auch noch Verantwortung für die »Betriebsergebnisqualität«. Dabei kommen Methoden der freien Wirtschaft wie KPIs und Prozessoptimierung, Marktanalysen und Zielgruppenorientierung oder USP (Alleinstellungsmerkmal, engl.: *unique selling proposition* oder *unique selling point*) zum Einsatz. Mit diesen sollen die wirtschaftlichen Ergebnisse zuverlässig gesteuert werden. Das bedeutet, dass jetzt auch noch in dieser Hinsicht genaue Vorhersagen gemacht werden sollen, weil die Annahme besteht, dass bei richtiger Handhabung dieser Instrumente wirtschaftlicher Erfolg sichergestellt werden kann.

Es bedeutet außerdem, dass auch im Gesundheitswesen durch Effizienzsteigerung die Arbeitsdichte erheblich gestiegen ist, ganz konkret daran erkennbar, dass zwischen 1996 und 2009 deutschlandweit 47.000 Stellen abgebaut wurden.[17]

Man darf sich mit Fug und Recht fragen, ob die gesundheitliche Grundversorgung einer Gesellschaft überhaupt ökonomischen Zwängen unterliegen dürfte. Das sollte nur sehr eingeschränkt, genau genommen im Hinblick auf achtlose Verschwendung, der Fall sein. Sonst erzeugt die Ökonomisierung, ganz abgesehen von mehr Wettbewerbsdruck und weniger Arbeitsplatzsicherheit, eine zusätzliche, im bisher davor geschützten Gesundheitswesen ganz neue Versagensangst.

7.2 Agieren bis zur Erschöpfung

Diesem Druck mit allen seinen Auswirkungen sind ManagerInnen in der freien Wirtschaft schon lange ausgesetzt. Auch hier ist Handeln das oberste Gebot: Man muss zeitnah, am besten in Echtzeit, reagieren oder besser noch proaktiv und unternehmerisch agieren. Das Ganze soll natürlich zugleich auf genauem Faktenwissen basieren. Der in diesem Fall so unmerklich wirkende Glaubenssatz könnte lauten: »Faktenwissen ist Macht und wenn ich ausreichend Faktenwissen habe, kann ich auch das gewünschte Ergebnis herbeiführen, weil ich dann genau weiß, was zu tun ist!«. Dabei verliert man jedoch leicht den Blick für das Ganze. Ich erlebe bei den meisten Führungskräften, dass ihnen gar keine Zeit und keine Freiräume mehr gelassen werden, um den notwendigen Schritt zurückzutun, den es braucht, um das ganze Bild sehen zu können. Oftmals gönnen sie sogar selbst ihrem Gehirn nicht einmal ausreichend Schlaf zur besseren Verarbeitung.

Bei Untersuchungen an Schichtarbeitern hat die Internationale Agentur für Krebsforschung (IARC) festgestellt, dass durch die Entkoppelung von Arbeitszeit und physischem

17 Helmers, K. U., Dahm-Daphi, J. (2018): Profit vor Gesundheit?, Hamburger Ärzteblatt 05/2018, S. 11

Tagesrhythmus Fehlerquote und Unfallrisiko ansteigen. Inzwischen vermuten die Forscher deshalb sogar ein erhöhtes Krebsrisiko.[18]

Selbstreflexion

- Welche Sache/Tätigkeit verschiebe ich schon lange auf den Augenblick »wenn ich mal Zeit habe«?
- Wie wichtig ist diese Sache/Tätigkeit für mein Leben/mein Wohlbefinden/meine innere Balance/meine Orientierung?
- Wie bedeutsam ist sie im Vergleich zu den Tätigkeiten, für die ich sie verschiebe (z. B. doppelt/halb etc.)?

7.3 Mehr vom Gleichen bringt mehr vom Gleichen

Bei unseren ÄrztInnen, selbst Hüter der Volksgesundheit, und unseren ManagerInnen, den Entscheidern für ein Funktionieren der Volkswirtschaft, erscheint im Allgemeinen eine derartige Belastung geradezu unvermeidbar.

Tatsächlich »nehmen sie sich die Zeit aber einfach nicht« oder fordern diese nicht unmissverständlich ein. Sie schaffen sich, wider besseres Wissen, selbst keine Freiräume, weil sie sich ununterbrochen vom Handlungsdruck dieses Machenmüssens antreiben lassen. Um handlungsfähig zu sein, glauben sie, ständig am Ball bleiben zu müssen, damit ihnen nichts entgeht. Gern wird dann euphemistisch und selbstsuggestiv von Sachzwängen gesprochen. Der Sachzwang aber wird, wenn wir ehrlich sind, nie enden.

INTERESSANT ZU WISSEN

Um die richtige Priorisierung herauszufinden, sortierte Eisenhower anstehende Aufgaben in folgende vier Quadranten ein:

1. Dringend + wichtig
2. Nicht dringend, aber wichtig
3. Dringend + nicht wichtig
4. Nicht dringend + nicht wichtig

Steven Covey gab den vier Quadranten später Bedeutungsnamen:

1. Notwendigkeit
2. Qualität
3. Täuschung
4. Verschwendung

18 Erren, T.C./Falaturi, P./Morfeld, P./Knauth, P./Reiter, R.J./Piekarski, C. (2010): Shift Work and Cancer – The Evidence and the Challenge, Dtsch Arztebl Int 2010, 107(38), S. 657–662

> Diese Umbenennung verdeutlicht sofort, dass gerade die **Q-2-Tätigkeiten »Wichtig-aber-Nicht-Dringend«** wie Reflexion, Werteklärung, Strategie-Entwicklung, Planung, Vorbereitung, Innovation, Weiterbildung, Vorbeugung eine Priorisierung im Sinne einer passenden Aus- und Ab-Wahl erst ermöglichen und somit einen reduzierenden Einfluss auf alle drei anderen Quadranten haben.

Wenn wir also nicht selbst entscheiden, wird es sich damit verhalten wie mit dem süßen Brei im gleichnamigen Grimm'schen Märchen, in dem ein Mädchen einen Topf geschenkt bekommt, der auf den Befehl »Töpfchen koch« immerfort süßen Brei, eine sehr begehrte Speise, produzierte. Es kommt immer Neues nach und ist dann, selbst wenn es Spaß macht (der Brei im Märchen ist ja auch süß), insgesamt nicht mehr zu bewältigen. Das merken viele aber erst am Rande der Erschöpfung. Bis dahin leben sie nach dem Motto 24/7, und das, obwohl es in der freien Wirtschaft in den allermeisten Fällen – anders als in der Medizin – nicht um Leben und Tod geht.

Laut einer Studie der Bundes-Psychotherapeuten-Kammer (BPtK) sind bei Krankschreibungen psychische Gründe die dritthäufigste Ursache. Was dies aber noch teurer für die Unternehmen macht, ist die Tatsache, dass die Dauer der Krankschreibungen mit durchschnittlich 34,5 Tagen die zweitlängste nach den Rückenerkrankungen ist.[19] Meine eigenen Beobachtungen weisen außerdem darauf hin, dass ein gewisser Prozentsatz der einmal an einem Burn-out Erkrankten ihre Berufsfähigkeit nicht voll zurückgewinnt. Nicht wenige entscheiden sich für einen totalen Ausstieg und andere reichen nicht mehr an ihre ursprüngliche Leistungsfähigkeit heran und kommen nur teilweise in die alten Strukturen zurück.

Was war zuerst da: die Henne oder das Ei?

Auch wenn es kaum noch zu übersehen ist, dass selbst hohe Leistungsträger an stressinduzierten Krankheiten leiden oder ein Burn-out-Syndrom entwickeln, wird dennoch immer wieder die Frage gestellt, ob die betreffenden Personen nicht schon vorher gewisse Merkmale aufwiesen, die sie dafür prädestinierten.

Dabei könnte man meiner Meinung nach ja auch auf die Idee kommen, dass es sich dabei eventuell um gesündere Voreinstellungen handelt. Doch die Abgrenzung gegenüber gesellschaftlichen Grundannahmen kostet viel Mut. Deshalb wählen die meisten von uns selbst bei inneren Zweifeln den kurzfristig leichteren Weg und tun immer nur mehr des-

19 Bundes Psychotherapeuten Kammer (2015): BPtK-Studie zur Arbeitsunfähigkeit, psychische Erkrankungen und Krankengeldmanagement 2015, S. 10

selben, wodurch wir logischerweise langfristig immer tiefer in die stressende Problematik hineingeraten. Denn es entsteht dadurch ein *circulus vitiosus*: Die Versagensängste nehmen weiter zu, ein Prozess, den wir so lange mit mehr Anstrengung beantworten, bis er zu einer Erschöpfungsdepression und womöglich zu völlig irrationalem Handeln führt.

Im Gefängnis des Paradigmas

Bedauerlicherweise kommt auch im Management Suizid als letzter Ausweg nicht mehr so selten vor. Doch ManagerInnen suchen sich in verzweifelten Situationen noch eher Unterstützung als MedizinerInnen.

Gerade ÄrztInnen empfinden eigene Bedürftigkeit oder Kranksein oft als persönliches Versagen, so als dürfte ihnen das von Berufs wegen gar nicht passieren. Sie neigen daher noch mehr als ManagerInnen zu Verdrängung. Obendrein vertrauen sie ihrer eigenen Zunft mitunter wenig oder haben die Befürchtung, dass sie durch ihre eigene medizinische Expertise verunsichernd auf den behandelnden Kollegen wirken könnten, sodass dieser womöglich zu Fehlern neigt.

INTERESSANT ZU WISSEN

Die zwölf Burn-out Stadien nach Freudenberger

1. Der Zwang sich zu beweisen
2. Verstärkter Einsatz
3. Vernachlässigung eigener Bedürfnisse
4. Verdrängung von Konflikten
5. Umdeutung von Werten
   (z. B.: »Loyalität bedeutet eben Aufopferung«)
6. Leugnung der Probleme
7. Rückzug
8. Beobachtbare Verhaltensänderung
   (z. B.: lebhafter Mensch, der mit niemandem mehr spricht)
9. Depersonalisation
10. Innere Leere
11. Depression
12. Völlige Erschöpfung
    (physisch und psychisch)

Anmerkung: Die auf der Freudenberger-Skala weiter oben stehenden, subtileren Warnsignale werden vom umgebenden System meist gut geheißen und belohnt – wie z.B. das Stadium 2: »verstärkter Einsatz«.

In der Wirtschaft gilt es zum Glück nicht als unprofessionell, sich Beratung zu holen. Zwar gehen auch ManagerInnen nicht unbedingt zum Arzt, aber in manchen Fällen gelingt es durch Coaching oder Mentoring Abstand zur stressenden Situation herzustellen und neue Perspektiven zu eröffnen (natürlich vorausgesetzt, es handelt sich beim gewählten Berater um eine qualifizierte Person, denn die genannten Berufsbilder unterliegen keiner staatlich geregelten Ausbildung und Prüfung).

Dennoch sind auch in den Chefetagen der Unternehmen viele Top-ManagerInnen mit ihren Problemen einsam, weil es in ihrem beruflichen Umfeld kaum noch Menschen gibt, die es wagen, ihnen ehrliches Feedback zu geben oder sie gar zu kritisieren. Bestenfalls haben sie ein Regulativ im Privatleben, von dem sie sich jedoch meist wenig Verständnis für ihre geschäftlichen Probleme erhoffen. Hinzu kommt, dass sie dies selbst gerade dann oft so sehr vernachlässigen, dass die Beziehungen auseinanderdriften. Der ehemalige Swisscom-Chef Carsten Schloter sagte in einem Zeit-Interview kurz vor seinem Freitod Anfang 2014 auf die Frage nach der größten Niederlage in seinem Leben: »Ich habe drei kleine Kinder und ich lebe getrennt. Ich sehe die Kinder alle zwei Wochen. Das vermittelt mir immer wieder Schuldgefühle!«[20]

Selbstreflexion

Wenn ich meinen Kalender der letzten Woche durchgehe:
- In welchen Quadranten der Eisenhower/Covey-Matrix gehören meine Tätigkeiten jeweils?
- In welchem Quadranten war ich am meisten unterwegs?
- Wie viel Aufmerksamkeit habe ich dem Q2 gewidmet?
- In welchen Quadranten gehört die Tätigkeit, die ich immer wieder verschiebe?

7.3.1 Der Kopf ist rund, damit das Denken die Richtung wechseln kann

Noch einmal zu dem Grimm'schen Märchen, in dem ein Mädchen einen Topf geschenkt bekommt, der auf den Befehl »Töpfchen koch« immerfort süßen Brei, eine sehr begehrte Speise, produzierte. Wollte man, dass der Topf damit aufhört, hieß das Zauberwort: »Töpfchen steh!«. Dieses kannte aber niemand außer dem jungen Mädchen selbst. Das Mädchen aber war für eine Weile fort. Bevor es zurückkam und die Worte sprach, war daher schon die ganze Stadt mit süßem Brei vollgelaufen und jeder, der zu einem bestimmten Ort vordringen wollte, musste sich erst einmal durch diese süße Masse essen. Das Märchen passt nur bis zu dem Punkt, wo es heißt, dass niemand die Zauber-

20 Machalke, K. (2013): Die leisen Hilferufe von Swisscom-Chef Carsten Schloter, Focus online, https://www.focus.de/panorama/boulevard/topmanager-schockt-mit-selbstmord-die-leisen-hilferufe-des-swisscom-chefs_aid_1052146.html, Abrufdatum 23.3.2019

formel kannte, denn in der heute global agierenden Wirtschaft scheint es leider gar keine Formel gegen das ausufernde Geschehen zu geben.

Im Gegenteil, leider verlassen wir uns immer dann, wenn eine Sache größer ist als wir – so viel größer, als dass wir sie beherrschen könnten – besonders stark auf unsere Grundannahmen und die daraus abgeleiteten Lösungsmuster.

Unsere Reaktion auf negativen Stress bleibt daher lange immer gleich: Wir machen einfach mehr desselben und agieren kein bisschen kreativ. Das kommt daher, dass unser steuerndes Organ, das Gehirn, so angelegt ist, dass es uns in Gefahrensituationen Bewährtes anbietet, weil es das für weniger riskant hält als etwas Unerprobtes. Unsere persönlichen Glaubenssätze und die übergeordneten Paradigmen – allen voran das der Machbarkeit mit seinen Unterstützern Allmacht und Kontrolle – sind so tief internalisiert, dass wir sie nicht mehr bemerken; ähnlich wie es uns manchmal mit einem Bild ergeht, das schon ewig an der Wand hängt – es gehört so sehr zum Inventar, dass wir es gar nicht mehr sehen.

Für jeden Glaubenssatz gilt allerdings, dass sein Gegenteil ebenso wahr und situativ sogar effektiver sein kann. Statt »Faktenwissen ist Macht« könnte es heißen: »Weniger ist mehr« oder genauer: »Je weniger Details ich betrachte, desto mehr kann ich sehen!«.

7.4 Bauchgefühl wagen

Längst ist die Quantität an Wissen zu einer unbeherrschbar komplexen Entität geworden, sodass wir es nicht mehr umfassend, sondern allenfalls noch »surfend« (also oberflächlich) nutzen können. Echte Kreativität aber entsteht in der Stille, denn erst dann, im Alphawellenmodus, treten ihre schon genannten Helfer auf den Plan: Fantasie, Emotion und Instinkt, zusammengefasst auch Intuition genannt.

Nun wird zwar nicht selten von Intuition gesprochen, aber das geschieht meist dann, wenn eine Entscheidung ohne ausreichende rationale Basis gefällt wurde und eher zufällig Erfolg hatte. Streng genommen ist das dann also die Rechtfertigung einer Fahrlässigkeit. Der echten Intuition Beachtung zu schenken heißt vielmehr, aufmerksam nach innen zu hören und zu sehen. Das aber braucht ruhige Momente, Freiraum, Gelassenheit oder anders gesagt: Ineffizienz.

Erst dann kann ein Mensch abwägen, ob er seinen inneren Regungen und Impulsen auch Bedeutung zumessen will oder nicht. Er kann sie mit den rationalen Fähigkeiten des Gehirns vorurteilsfrei bewerten, um dann zu wählen. Diese notwendige Ineffizienz zuzulassen kostet manchmal viel Mühe, weil das übergeordnete Paradigma, oft verstärkt durch persönliche Glaubenssätze, dagegenhalten wird.

Wollen wir aber das »Sein-Lassen« nicht als Niederlage und »Unfassbares« nicht als Bedrohung unserer Macht erleben, müssen wir uns zunächst unserer Begrenztheit stellen und sie aushalten. Davon hat sich unsere Gesellschaft so weit entfernt, dass die Entwicklung einer gesunden Balance aus im positiven Sinne verstandener Macht und angemessenem Sein-Lassen kaum noch anzutreffen ist. Längst scheinen sich also die negativen Auswirkungen des *Machbarkeitsparadigmas* selbstverstärkend auszuweiten.

Und doch gibt es überall schon zarte Anzeichen einer Wende – auch wenn diese sicher nicht leicht zu vollziehen sein wird, denn die Wirkweise von großen Paradigmen ist allumfassend und subtil zugleich. Nur Wenige werden es wagen, in einer Vorstandssitzung von Instinkt, Fantasie oder gar Emotionen hinsichtlich eines Vorgehens zu sprechen, schon gar nicht, wenn Shareholder und Ratingagenturen auf die Entscheidungen blicken und das Wohl Hunderter von MitarbeiterInnen sowie der eigene Bonus davon abhängen. Dabei sind aber genau dies hilfreiche Zusatzinstrumente im Umgang mit der heutigen übergroßen Komplexität.

Weder in einem planlosen Agieren nach Bauchgefühl noch in der kleinstteiligen Faktenrationalität liegt also die Wahrheit – es wird Zeit, dass wir diese beiden Wissenswelten zusammenführen und die Synthese bewusst nutzen.

Selbstreflexion

- Wann habe ich zuletzt einfach mal zum Spaß Löcher in die Luft geguckt?
- In welcher Situation ist mir schon einmal etwas »ganz plötzlich« bewusst geworden?
- Wann bin ich einmal einer regelrechten »Eingebung« gefolgt und hatte Erfolg?
- Was kann ich sein lassen, um diese Momente klonen zu können?

8 Wie das Machbarkeitsparadigma das Handeln in Unternehmen bestimmt

Claudia James

8.1 Im Bann der Kennzahlen

Ja, mach nur einen Plan!
Sei nur ein großes Licht!
Und mach dann noch 'nen zweiten Plan,
gehn tun sie beide nicht.
Bertolt Brecht

Der heutige Firmenalltag ist in weiten Teilen davon geprägt, möglichst viel kontrollieren und beeinflussen zu wollen. Ein Ausdruck dessen ist die Fokussierung auf Zahlen und deren Controlling. Je größer eine Firma wird und insbesondere dann, wenn sie Shareholdern zum Reporting verpflichtet ist, desto größer erscheint auch die Notwendigkeit, Tätigkeiten und Wertschöpfungen in Kennzahlen, »Key Performance Indicators« (KPI), auszudrücken und zusammenzufassen, um sie später nachverfolgen und »controllen« zu können. Die Auswirkung für Führungskräfte und MitarbeiterInnen ist – neben der Transparenz, die diese für Steuerung und Führung bieten können – in der Regel ein hoher Aufwand für die Generierung von Berichten und das Berichten selbst.

Den Blick für das Wesentliche nicht verlieren

Grundsätzlich ist die Zusammenfassung von Kernaktivitäten und der wichtigsten Erfolgskriterien eines Unternehmens in KPI eine sehr sinnvolle Maßnahme. Vor dem Hintergrund der heutigen Datenvielfalt, die man erheben kann und die auch erhoben wird, stellt sich allerdings immer wieder die Frage nach der Balance zwischen Datenerhebung, ihrer Auswertung und dem tatsächlichen Nutzen, der daraus gezogen wird. Der sogenannte »deep dive«, also das tiefe Eintauchen in immer größere Zahlendetails ergibt nur dann wirklich Sinn, wenn man sich am Schluss auch wieder zurücklehnt, um das große ganze Bild aus der Entfernung zu betrachten. Nur dann liefert der »deep dive« eine zusätzliche und nützliche Verständnisebene, die dem Betrachtenden aus der Ferne dient.

Mut zur Individualisierung
Noch erheblicher in den Auswirkungen erscheint allerdings die Gewichtung bzw. das Nachdenken über die Gewichtung der »richtigen« KPI aus einer ganzheitlichen und verantwortungsvollen Perspektive heraus. Die Konformität, mit der globale Wirtschaftskonzerne heute agieren, lässt darauf schließen, dass sich Führungskräfte und MitarbeiterInnen dafür im Großen und Ganzen zu wenig Zeit nehmen! Denn Gestaltung passender und sinnvoller Kennzahlen für das eigene Unternehmen benötigt Zeit. Das Nachdenken über die »richtigen« KPI erfordert zudem Teamarbeit und immer wieder Muße. Und schließlich bedeutet ein Abweichen von Standards in diesem Bereich auch Mut.

Es ist in der Regel einfacher, gängige KPI-Kategorien nach der Copy-and-paste-Methode zu übernehmen und sich anschließend damit zu beschäftigen, die gesetzten Kennzahlen zu erreichen. Aber führt uns das auch in die richtige Richtung?

8.2 Was ist wirtschaftlich?

Die Überbeanspruchung menschlicher und materieller Ressourcen und damit die Verbreitung eines engstirnigen Ökonomiebegriffs in der Welt sollte eigentlich nicht unser Anliegen sein, ist aber die Folge unseres »wirtschaftlichen« Handelns. Das Raster, an dem dieses Handeln ausgerichtet wird, sind die Kennzahlen. Als Führungskraft einer gewissen Ebene hat man in der Regel sehr gute Möglichkeiten, KPI mitzugestalten. Insofern ist es sinnvoll, sich bei der Erarbeitung dieser Kennzahlen sehr genau Gedanken darüber zu machen, was man letztlich messen und beeinflussen möchte – und auch, was man vielleicht einfach so lassen sollte, weil es schon gut genug ist.

Momentan fokussieren sich die KPI im Wesentlichen auf sogenannte ökonomische Kennzahlen. Erfolg kennzeichnet sich danach immer noch vorrangig durch Umsatz, Gewinn und deren Steigerung von Jahr zu Jahr.

Unternehmerisch handeln: ein Balanceakt
Die Sinnhaftigkeit von Wachstum in bestimmten Bereichen soll hier nicht infrage gestellt werden. So ist es beispielsweise selbstverständlich, dass die Inflationsrate und steigende Kosten mit einem jährlichen Wachstum abgedeckt werden müssen.

Ein gesundes und erfolgreiches Unternehmen sollte jedoch in Bezug auf unser aller Zukunftsfähigkeit nicht mehr vorrangig nur nach Wachstum und Gewinnmarge definiert werden. Es ist an der Zeit, über die Ausbalancierung unternehmerischen Handelns nachzudenken, darüber, wie unternehmerisches Handeln im Kontext ganzheitlicher Maßstäbe aussehen könnte – also gewissermaßen eine umfassendere Definition von Erfolg und letztlich Ökonomie zu wagen, einschließlich einer neuen Beschreibung und Messung des Firmen*erfolgs* und darüber, was man als Führungskraft selbst dazu beisteuern kann – im wahrsten Sinne des Wortes. Denn das wollen wir in der Regel als ManagerInnen: das Unternehmen steuern.

Selbstreflexion

- Wie sehen die KPI in meinem Verantwortungsbereich aus?
- Wer hat sie erstellt? Was wird gemessen? Wohin führen sie uns? Empfinde ich sie als »richtig«? Was sollte eigentlich gemessen werden? Welchen Einfluss habe ich auf ihre Erstellung bzw. Änderung?

8.3 Hinterfragen ist erlaubt

Unser globales Ökonomieverständnis hat neben seinen wohlstandsmehrenden Auswirkungen bekanntermaßen auch verheerende Folgen. Ausbeutung, Menschen in prekären Arbeitsverhältnissen, ungleiche Verteilung von Kapital, Umweltzerstörung und Burn-out sind nur einige Phänomene eines aus der Balance geratenen – sogenannten ökonomischen – Denkens und Verhaltens. Um ein neues Erfolgsmodell zu entwerfen, müssen wir zunächst an die Grundannahmen, die Paradigmen, die dem alten zugrunde liegen, heran und sie analysieren, hinterfragen und dabei Gutes bewahren und Schädliches ändern. Vor allem das Paradigma der Beeinflussbarkeit oder Machbarkeit – die Annahme also, dass man die Macht hat, (fast) alles in einem Unternehmen beeinflussen zu können (und zu müssen), wenn man nur genug tut – sollten wir deshalb mit Abstand genauer betrachten. Was bewirkt dieses Paradigma im Unternehmensalltag? Wie sind seine Auswirkungen, welche davon sind gut, welche jedoch schädlich? Was sollte man erhalten, ändern oder sogar abstellen?

8.4 Plan und Planerfüllung(swahn)

Viele erinnern sich wahrscheinlich noch an die 5-Jahrespläne der ehemaligen Sowjetunion. Der Anspruch eines politischen Systems, eine gesamte Volkswirtschaft durch eine zentrale Planansage verwalten, kontrollieren und steuern zu wollen, wurde vom »kapitalistischen« Westen mit seinem Prinzip der freien Marktwirtschaft belächelt. Die Auswirkungen und der Ausgang dieses Planverhaltens sind aus der Geschichte bekannt. Schaut man heutzutage in Unternehmenszentralen, so wird man wahrscheinlich feststellen, dass es kaum einen Wirtschaftskonzern gibt, der keinen rollierenden Jahresplan von mindestens fünf Jahren in die Zukunft hat. Ende 2019 wird also schon vielfach der Plan bis Ende 2025 aufgelegt und auch hier gibt es – wie in sozialistischen Systemen – Planansagen aus der (Firmen-)Zentrale.

Planzuteilung als Schauplatz der Macht
Pläne werden heutzutage für fast jeden Bereich in einem Konzern aufgestellt: Umsatz, Marge, Gewinn, Investitionen, Kosten, MitarbeiterInnenanzahl, Projekte, Klickzahlen auf Websites, Anzahl der Aufträge, durchschnittliche Krankheitstage der Belegschaft, Arbeitsstunden, Produktionsstunden etc. Da sich diese Einzelplanungen in der sogenannten Budget- und Kostenplanung der unterschiedlichen Fachabteilungen niederschlagen, ist in der Regel eine ganze Reihe von FachbereichsleiterInnen für die jeweiligen Einzelbudgets verantwortlich. So weit, so »gut«. Nun kommt ein zweiter Umstand hinzu: Die Macht- und Verantwortungsfähigkeit (und auch das Gehalt) von BereichsleiterInnen wird oft – sowohl im Vergleich untereinander als auch bei der Vergabe von neuen Positionen – anhand von MitarbeiterInnenanzahl und Budgetgröße hergeleitet. Personal- und Budgetverantwortung gelten also als Messindikatoren für die Fähigkeit der MitarbeiterInnen, Verantwortung zu übernehmen. Trifft das jedoch wirklich zu?

8.4.1 Der Plan: erzwungene Selffulfilling Prophecy

Wer die Maxime der Planerfüllung in Konzernen kennengelernt hat, weiß, dass die Planerfüllung über vielem steht. Etwas ironisch könnte man frei nach Gertrude Stein auch sagen: »Plan ist der Plan ist der Plan ist der Plan«. Das gilt für die Vermeidung von Planabweichungen nach unten wie nach oben. Ebenso bekannt ist, dass BereichsleiterInnen in der Regel versuchen, ihr Vorjahresbudget mindestens wiederzubekommen, wenn nicht sogar zu toppen – schließlich ist die Budgetverantwortung eine Macht-Messgröße. Wie oft passiert es, dass zum Jahresende noch Budgets »rausgehauen« werden, um die Jahresplanzahl zu erreichen und um keinen Anlass zur Diskussion zu geben, wenn es um das Budget des nächsten Jahres geht. Beispielhafte Folgen sind, dass dienstleistende Agenturen zum Jahresende überlastet werden, weil ihnen noch kurz vor Jahresschluss Budgets und Aufträge übertragen werden, oder Geld »geparkt« wird oder auch wertvolles Geld für Dinge ausgegeben wird, die nicht besonders sinnvoll sind.

Mechanismus als Methode
Hinter diesem Verhalten stehen die Angst und vielfach auch die Erfahrung, dass jemand, der sein Budget in einem Jahr nicht ausreizt, für das nächste Jahr die Mitteilung bekommt, dass wohl auch weniger ausreicht – ein Macht- und auch spürbarer Gesichtsverlust, der vermieden werden soll.

Ein anderer Angang an die Budgetplanung ist die sogenannte *Zero-Base-Budgeting-Methode*, in der jedes Jahr von Neuem die jeweiligen Kostenblöcke eines Budgets von null geplant werden – beispielsweise projektbezogen. Hierdurch wird versucht, den oben beschriebenen Mechanismus des »Das-Budget-um-jeden-Preis-behaltens« auszuhebeln. Auch wenn dadurch gewisse Automatismen vermieden werden, löst dieser Angang nicht das beschriebene Problem. Denn auch Budgets, die mit dieser Methode geplant wurden (jährlich immer wieder neu und dadurch mit einem erheblichen Mehraufwand), werden meistens ebenfalls zu erfüllen versucht. Auch hier erlebt man am Jahresende bei Projektverschiebungen (die es in einem Unternehmen in der Regel immer gibt) wieder, dass auf »Teufel komm raus« der Plan getroffen werden soll, ob das nun sinnvoll ist oder nicht. Und da es, ehrlich gesagt, nicht sehr wahrscheinlich ist, dass in den letzten Wochen eines Jahres die Sinnhaftigkeit der Geldausgabe im Vergleich zum restlichen Jahr sprunghaft ansteigt, fallen mit Sicherheit große Geldbeträge jedes Jahr dem Zwang der Planerfüllung zum Opfer.

8.4.2 Wenn der Sinn dem Plan zum Opfer fällt

Auch andersherum wirkt sich das Planen aus: Im Laufe eines Geschäftsjahres ergeben sich immer wieder Aktivitäten oder Projekte, die äußerst sinnvoll wären. Die gebetsmühlenartige Abwehrantwort von Budgetverwaltern lautet in solchen Fällen jedoch leider häufig: »Das können wir nicht machen. Das ist im Budget nicht geplant. Vielleicht im nächsten Jahr.«

Kann man sich eigentlich eine demotivierendere und Aktivitäten lähmendere Vorgehensweise vorstellen? Ich bin mir sicher: Ganze Organisationen verpassen durch dieses Verhalten große Chancen, wenn es darum geht, sich weiter zu entwickeln. Des Weiteren fördert die Planung von Einzelbudgets durch Einzelbereiche ein »Kästchen-Denken«, welches sich ebenso lähmend auswirken kann.

Dazu ein Beispiel: Die Geschäftseinheit A hat eine Aktion geplant und durchgeführt. Diese hat sich als sehr effektiv und clever erwiesen und es würde für das gesamte Unternehmen Sinn machen, einen sehr zügigen Rollout dieser Aktion auch in andere Geschäftseinheiten zu vollziehen. Das Problem: Die anderen Einheiten haben eine solche Aktion nicht in ihrem Budget- und Ressourcenplan vorgesehen und anstatt zu schauen, ob es evtl. sinnvoll wäre, eine ihrer geplanten Aktivitäten durch die besonders gut gelaufene Aktivität der Geschäftseinheit A zu ersetzen (oder bestehende Aktivitäten umzupriorisieren), wird reflexartig abgewunken unter Berufung auf den ursprünglichen Plan.

Ein anderes Beispiel: Die Zentrale eines Konzerns mit vielen internationalen Tochtergesellschaften plant unterschiedliche Aktivitäten für das kommende Geschäftsjahr und gibt die Ansage heraus, dass diese in den Ländergesellschaften umzusetzen sind. Durch die unterschiedlichen Umsatzgrößen der Ländergesellschaften und vielleicht hinzukommenden Währungseffekte sind jedoch die Budgetmöglichkeiten der Tochterunternehmen sehr heterogen – oder anders ausgedrückt: Die »armen« Tochtergesellschaften haben schlicht oft nicht genügend Geld, um sinnvolle Aktivitäten umzusetzen. Durch die Planung der Einzelbudgets – jede Abteilung für sich, jede Landesgesellschaft für sich, die Zentrale für sich – findet nun jedoch keine Unterstützung und kein Ausgleich für die Landesgesellschaften statt, damit diese in der Lage wären, die vorgegebenen Aktivitäten, zumindest moderater, umzusetzen. Es fehlt die systemische Sichtweise und die Erkenntnis, dass das »Kästchendenken« letztendlich nur für wenige einen »Erfolg« bringt.

8.5 Systemisch handeln als Alternative

Wenn man sich die oben geschilderte und sicher nicht seltene Situation vergegenwärtigt, kann man sich die Frage stellen, was alternativ getan werden kann, um den Firmenerfolg systemisch ausbalancierter zu gestalten?

Die in vielen Konzernen alljährlich stattfindenden Jahreskonferenzen zwischen den Tochtergesellschaften und den Zentralfunktionen könnten auf eine dem ganzen System förderliche Weise genutzt werden. Was spräche beispielsweise dagegen, die Budget- und Ressourcenplanung der strategischen Maßnahmen zum gemeinsamen Diskussions-, Entscheidungs- und Verteilungsprozess zu machen? Und zwar so, dass die Verantwortung für die Umsetzung der verabschiedeten Maßnahmen bei allen Marketing- und Vertriebsleitungen für alle Einheiten *gemeinsam* liegt?

Hat ein Vertriebsland nicht genügend Ressourcen – seien es Personal- oder Budgetressourcen – prüft jede andere Landeseinheit, ob sie helfen kann. Dieser Prozess wird so lange durchgeführt, bis eine zufriedenstellende Lösung aus Systemsicht erreicht ist. Das Ziel dieser Vorgehensweise sollte sein, dass das Gesamtsystem eine bessere – z. B. gleichmäßigere – Umsetzung von verabschiedeten Maßnahmen vornehmen kann und so das Unternehmen an Effektivität, d. h. an Umsetzungskraft gewinnt.

Unter einer systemischen Herangehensweise könnte das Belohnungssystem eines Unternehmens – wie bislang z. B. Boni auf ein besonders gutes EBIT (Earnings before Interest and Taxes) für das Landes-Management einzelner Tochterunternehmen – unter die Lupe genommen und verändert werden. Eine systemische Sichtweise erfordert ein weitergehendes Denken, welches nicht bei dem Erreichen einer besonders guten Gewinnmarge aufhört – sondern beispielsweise belohnt, wenn über die Grenzen der eigenen Tochtergesellschaft, der eigenen Abteilung, der Zentrale hinausgedacht wird.

Warum könnte sich diese Herangehensweise letztendlich auszahlen? Wenn die finanzielle Belohnung von Führungskräften auf das Gesamtsystem unterstützende Maßnahmen gerichtet wird, dann – logisch – wird das Gesamtsystem gestützt.

Die momentane Vorgehensweise hingegen fördert die fragmentierte Sichtweise von einzelnen Einheiten und das eher starre Festhalten an Einzelplänen und Einzelbudgets. Denn: Jede plant am Anfang des Geschäftsjahres für sich und versucht den Rest des Jahres diesen Plan möglichst gut einzuhalten. Planerfüllung gilt nach wie vor als besonders erstrebenswert, nicht allerdings flexibles Umplanen und systemischer Ausgleich.

8.6 Kann Planerfüllung Sinnerfüllung sein?

Jetzt könnte ein/e TopmanagerIn vielleicht sagen: »Wenn man umplanen muss, dann war der anfängliche Plan nicht gut«. Mag sein. Aber seien wir ehrlich: Ist es wirklich möglich, auch nur zwölf Monate im Voraus exakt zu planen? Nein. Und das wissen ManagerInnen und die ControllerInnen in Konzernen auch. Nicht nur wegen der gesetzlichen Berichtsvorgaben, sondern auch deshalb gibt es so viele Forecasts und Planreviews pro Jahr, in denen stückweise nachgeschaut und -gebessert wird, in denen es immer wieder Kosten-Kürzungsrunden gibt (die dann zum Jahresende teilweise doch wieder aufgehoben werden) usw. Das oberste Ziel: Das Erreichen des geplanten Gewinns.

Es ist sicher, dass eine signifikante Menge an Arbeitszeit und -energie in die Überwachung und Erreichung von geplanten Kennzahlen fließt. Das Controlling der Planerreichung, die mittlerweile mindestens vier Forecasts pro Jahr, die von allen zugehörigen Gesellschaften eines Konzerns abgegeben und durch die Zentrale aggregiert werden müssen, sowie die vielen Rückfragen und deren Beantwortung beschäftigen mehrmals jährlich eine Heerschar von ControllerInnen und ManagerInnen in Unternehmen: vom Marketing über den Einkauf, Supply Chain Management, Forschung & Entwicklung und diversen anderen Fachabteilungen, je nach Firmenaufstellung. Und natürlich nicht zu vergessen die Top-Ebene, den Vorstand. Am Ende wird das Ergebnis »designt«, um den Aufsichtsrat und die Shareholder zufriedenzustellen.

Der Aufwand, der hierfür getrieben wird, ist erheblich. Am Ende stehen üblicherweise Umsatz und Gewinn im Fokus der Berichterstattung, sowohl, wenn es um die Vergangenheit und das Jetzt geht, als auch, wenn es um die Zukunft geht, denn auch Strategien werden in der Regel unter dem Aspekt der Umsatz- und Gewinnmaximierung entwickelt und präsentiert.

Cristina Barth Frazzetta

8.7 Chancen sind wie Sonnenuntergänge – wer zu lange wartet, verpasst sie

Ganze Organisationen scheinen durch dieses Verhalten große Chancen zu verpassen, insbesondere wenn es darum geht, sich weiter zu entwickeln. Dass so wenig dieser Chancen ergriffen werden oder anders ausgedrückt so wenig Flexibilität im Umgang mit neu auftauchenden Optionen besteht, liegt meiner Erfahrung nach daran, dass in Wirtschaftsorganisationen durch die Personalauswahl ein bestimmter Typus von MitarbeiterInnen überwiegt und dominiert.

Lassen Sie mich anhand der Typologie des Psychiaters Carl Gustav Jung[21] beziehungsweise deren Weiterentwicklung durch zwei amerikanische Psychologinnen Katherine Cook Myers und Isabel Briggs Myers in den 1940er Jahren, erklären, was ich damit meine.

8.8 Realität ist für jeden etwas anderes

Die Beobachtung, die Jung Anfang des 20. Jahrhunderts an seinen Patienten machte, war, dass sie Unterschiede im Umgang mit äußerer Wirklichkeit aufwiesen. So fiel ihm z.B. auf, dass ein Teil seiner Patienten sehr konkrete, detaillierte Informationen lieferte und solche auch von ihm abforderte, während der andere Teil Informationen assoziierend verarbeitete, Analogien herstellte und insgesamt eher an Gesamt-Zusammenhängen interessiert war. Er erkannte, dass es sich dabei um wiederkehrende Verarbeitungsmuster handelt, die – ähnlich wie das links- oder rechtshändige Schreiben – weitgehend festgelegt sind.

Er beschrieb schließlich in seiner Theorie drei wesentliche Ebenen im Umgang mit der Außenwelt: die Energie- oder Aufmerksamkeits-Ausrichtung (Extroversion bezieht Energie von außen/Introversion bezieht Energie von innen), die Art der Informationsaufnahme (s. o.) und die Art der Entscheidungsfindung. Damit ist die Vorbereitung einer Handlung gemeint. Auch hier kam er durch seine Beobachtungen zu dem Schluss, dass es zwei Ausrichtungen gibt. Ein Teil der Beobachteten entscheide nämlich auf Basis rationaler Logik und daraus abgeleiteten Prinzipien/Gesetzen. Dieser Personenkreis lasse sich dabei nicht von persönlichen Überzeugungen und Gefühlen leiten, der andere Teil hingegen fände gerade das verkehrt. Diese Menschen entscheiden auf Basis persönlicher Werte und Überzeugungen, sowie übergeordneten Gesetzmäßigkeiten.

21 Vgl. Jung, C. G. In: Jung, L. (Hrsg.) (2008): Typologie. 9. Aufl., München 2008

Für jede der von ihm beschriebenen Ebenen sind also seiner Theorie nach zwei Ausrichtungsmöglichkeiten in uns angelegt, von denen wir jedoch nur die eine bevorzugen (Präferenz). Das heißt, dass wir auf jeder Ebene nur eine der beiden Möglichkeiten regelmäßig nutzen, die andere, so seine Beobachtung, hingegen kaum, wodurch sich wiederkehrende Verhaltensmuster einstellen.

Er beschrieb daraufhin zu jeder Ausrichtungs-Kombination sogenannte »psychologische Typen«.

Die beiden Psychologinnen Katherine Cook Myers und Isabel Briggs Myers haben das Modell später im Austausch mit C.G. Jung noch um eine Ebene erweitert, nämlich die Art und Weise, wie wir unsere einmal gefällten Entscheidungen in die Tat umsetzen.

Sie hatten in ihren eigenen Forschungen bemerkt, dass ein Teil der beobachteten Personen gewissenhaft jeden Schritt der Umsetzung plante während der andere es bevorzugte, die Vorgehensweise hinsichtlich eines Vorhabens nicht festzulegen. Diese Personen wollten lieber abwarten, welche Optionen sich auf dem Weg noch ergeben.

Auf Basis der in dieser Weise vervollständigten Theorie entwickelten sie einen Selbsteinschätzungs-Fragen-Katalog, den Myers-Briggs-Type-Indicator (MBTI)[22].

Bis heute ist der MBTI in weiterentwickelter Form international für Personalentwickler und Coaches ein Klassiker unter den psychometrischen Instrumenten geblieben.

INTERESSANT ZU WISSEN

Der **Myers-Briggs-Type-Indicator** erfasst vier Ebenen mit je zwei Präferenz-Möglichkeiten (wobei immer beide in uns angelegt sind):

1. **Energizing preference**
   Extraversion *or* **I**ntroversion
   (kommunikativ/außenorientiert oder nachdenklich/innenorientiert)
2. **Attention/information preference**
   Sensing *or* **IN**tuition
   (fakten-/detailorientiert oder assoziierend/synthetisierend)
3. **Decision preference**
   Thinking *or* **F**eeling
   (auf Logik-Prinzipien basierend oder auf persönlichen Überzeugungen basierend)

22 Vgl. Briggs Myers, I./Myers, P. B. (1995): Gifts Differing: Understanding Personality Type, Mountain View, CA 1995

4. **Lifestyle preference**
   Judging *or* **P**erceiving
   (planvoll/strukturiert oder abwartend/flexibel)

Aus der Kombination der vier Ebenen ergeben sich 16 verschiedene Muster. In unserer Gesellschaft besteht ein Erziehungsdruck in Richtung »ESTJ«-Typ

8.9 Wir sind am besten in der Ergänzung

Im Einzel-Coaching und bei Teamentwicklungsmaßnahmen ist er gut geeignet, Selbstreflexion und ergänzende Zusammenarbeit anzuregen und ich setze ihn daher gern ein.

Immer wieder erlebe ich, wie Einzel-Klienten oder Teilnehmer einer Team-Maßnahme, sich selbst und andere dadurch besser verstehen und dass unterschiedliches Verhalten plötzlich auf eine wertfreie Art diskutiert werden kann, sodass eine ergänzende Zusammenarbeit entstehen kann. Denn zwar ist keines der Präferenz-Muster besser oder schlechter als ein anderes, jedoch kann bekanntermaßen jede Einseitigkeit situativ zur Falle werden, denn am besten sind wir in der Ergänzung.

Bevor wir uns allerdings mit dem eigenen Typus – sprich den eigenen Stärken, aber auch den damit verbundenen Beschränkungen – auseinandergesetzt haben, erscheint uns die eigene Präferenz oft als die eigentlich richtige, die andere hingegen mindestens »ungewöhnlich«, wenn nicht sogar negativ. Wir neigen schnell dazu, dieses andersartige Verhalten mit einem eher abwertenden Label zu versehen, um es dann nicht näher in Betracht ziehen zu müssen.

Persönliche Anlage im Widerspruch zum vorherrschenden Paradigma

Sie ahnen es vermutlich: Genau hier wird es für unser Thema interessant. Auffällig ist nämlich, dass, obwohl Schätzungen zufolge die Präferenz-Verteilung auf drei der vier Ebenen nahezu ausgeglichen ist (Ausnahme »Attention/Information-Preference«: Sensing 70% zu Intuition 30%)[23], das Verhalten an einen bestimmten Typus angepasst ist, der meiner Erfahrung nach in vielen Wirtschaftsorganisationen auf Führungsebene auch tatsächlich vertreten ist: Der ESTJ-Typ respektive ISTJ-Typ. Ganz praktisch kann ich es daran messen, dass meine Unterlagen mit den Beschreibungen dieser beiden Muster stets als erste nachgedruckt werden müssen.

23 CAPT, Center of Applications of Psychological Types, https://www.capt.org/mbti-assessment/estimated-frequencies.htm?bhcp=1. Abrufdatum: 24.3.2019

Aber lassen Sie mich zunächst die Auswirkung der einzelnen Präferenzen auf die Kommunikation und Zusammenarbeit an einigen Beispielen beschreiben.

8.9.1 Die »Energizing Preference«

Das Modell beschreibt hier einerseits die extrovertierten Menschen, die ihre Energie nach außen richten und sie auch wiederum aus dem Umfeld beziehen. Sie fühlen sich durch das Zusammensein und den Austausch mit anderen belebt und entwickeln ihre Gedanken gern im Gespräch, ja, sie brauchen geradezu ein Gegenüber als Sparring. Sie sind schnell bereit, Kontakt zu knüpfen und auch von sich selbst zu erzählen. Entsprechend sind sie geborene Kommunikatoren und Netzwerker.

Demgegenüber stehen die introvertierten Menschen, die ihre Energie mehr aus dem eigenen Inneren beziehen, also indem sie für sich sein können. Sie strengt das Zusammensein mit anderen in gewisser Weise an und so ziehen sie sich von Zeit zu Zeit zurück, um in Ruhe nachdenken und Kraft tanken zu können. Sie erzählen nicht so ohne Weiteres etwas über sich selbst und bevorzugen wenige, aber für sie bedeutsame Kontakte, denen Sie sich dann auch gern öffnen. Ihre Äußerungen beruhen meist auf tieferen Überlegungen.

8.9.1.1 »Lasst mich doch erstmal nachdenken ...«

Vor einigen Jahren bat mich die Gründerin und Eignerin eines mittelständischen Unternehmens ein Off-Site-Strategie-Meeting mit ihr und ihren Geschäftsführern zu moderieren. Aus ihren knappen Äußerungen hatte ich entnommen, dass es vielleicht nicht ganz einfach werden würde. Auch bei meinen vorbereitenden Einzelgesprächen fiel mir eine gewisse Gereiztheit der Leitungsebene in Bezug auf die an sich sympathisch, fast kameradschaftlich auftretende Eignerin auf. Einmal fiel sogar der Begriff »überheblich« im Zusammenhang mit ihr.

Ich hatte bald eine Hypothese und schlug deshalb vor, dass wir ein paar Stunden Team-Themen einplanen, weil meiner Erfahrung nach danach alles Sachbezogene schneller geht. Dafür bat ich alle den MBTI-Fragebogen auszufüllen. Das Ergebnis zeigte, dass alle im Management-Team extrovertiert waren – nur die Eignerin nicht. Sie war, obwohl sie sich eine loyal-verbindliche Art zu kommunizieren angeeignet hatte, die überdies mit viel Wortwitz angereichert war, ein hoch introvertierter Mensch. Entsprechend hütete sie ihre Privatsphäre und erzählte, auch wenn sie in der Lage war, ganze Gruppen mit launigen Geschichten zu unterhalten, kaum etwas von sich selbst. Schon das war ihren extrovertierten Managern suspekt und trug ihr trotz aller Jovialität das Prädikat »überheblich« ein.

Folgenreicher war allerdings ein weiteres Phänomen, das für Introversion ebenfalls typisch ist und das ganz direkte Auswirkung auf die Zusammenarbeit hatte: In Meetings, wie dem von uns geplanten, wurde naturgemäß viel diskutiert. Was dabei aber Niemandem so recht auffiel war, dass die Eignerin vor allem zuhörte und nur wenig kommentierte. Nicht selten entwickelten die Manager dann bereits konkrete Vorschläge zu Projekten und Vorgehensweisen und drängten auf einen Beschluss. Die Eignerin ließ sich dann auf den ihr zu diesem Zeitpunkt am besten erscheinenden Vorschlag ein, woraufhin nach dem Meeting sofort die Maschinerie anlief.

Nun kam es allerdings übermäßig häufig vor, dass sie wenige Tage später alles über den Haufen warf und eine andere Herangehensweise forderte. Ihre Manager schäumten dann innerlich vor Wut, fragten, warum sie das nicht gleich gesagt habe. Sie fühlten sich düpiert. Die Ursache dafür war ihre Introversion. Das Besprochene arbeitete in ihr weiter und sie brauchte – ganz entgegen ihrer kommunikativen Art – die Zeit für sich, um in Ruhe zu Ende denken zu können.

Der MBTI löste das Rätsel und machte es möglich, zukünftig konstruktiv mit diesen Phänomenen umzugehen. Für den sozialen Teil war die Eignerin jetzt sensibilisiert, begann durchaus gezielt auch einmal etwas von sich zu erzählen oder einmal einen Abend mit ihren Managern beim Bier zu verbringen. Vor allem aber gewöhnte sie sich an, klar zu sagen, dass sie noch einmal über einen Sachverhalt allein nachdenken wolle, bevor sie entscheide. Auch die Manager wussten nun, dass sie ihr diese Zeit immer einräumen sollten und sie taten es gern, da ihre Überlegungen meistens zur Verbesserung beitrugen. Das hatten sie zwar auch vorher schon gewusst, konnten es aber schwer anerkennen, weil sie sich von ihr hin und her geschubst fühlten.

8.9.2 Die »Attention Preference«

Das Modell beschreibt mit dieser Ebene, welchen Informationen ein Mensch bevorzugt seine Aufmerksamkeit schenkt.

Da sind zum einen die Menschen, die sich gern mit konkreten Daten und Fakten im Hier und Jetzt befassen. Sie werden »Sensing« (S) genannt, weil sie alles das erfassen, was sie mit ihren fünf Sinnen (*senses*) wahrnehmen und sicherstellen können. Was sich nicht mit den fünf Sinnen erfassen lässt existiert, überspitzt gesagt, auch nicht. Sie sind sehr genau und befassen sich geradezu hingebungsvoll auch mit kleinen Details. Sie verlassen sich sehr auf ihre Erfahrung und ziehen daraus ihre Schlüsse. Ihre Haltung ist entsprechend eher bewahrend.

Der andere Teil der Menschen interessiert sich dagegen mehr für Zusammenhänge und Möglichkeiten, die sich aus einer Information ergeben. Dieser Typus wird »Intuitiv« (N) genannt, weil er zu erhaltenen Informationen assoziiert und versucht, Muster zu erkennen. Details interessieren ihn dementsprechend weniger, er sucht vielmehr stets nach einem großen Bild. Sein Denken ist synthetisierend, er verlässt sich oft auf Eingebungen und Ahnungen und betritt gern Neuland.

8.9.2.1 »Verwirrt mich bitte nicht mit Details!«

In einem Management-Workshop einer Auslands-Konzern-Tochter begegnete mir vor einiger Zeit ein äußerst kluger, sehr junger Leiter Finanzen, der dem General Manager und seinen Peers aus den anderen Abteilungen ein sehr guter Berater war. Seine Einstellung war immer auf das Business und den Gesamterfolg des Unternehmens ausgerichtet. Er interpretierte die Zahlen in dieser Hinsicht und bereitete sie verständlich für alle auf und brachte Lösungsvorschläge für kritische Punkte ein. Er war somit ein sehr guter Sparring für das gesamte Team und ein echter Controller.

In einer Pause sprach er mich an und vereinbarte mit mir einen Einzel-Termin für ein Coaching im Hinblick auf Mitarbeiter-Führung. Er hatte die jetzige Position noch nicht sehr lange inne und war vorher in der Zentrale in einer Stabsfunktion mit strategischen Themen befasst. Für seine weitere Karriere hatte man ihm zu diesem Schritt geraten, der ihn auch reizte. Jetzt stellte er jedoch fest, dass er »keinen Draht« zu seinem Mitarbeiter-Team bekomme.

Aufgrund seines Verhaltens im Management-Team vermutete ich bereits, dass er ein iNtuitive Type sei, was in den Finanzabteilungen zumindest auf Sachbearbeiter-Ebene eher selten ist. Es ist ja auch einleuchtend, dass angesichts der kleinteiligen Genauigkeit und der vielen Routinen, die diese Art von Arbeit erfordert, viel häufiger Sensing Types vertreten sind. Für einen strategisch denkenden Controller ist das große Bild hingegen wichtiger, was eine der Stärken des iNtuitive Types ist.

Sein MBTI-Ergebnis bestätigte die Annahme und er erkannte sich darin auch wieder. Als er dann von mir die Beschreibung der Sensing Types bekam, rief er sofort: »Genauso so sind alle in meinem Team!«. Es war daher sehr schnell klar, worin die Schwierigkeit bestand. Er hatte sein Team mit neuen Ideen und für ihr Verständnis viel zu vagen Anweisungen überfordert und verunsichert. In meinen Einzelgesprächen, die ich nach seiner Ankündigung mit den Teammitgliedern führte, erfuhr ich dann auch, dass sie oft gar nicht genau verstanden, was er will. Sie fanden ihn unpräzise, ja sogar oberflächlich (»head in the clouds«), was in diesem Bereich wohl die schlechtesten Prädikate sind. Einmal habe er im Jour fixe mit dem Team doch tatsächlich wörtlich gesagt: »Bitte nicht zu viele Details!«. Potenziert wurde dies durch eine landeskulturspezifische Hierarchiehörigkeit, wodurch von der Führungskraft ohnehin klare Anweisungen erwartet wurden.

Ein Intuitive Type lässt hingegen Spielräume, zählt auf »Mitdenken« und Eigenverantwortung und delegiert gern. Meinem Klienten wurde durch den MBTI klar, dass er sein Team dort erst allmählich hin entwickeln musste und dass er bis dahin viel erklären und genauer schildern musste, weshalb er eine neue Herangehensweise für sinnvoller hält, anstatt diese Sichtweise einfach bei seinen Mitarbeitern vorauszusetzen. Entsprechend ihrer Einstellung vertrauen Sensing Types einem Intuitive Type erst, wenn sie einige Male selbst »erfahren« haben, dass seine Ansätze und Ideen Erfolg hatten.

Es dauerte fast ein Jahr bis diese Basis gelegt war, aber von da an bestand eine äußerst fruchtbare Zusammenarbeit. Mein Klient hatte gelernt, seine Gedanken für seine Mitarbeiter auf eine »handhabbare Ebene« herunter zu brechen und sein Team war deutlich mutiger geworden: Es gab im Hinblick auf Neuerungen und Projekte nicht mehr so viele Bedenkens-Äußerungen, sondern häufig gute, konkrete Umsetzungsvorschläge.

8.9.3 Die »Decision Preference«

Das Modell geht hier darauf ein, wie ein Mensch, nachdem er aus der Umwelt Informationen aufgenommen hat, seine Handlungsoptionen sortiert.

Die beiden im Modell beschriebenen Typen sind zum einen der Thinking Type (T), der seine Entscheidungen möglichst objektiv zu fällen versucht, indem er seine persönlichen Gefühle in Bezug auf die jeweilige Sache beiseite stellt und sich ihr nach den Prinzipien rationaler Logik nähert. Seine Haltung ist entsprechend beherrscht und nüchtern. Bei harten Entscheidungen ist er in der Lage, ein vereinbartes Prinzip (»Frauen und Kinder zuerst!«) zu Hilfe zu nehmen, um über die Vorgehensweise zu entscheiden.

Zum anderen der Feeling Type (F), der im Gegensatz dazu gerade seine persönlichen Überzeugungen und Empfindungen in Bezug auf die jeweilige Sache zu Rate zieht. Seine Entscheidungen sind insofern subjektiv als er davon ausgeht, dass diese nicht in jedem Fall »gleich« ausfallen können und er sich daher situativ ein ganz persönliches Urteil bilden muss. Bei einer harten Entscheidung ist ihm wichtig, zu bedenken, was diese für die beteiligten Menschen bedeutet. Seine Haltung ist entsprechend empfindsam und empathisch.

8.9.3.1 »Irgendeiner muss es schließlich tun.«

Nach der Terror-Attacke auf die Twin-Towers geriet die Ferien-Reisebranche eine Zeit lang in eine heftige Krise. Es gab Entlassungswellen. Ein HR-Manager, der mit vielen der Freistellungsgesprächen betraut war, bekam von seiner Unternehmensleitung ein begleitendes Coaching angeboten und ich wurde damit betraut.

Bei unserem Erstgespräch traf ich auf einen Mann, dessen Erscheinung sofort die Ärztin in mir wachrief. Er war blass, sein Gesichtsausdruck war geradezu leer, seine Schultern hatten keinen Tonus und er rauchte vor und nach unserem Gespräch mit heftigen Zügen. Er sagte gleich zu Anfang, er mache das jetzt schon seit ungefähr zwei Monaten und ein Ende sei nicht wirklich abzusehen. Was ein solches Coaching daran ändern könne, sei ihm nicht ganz klar.

Ich fragte, wie es ihm ganz persönlich mit der Situation ergehe und er antwortete, er habe zurzeit öfter Magenschmerzen, schlafe auch meist schlecht und morgens habe er null Lust zur Arbeit zu gehen – aber so sei das eben im Moment. Ich fragte weiter, wer denn davon wisse. Er sagte, seiner Frau sei es von alleine aufgefallen, aber sonst wisse das niemand – das sei ja auch nicht von Interesse, denn es müsse eben gemacht werden und Punkt. Wirklich schlimm sei eigentlich vor allem, dass ihn im Unternehmen inzwischen sozusagen jeder hasse.

Auch mit ihm habe ich den MBTI durchgeführt, obwohl ich aufgrund seiner Einstellungen zu der Situation längst vermutete, dass er ein Thinking Type war – und dass er nebenbei bemerkt wohl auch genau deshalb (tragischerweise) mit dieser Aufgabe betraut worden war. Ich konnte ihm anhand des Ergebnisses den Unterschied zwischen Thinking Type und Feeling Type erklären. Gemeinsam kamen wir zu dem Schluss, dass, passend zum Unternehmenszweck (Familien glückliche Ferien zu ermöglichen) in seiner Firma vermutlich besonders viele Feeling Types beschäftigt seien. Mir war das bei einem Besuch in der Zentrale geradezu aufgefallen – überall freundliche Zugewandtheit und gelebte Servicehaltung, farbenfrohe Büros mit Postkarten und fröhlichen Kinderzeichnungen an den Wänden. Meine Annahme war, dass er dort geradezu zum Alien wurde, weil er gemäß seinem Typus eben immer weniger Gefühle zeigte je mehr die emotionalen Wogen in seinem Umfeld hochschlugen. Er hingegen hätte es als absolut unprofessionell empfunden in dieser Situation seine Gefühle zu zeigen. Das kostete ihn jedoch immer mehr Kraft, sodass er schließlich ein versteinertes Pokerface zur Schau trug und wahrscheinlich dafür mit seiner Gesundheit bezahlte.

Ich bat ihn daher zum einen, einen ärztlichen Kollegen aufzusuchen und im beruflichen Umfeld riet ich ihm, seine Gefühle zwar weiterhin nicht einfach »auszuleben«, sie aber doch verbal zu schildern, um mehr Verständnis zu erhalten.

Die Rechnung ging auf: Nicht nur, dass es beim Arzt notwendige Unterstützung gab, auch sein »Mir geht es auch an die Substanz«-Geständnis im Firmenumfeld führte dort zu einer gewissen Wende in der Einstellung zu ihm. Der Grund dafür ist, dass das ein solches Eingeständnis bei Feeling Types auf deren Haupt-Stärke trifft: die Empathie. Sie können die Gefühle des anderen nachempfinden und es entsteht bei ihnen nahezu reflexartig der Wunsch, zu helfen oder zumindest zu unterstützen. Die vorherige Ablehnung seitens der KollegInnen schwenkte um in ein »Das ist kein leichter Job. Er muss leider getan werden und ich bin froh, dass ich ihn nicht tun muss.« So fiel für ihn in der nach wie vor schwierigen Situation zumindest der Stressfaktor Ablehnung weg.

Zusammenfassend kann man sagen, dass ihm die Aufgabe an sich zwar weiterhin schwerfiel, dass aber der Stresslevel durch den Rückhalt bei den Kollegen sank.

8.9.4 Die »Lifestyle Preference«

Hier befasst sich das Modell mit der Art und Weise, wie Menschen eine einmal getroffene Entscheidung in die Tat umsetzen und wie sie generell ihr Leben organisieren.

Wie weiter oben bereits angedeutet gibt es den Typus, der gewissenhaft jeden Schritt seines Tuns plant. Er hält sich gern an den Plan und schaut dann, überspitzt gesagt, nicht mehr nach links und rechts, sondern verfolgt den einmal eingeschlagenen Weg. Er wird Judging Type (J) genannt, weil er im Vorfeld seiner Handlungen bereits entscheidet, wie er genau vorgehen will. Er liebt Strukturen, (Zu-)Ordnungen und Projektpläne. Er ist gut im Dranbleiben und Nachhalten und ist erst zufrieden, wenn »alles« fertig ist. Entsprechend setzt er sich mitunter zu sehr unter Druck und übersieht hie und da veränderte Bedingungen.

Der andere Typus hingegen bevorzugt es, die Vorgehensweise hinsichtlich eines Vorhabens nicht im Vorhinein festzulegen. Er wird Perceiving Type (P) genannt, weil er eine wahrnehmende/abwartende Haltung beibehält. Er will möglichst lange offen für andere Optionen bleiben, die sich auf dem Weg noch ergeben. Entsprechend flexibel reagiert er auf neue Faktoren und Veränderungen. Er verschiebt daher viele Dinge auf einen späteren Zeitpunkt, weil er noch nicht sicher ist, wie er damit verfahren soll. Entsprechend setzt er gut Prioritäten, kommt jedoch mitunter am Ende unter Zeitdruck, der ihn aber weniger stört, sondern vielmehr sein Improvisations-Talent anspricht.

8.9.4.1 »Das hat doch noch Zeit …«

Vor einiger Zeit hatte ich meine damalige Assistentin damit betraut, zur Vorbereitung eines anstehenden Team-Workshops mit dem jungen Assistenten meines Auftraggebers in Kontakt zu treten. Der Termin für die Maßnahme war in einem Zeitfenster von einem Tag früher oder später festgelegt und nun galt es, die konkreten Daten zu entscheiden, eine passende Location zu buchen, die notwendige Ausstattung zu bestellen und die zeitlichen Abläufe zu besprechen.

Nach einigen Anläufen, die zu nichts geführt hatten, leitete mir meine Assistentin die Mails des jungen Mannes weiter und fragte mich, was sie tun solle. Abgesehen davon, dass die Antwort-Mails in einem ungewöhnlich langen Abstand zu den von meiner Assistentin gestellten Anfragen gekommen waren, enthielten sie Formulierungen wie diese: »Können wir zum jetzigen Zeitpunkt noch nicht sagen«. »Dahingehend müssen wir uns erst noch abstimmen.« »Sollte man das nicht vielleicht noch abwarten?«. »Das hängt doch auch durchaus vom Wetter ab …«.

Mir war klar, da mir der junge Mann in einem kurzen Gespräch vor meinem Meeting mit dem CEO intelligent und hilfsbereit erschienen war, dass es sich hier um einen Perceiving Type handeln musste. Mir war allerdings völlig unklar, wie er zu dieser Position gekommen war, in der es quasi ständig um termingebundene Organisation geht, was einem P-Type nicht besonders liegt, einem Judging Type hingegen leicht fällt.

Es ist nicht übertrieben, wenn ich sage, dass es für meine Assistentin nicht möglich war, in dieser einfachen Sache termingerecht zu einem Ergebnis zu kommen. Das lag auch daran, dass meine Assistentin ein ausgeprägter Judging Type war und daher immer gestresster wurde. Entsprechend baute sie auch mehr Druck bei dem Assistenten des Kunden auf. Das führt bei Perceiving Types jedoch zu Widerstand oder Ausweichmanövern (wie z.B. einfach nicht antworten).

Ich erklärte meiner Assistentin, die den MBTI bereits kannte, diese Zusammenhänge noch einmal in Bezug auf diesen konkreten Fall und wir entwickelten eine kleine Strategie im Umgang mit ihrem Kollegen. Sie rief den jungen Mann daraufhin direkt an und fragte ihn zunächst nach den unterschiedlichen Optionen, die er ihr auch freudig erzählte. So war das Eis schon einmal gebrochen, denn der Perceiving Type fühlte sich in seinem Bestreben, die beste aller Optionen abzuwarten, wahrgenommen. Danach machte sie ihm dann »Angebote und Vorschläge« – keine Vorgaben – und führte ihn mit Satzanfängen wie »Was halten Sie von …?« oder »Sie könnten ja mal probehalber dort anfragen …« zu Entscheidungen. Am Ende hat so alles noch geklappt und meine Assistentin freute sich obendrein über das, was sie durch die Typologie für ähnliche Situationen gelernt hatte.

Im Laufe ihres Telefonats hatte sie übrigens am Rande von ihm erfahren, dass er erst seit Kurzem und nur über Beziehungen zu diesem Job gekommen war, dass er aber eigentlich nicht in dieser Position bleiben wolle, sondern lediglich einen Einstieg in das Unternehmen gesucht habe, weil er dort unbedingt im Marketing arbeiten wolle. Als ich dann einige Wochen später den Workshop durchführte, war er jedoch schon nicht mehr an Bord. Er war noch in der Probezeit entlassen worden, was mir leidtat.

Selbstreflexion

Welcher Typus sind Sie? Wählen Sie aus den paarig angeordneten Aussagen-Gruppen jeweils die Gruppe, die am ehesten auf Sie zutrifft und notieren Sie sich den dazugehörigen Buchstaben.

Extroversion
- Mit anderen Leuten zusammen zu sein, gibt mir Energie
- Ich bin gesprächig und ergreife meist die Initiative
- Knüpfe schnell neue Kontakte und Beziehungen
- Teile persönlichen Raum und Zeit meist problemlos mit anderen
- Ich bin sehr aktiv

oder

Introversion
- Mich allein mit mir zu beschäftigen, gibt mir Energie
- Ich bin eher ruhig und bleibe gern im Hintergrund
- Ich bin vorsichtig, wenn ich neue Beziehungen beginne
- Ich brauche meinen eigenen persönlichen Raum und viel Zeit für mich alleine
- Ich bin eher ruhig

Sensing
- Ich arbeite gerne mit bodenständigen Dingen
- Ich interessiere mich genauer für das, was ich bereits kenne
- Ich mag Traditionelles
- Ich denke dann über etwas nach, wenn eine Notwendigkeit dazu besteht
- Neuen Dingen oder Ansichten gegenüber bin ich skeptisch

oder

INtuition
- Ich arbeite gerne mit Theorien, Konzepten und Ideen
- Ich interessiere mich mehr für neue Ideen und Fantasie
- Ich mag Unkonventionelles
- Ich mag es, Gedankenspiele anzustellen und über komplexe Dinge nachzudenken
- Ich bin offen für neue, unterschiedliche Meinungen und Ansichten

Thinking
- Ich konfrontiere andere manchmal sehr hart
- Ich sage anderen direkt, was mich stört.

- Ich bemerke unlogisches Denken oder fehlerhaftes Verhalten anderer
- Bei Konflikten bin ich hartnäckig
- Der Nutzen für die Sache ist mir am Wichtigsten

oder

Feeling
- Ich bin rücksichtsvoll anderen gegenüber
- Ich sage durch die Blume oder gar nicht, was mich stört
- Ich bemerke es, wenn andere Unterstützung brauchen
- Bei Konflikten bin ich nachgiebig
- Andere nicht zu verletzten, ist am Wichtigsten

Judging
- Ich plane Alltag und Arbeit gerne im Voraus
- Ich mache Termine und halte sie auch ein
- Ich bin zielstrebig und lasse mich selten bei der Arbeit ablenken
- Ich bin genau und ordentlich
- Ich bringe lieber etwas zu Ende

oder

Perceiving
- Ich lasse die Dinge einfach auf mich zukommen
- Ich mache ungern Termine und verpasse sie hin und wieder
- Ich lasse mich durch neue Eindrücke leicht von meiner Arbeit oder Zielen ablenken
- Ich fange lieber etwas Neues an

8.10 Diversity beginnt schon unter Gleichen

Hier möchte ich nun wieder gezielt auf unser Thema zurückkommen. Die Fähigkeiten des jungen Mannes oder genereller gesagt, eines P-Types, konnten sich natürlich in dieser Aufgabenstellung nicht entfalten. Sie waren an der Stelle sogar absolut kontraproduktiv. Sie wurden allerdings auch gar nicht erkannt – vielmehr wurde er als unzuverlässig und chaotisch wahrgenommen. Dabei lag es nur daran, dass er mit einer nicht zu ihm passenden Aufgabe betraut war, die eindeutig einen Judging-Type erforderte.

Judging-Types lieben es, zu strukturieren, zu planen, ihren Plan abzuarbeiten – überhaupt möglichst alles schnell abzuarbeiten – und in regelmäßigen Abständen zu kontrollieren, ob der Plan auch eingehalten wird. Überspitzt gesagt jedoch weniger, ob er noch sinnvoll ist. Das Abarbeiten an sich, das konsequente »Durchziehen« gibt ihnen ein Gefühl der Befriedigung.

Dies ist durchaus eine gute Eigenschaft, wenn es um Verlässlichkeit und Nachvollziehbarkeit geht. Weniger hilfreich ist es allerdings, wenn es um die Anerkennung neu aufgetretener Hindernisse, dass Entdecken anderer Lösungswege und das Wahrnehmen neu entstandener Chancen geht. In solchen Situationen steht ihnen ihr Ziel sozusagen mitten im Weg und versperrt die Sicht. Dem Perceiving-Type fällt all das hingegen leicht.

Nun könnte man sagen, der junge Mann sei nur wegen seiner Beziehungen zu diesem Posten gekommen, ich bin jedoch der Meinung, dass in unseren Wirtschaftsunternehmen die Judging-Einstellung als »normal« angesehen wird. Die Perceiving-Fähigkeit, sich auf Veränderungen schnell einzulassen und neue Risiken, genau wie neue Chancen sehr schnell zu erkennen, wird kaum als eigenständiger Wert erkannt, sondern es wird vor allem gesehen, dass ihre Herangehensweise an alle Aufgaben weniger strikt einem Plan folgt. Dies wird dann eher als eine Fehlhaltung betrachtet, die es am besten abzutrainieren gilt.

Natürlich ist es in vielen Bereichen sinnvoll, strukturiert und planvoll vorzugehen, aber wenn wir an die vielbeschworenen Stichworte »Flexibilität« oder »Agilität« denken, sieht es schon ganz anders aus. Ausgeprägte Judging-Types brauchen hier immer erst eine Anlaufzeit und sehen Alternativen nicht so schnell, während Perceiving-Types gerade dann voller Begeisterung ihr Improvisationstalent ausleben.

Meine Erfahrung mit Teams in Unternehmen zeigt insgesamt, dass »Perceiving-Types« oft in der Minderheit oder aber extrem angepasst an »Judging«-Anforderungen sind. Ähnlich verhält es sich mit den Einstellungen Introversion, Intuition und Feeling. Und das, obwohl Introvertierte zwar weniger kommunizieren, aber dafür genauer zuhören, Intuitive zwar keine kleinteiligen Fakten beachten, aber dafür Sinnzusammenhänge und Visionen liefern, Feeling-Types zwar nicht objektiv sind, aber dafür empathisch auf die Menschen eingehen und obwohl – wie gesagt – Perceiving-Types nicht strikt Pläne erfüllen, aber dafür flexibel auf Veränderungen reagieren.

Dass diese positiven Seiten so wenig Anerkennung finden, verwundert insbesondere, da Zuhören können, Sinnstiftung, Empathie und Flexibilität in der Führung seit Langem eingefordert werden. Auch hier hilft uns das Erfolgs-Modell »Machbarkeit« wieder, dies besser zu verstehen, denn Extroversion, Sensing, Thinking und Judging (ESTJ) sind die Eigenschaften, die es stützen. Angesichts zunehmender Komplexität und Veränderungsgeschwindigkeit gewinnt die Nutzung von Diversität und ergänzender Zusammenarbeit immer mehr an Bedeutung, sodass eine übermäßige ESTJ-Auswahl oder eine »Um-Erziehung« der anderen Profile zunehmend zu einem Manko zu werden drohen.

In meiner Beratungstätigkeit fällt mir immer wieder auf, dass Menschen mit einem reinen INFP oder ENFP-Profil sich mehr zu Startup-Umfeldern oder künstlerischen Bereichen hingezogen fühlen, in denen ihre Stärken per se anerkannt werden. Große Organisationen lassen sich damit tatsächlich viele Chancen entgehen.

Claudia James

8.11 Planer an den Schaltstellen

Die Ausrichtung von Unternehmen auf Kennzahlen setzt ein planvolles Vorgehen der MitarbeiterInnen voraus – anders funktioniert das System nicht: Unsere gesamte Wirtschaft ist darauf ausgerichtet, bestimmte Planaussagen zu treffen und zu halten. Dieser Umstand legt nahe, dass an den Schaltstellen von Unternehmen und Wirtschaft die Verhaltensweisen des von meiner Co-Autorin beschriebenen Judging-Types vorherrschen.

An sich ist diese Tatsache wertfrei betrachtet ein Rahmen, in dem sich unser Arbeitsleben abspielt. Welche Grundannahme liegt diesem Denken zugrunde? So unterschiedlich der gedankliche Ursprung und die Systeme sind, in denen das sozialistische Planverhalten stattgefunden hat und das der »freien« bzw. »sozialen« Marktwirtschaft stattfindet, so stellt sich doch die Frage, ob nicht die Grundannahme, das darunter liegende Paradigma, letztlich das Gleiche ist: der Glaube, komplexe Systeme bis ins Letzte koordinieren, kontrollieren und steuern – in die gewünschte Richtung beeinflussen zu können – und deshalb auch zu müssen. Mit diesem Verhalten postulieren wir in gewisser Weise einen Allmachtsanspruch. Da es in der Realität jedoch unmöglich ist, alles kontrollieren und beeinflussen zu können, sind Aktionismus, Anspannung, Überforderung und Unfähigkeit zu priorisieren die Folge. Eine Überbeanspruchung sehr vieler Ressourcen ist vielleicht die unschönste Auswirkung unseres Strebens danach.

8.12 Vor lauter Zahlen den Sinn nicht aus den Augen verlieren

Eine »vernünftige«, ausbalancierte und akkurate Zahlendiagnostik verbunden mit der Vorausschau bzgl. der Wirtschaftlichkeit ist für jede Firma ohne jeden Zweifel nötig und hilfreich. Vor dem Hintergrund einer zu beobachtenden globalen Überbeanspruchung von ArbeitnehmerInnen und Ressourcen frage ich mich allerdings: Überlagert der Zwang zur Plan- und Kennzahlenerfüllung insbesondere der Gewinnmarge nicht vielfach das eigentlich sinnvolle und zukunftsorientierte Handeln in Konzernen? Haben sich Pläne und Kennzahlen nicht längst verselbstständigt und sind zum Eigenzweck geworden?

Wer sich die »Strategie 2018« von Martin Winterkorn und Wolfgang Piëch ins Gedächtnis ruft, deren gemeinsamer Plan es war, VW zum größten Autokonzern der Welt zu machen, der fühlt sich angesichts der unlauteren Methoden in Bezug auf die Abgaswerte der Dieselfahrzeuge zum einen mit Sicherheit betrogen. Andererseits: Kennt man die Planzwänge in Konzernen, dann weiß man auch, dass dieses publik gewordene Beispiel nicht das Einzige sein kann, in dem Grenzen überschritten wurden. Denn der Fehler liegt im System – und nicht in nur einem einzelnen Konzern, wie uns die Berichterstattung vielleicht glauben lässt.

Immer mehr und mehr

Pläne und allen voran Gewinne müssen sich immer steigern. So wird der Druck von Jahr zu Jahr erhöht, und zwar nicht nur vordergründig auf Umsatz und Gewinn, sondern auf fast alle Kennzahlen, die »hinterm Vorhang« laufen, wie z.B. Projekterfüllung, Innovationsgrad, KundInnenzufriedenheit, Produktivität und Plantreue. Der Umgang mit Abweichungen zum Gewinnplan hingegen ist vielleicht sogar der größte Fehler im System. Eine Abweichung darf in der Regel nicht vorkommen und so wird alles getan, um Abweichungen entweder wirklich nicht zuzulassen oder sie wegzurechnen bzw. umzudeuten.

Was passiert eigentlich, wenn …?

Obwohl sehr, sehr viel Energie in die oben beschriebenen Vorgänge und Verhaltensweisen gesteckt wird und dadurch an vielen Stellen Überlastung oder Erschöpfung von Ressourcen entstehen, werden die Vorgänge und das Verhalten selbst absurderweise nicht infrage gestellt. Dass dies nicht geschieht, ist ein Hinweis darauf, dass ein starkes, übergeordnetes Paradigma die Sichtweise auf alle Sachverhalte prägt und immer gleiches Verhalten »erzwingt«, denn es könnte viel Energie für Sinnvolleres frei werden, wenn der Drang, um der Gewinnsteigerung willen zu kontrollieren und zu beeinflussen, umgeleitet werden würde. Wäre eine Balance zwischen Beeinflussen und Nicht-Beeinflussen, Tun und Lassen, Verändern und Bewahren nicht ein sinnvolles und nötiges Ziel?

Was würde eigentlich passieren, wenn man darüber nachdächte, welche Bereiche in oder von einem Unternehmen nicht beeinflusst, sondern so gelassen werden können, wie sie sind? Wenn dem ständigen »Das-müssen-wir-besser-machen« ein bescheideneres »Das-ist-gut-und-ausreichend« entgegengestellt würde? Könnte dann aus Überbeanspruchung eine gelassenere und gesündere Haltung werden, die zu mehr Ruhe und respektvollem Umgang mit Menschen und Ressourcen führt – und in diesem Sinne also wirtschaftlich sein?

Reflexion

- Welche Kennzahlen habe ich in meinem Bereich?
- Was genau messen diese?
- Welches Ergebnis und welches Verhalten wird dadurch gesteuert?
- Inwiefern passt es zu dem, was wir in unserem Bereich brauchen und wollen?
- Wie viele KPI haben wir in unserem Bereich?
- Wie viel Arbeitszeit meiner MitarbeiterInnen wird durch das Befüllen verbraucht?
- Welche KPI können aus meiner/unserer Sicht weggelassen werden?

8.13 Aufwand reduzieren, Sinnhaftigkeit und Motivation steigern

Wir als ManagerInnen können unsere Energie nicht nur in die Umsetzung der Ziele und der Erfüllung der dadurch erarbeiteten Kennzahlen stecken, sondern auch in die Hinterfragung und aktive Bearbeitung von Firmenstrukturen und -realitäten. Wenn wir dabei offen und konstruktiv bleiben und dadurch unnötige Kämpfe vermeiden, können wir eine Menge bewirken und sehr viel Energie freisetzen, die wir besser einsetzen könnten.

Es entspräche dem logischen Verstand und der menschlichen Vernunft, Kennzahlen und Berichte auf ein absolutes, wohldurchdachtes Minimum zu beschränken, um wertvolle Ressourcen zu sparen. Es lohnt sich eher, Zeit zu investieren, um herauszufinden, wie dieses Minimum im gesetzlich vorgegebenen Rahmen aussehen könnte, als alle gängigen Kennzahlen unhinterfragt zu übernehmen und zu füllen.

Ebenfalls energiesparend ist der Ansatz, dass nur eingegriffen wird, wenn es relevante Planabweichungen gibt (*management by exception*), um dann zu schauen, wo deren Ursachen liegen und was getan werden muss.

Im Gegensatz dazu steht momentan ein Verhalten seitens des Topmanagements, sich in kurzen zeitlichen Abständen über eine Reihe von Projekten ausführlich berichten zu lassen. Diese Berichterstattung ist erfahrungsgemäß unheimlich zeitintensiv, denn jeder Bereich bereitet eine Unmenge an Zahlen und Daten auf. Die jeweiligen MitarbeiterInnen packen diese anschließend in aufwändige Präsentationen, die wiederum in Megasitzungen dem Vorstand vorgestellt werden. Was soll das bewirken? Schließlich gab es vereinbarte Ziele und daran sollte gearbeitet werden, solange es keine nennenswerten Abweichungen gibt. In diesem Fall greift viel besser – und so einfach – das Prinzip *management by exception*.

Voraussetzung dafür ist: Läuft etwas aus dem Ruder, heben die Verantwortlichen rechtzeitig die Hand und treffen auf ein gesprächsbereites und lösungsorientiertes Management-Team. Dies stärkt nicht nur das Vertrauen in MitarbeiterInnen, die sich an den verbindlich abgemachten Zielen orientieren, sondern auch ihre Eigenverantwortlichkeit, was bekanntermaßen wiederum eine große Motivation und Zufriedenheit für MitarbeiterInnen darstellen kann.

Reflexion

- Welche Vorschläge und Ideen kommen aus der Mitarbeiterschaft, um das Befüllen von KPI möglichst effektiv zu gestalten?
- Welche schon vorhandenen Mechanismen können wir nutzen, um Aufwand zu reduzieren?

- Welche regelmäßigen Termine (z.B. Monatsberichte, Mitarbeitergespräche, Abteilungssitzungen) können wir dazu nutzen, eine Rubrik zu füllen und damit weitere Abfragen einsparen?
- Welche Vorschläge aus dem Team finden die größte Zustimmung aller?
- Wie kann deren Umsetzung gewährleistet werden?

Diagnostik aus Routinedaten anstelle von Berichterstattung
Anstelle einer aufwändigen und häufig auch anstrengenden Berichterstattung könnte die Diagnostik einiger weniger Kennzahlen genutzt werden, die idealerweise aus Routinedaten (beispielsweise Monatsberichten, Besprechungsprotokollen, IT-gestützten Programmen und Systemen etc.) gezogen werden. Diese Herangehensweise würde im ersten Schritt einen zeit- und ressourcenschonenderen Umgang in die Wege leiten. Das ist in einigen Konzernen sicher auch schon der Fall. Die grundsätzlichere Frage in diesem Zusammenhang ist jedoch, wie mit Plan- und Kennzahlenabweichungen umgegangen werden könnte.

8.14 Flexibilisierung anstatt starrer Planerfüllung

Nehmen wir noch einmal das Beispiel der Budgeterfüllung. Was wäre, wenn es keine Verknüpfung von Budgetgröße und angenommener Verantwortungsfähigkeit mehr gäbe? Wenn es nicht zu einem Gesichtsverlust führen würde, wenn man sein Budget oder seinen Plan nicht erfüllt, sondern eher anerkannt würde, wenn jemand seinen Plan verantwortungsbewusst ändert?

Wenn Planabweichungen nicht als Bedrohung, sondern als notwendige und die Nachhaltigkeit sichernde Flexibilität angesehen werden würden? Wenn die Priorität vom Planerfüllen auf sinnvolles Handeln umschwenkt und der Firmenerfolg sich auch danach bemisst, wie verantwortungsbewusst mit MitarbeiterInnen und Ressourcen umgegangen wird?

Wirtschaftskennzahlen validieren das Geschäftsmodell
Jetzt könnte man einwenden, dass sinnvolles Handeln in einem Unternehmen letztlich über das Erreichen der Wirtschaftlichkeit – also über das Erreichen der geplanten Wirtschaftskennzahlen – gewährleistet ist. Das ist in dieser Einseitigkeit jedoch grundsätzlich fraglich, denn das Erreichen einer angemessenen Wirtschaftlichkeit bedeutet am Ende »nur« die Validierung des Geschäftsmodells. Sie sagt etwas darüber aus, ob sich das durchgeführte Geschäftsmodell rechnet, aber mehr auch nicht.

Vor dem Hintergrund der ungleichen Verteilung von Kapital in der Welt, der Überbeanspruchung und Zerstörung von Ressourcen kann man mit Fug und Recht fragen: Ist es nicht absurd, einen Plan von Jahr zu Jahr peinlich genau und mit viel Energie zu erfüllen, damit in so vielen Konzernen am Ende überproportional die Shareholder davon profitieren? Shareholder geben ihr Kapital einem Unternehmen und bekommen von der Führungsebene eine Aussage, wie viel Rendite sie auf ihr Kapital erwarten dürfen. So richtet sich ein Großteil der Unternehmens- und MitarbeiterInnen-Energie nur darauf, dieses eine Ziel zu erreichen. Auch wenn sich »unterwegs« andere Gegebenheiten einstellen: Rohstoffkosten sinken oder steigen, Produktionskosten in der Folge ebenfalls, Krankheitswellen können ebenso ein Ergebnis beeinflussen wie zu viele Überstunden. Aber all diese Dinge müssen zwanghaft ausgeglichen werden, nur um das ursprünglich angesagte Ergebnis zu erzielen.

Die Folge ist, dass an der Kosten- und hier vor allem an der Personalschraube gedreht wird. Projekte werden on hold gesetzt, Investitionen nicht getätigt, ausgebildetes Personal an die Luft gesetzt, obwohl es bekanntlich einen hohen Aufwand bedeutet, dieses Know-how bei späterem Bedarf wieder einzukaufen bzw. heranzubilden. Die Langfristigkeit von Firmenplanungen leidet darunter ebenso wie das Klima unter den MitarbeiterInnen. Das alles passiert, damit eine Minderheit von Menschen, die ihr Kapital ins Unternehmen gegeben hat, am Ende auch genau das herausbekommt, was ihr versprochen wurde – und davon von Jahr zu Jahr möglichst immer mehr. Wie lange wollen wir das eigentlich noch so weiter machen?

Was würde eigentlich geschehen, wenn es zukünftig nicht mehr als Niederlage angesehen werden würde, ursprünglich gemachte Pläne zu ändern, wenn diese nur noch unter Aufbringung allergrößter Anstrengung und Überbeanspruchung von Ressourcen erfüllt werden können?

Wenn eine ehrliche, offensive und kritikfähige Einstellung dazu Einzug hielte, die die Sinnhaftigkeit von Handlungen und Projekten unter Einbeziehung von Ressourcenschonung an oberste Stelle rückt? Und wenn diese belohnt und vielleicht sogar den Firmen*erfolg* und in Zukunft vielleicht sogar *-wert* mitbestimmen würde?

Eine neue Führungskultur könnte entstehen, die sich nicht mehr krampfhaft an Plänen und deren Erfüllung festhält, sondern das Nötige und Sinnvolle in den Vordergrund stellt und souverän genug ist, ganzheitliches Handeln in den Mittelpunkt zu setzen, eine Führungskultur, die es sich zur Aufgabe gemacht hat, MitarbeiterInnen zu motivieren, indem sie sie in sinnvolle und gemeinsam erarbeitete Ziele, Entscheidungen und Handlungen einbezieht und vor allem eine Führung, die verantwortungsvoll im Sinne der Nachhaltigkeit agiert und damit wertsteigernd wirkt. Sie wäre sich nicht nur selbst am nächsten, um den Jahresendbonus zu ergattern oder gut dazustehen vor Vorstand und Shareholdern, sondern sie könnte ihre Befriedigung in der Zusammenarbeit und dem gemeinsamen Erreichen von ganzheitlichem Erfolg finden.

8.15 Auch ganzheitlicher Erfolg braucht Kennzahlen

Als Führungskräfte haben wir mehr Handlungsspielräume als die meisten MitarbeiterInnen in einem Unternehmen. Wenn wir diese sehen und anerkennen, relativieren sich Gefühle wie Ausgeliefertsein oder Ohnmacht. Sicher brechen auch verkrustete Sichtweisen auf und wir fangen vielleicht an, die bisherige Definition von Wirtschaftlichkeit nur als das zu sehen, was sie letztlich ist: die Validierung eines Geschäftsmodells und die Beantwortung der Frage, ob ein Geschäftsmodell finanziell funktioniert.

Wir könnten uns daran machen, in einem erweiterten Verständnis von Wirtschaftlichkeit andere »Säulen« wie Integration des *KundInnenfeedbacks, MitarbeiterInnenbefinden, Schadschöpfung* oder *Ressourcen-Bilanz* und *finanzielle Lage* aufzustellen. Auch an diese können wir unsere alten Werkzeuge legen und sie mit KPI versehen. Warum sollte eine Kennzahl, die das MitarbeiterInnenbefinden anzeigt, nicht gleichberechtigt neben der finanziellen Wirtschaftlichkeit stehen? Könnte der Beitrag zur Umwelt nicht eine ebenso große Gewichtung haben wie der Gewinn?

Mit dieser Perspektive verbinden wir Autorinnen das Entstehen einer anderen Sichtweise auf Erfolg und die Hoffnung auf ein aktualisiertes ökonomisches Handeln. Dabei haben wir ein verantwortliches und ausgeglichenes Haushalten mit vorhandenen Ressourcen auf allen Ebenen im Sinn, wie Zeit, Geld, Material, Umwelt, menschliche und maschinelle Arbeitskraft.

9 Machbarkeit ausbalancieren

Cristina Barth Frazzetta

9.1 Erst verstehen – dann handeln

Meine Mitautorin fragte im vorigen Kapitel: »Was würde eigentlich geschehen, wenn es zukünftig nicht mehr als Niederlage angesehen werden würde, ursprünglich gemachte Pläne zu ändern, wenn diese nur noch unter Aufbringung allergrößter Anstrengung und Überbeanspruchung von Ressourcen erfüllt werden können?«

Der Satz weist auf ein Paradoxon hin, wie es klassischerweise durch einen blinden Fleck in der Wahrnehmung entsteht: Warum sollte denn ein Plan, der nur durch eine Überbeanspruchung vorhandener Ressourcen umgesetzt werden kann, *überhaupt* erfüllt werden? Wie kann eine bei Erkennen des Ressourcenverschleißes konsequenterweise vorgenommene Änderung *überhaupt* als *Niederlage* wahrgenommen werden? Dabei ist es doch eigentlich völlig logisch, dass ein solcher Plan sofort revidiert werden muss, eine »Niederlage« könnte höchstens durch das Übersehen dieser Tatsache entstehen.

Ein derartiger blinder Fleck entsteht sowohl im persönlichen Bereich als auch in ganzen Gesellschaften durch unhinterfragte Grundannahmen. In diesem Fall wird der blinde Fleck durch das von uns beleuchtete Paradigma ausgelöst. Wir haben es *Machbarkeitsparadigma* genannt, weil sich der Ausdruck förmlich aufdrängte. Suggeriert es uns doch nahezu unmerklich, dass wir alles kontrollieren und immer alles im Griff haben können.

Es zwingt uns somit geradezu, immer kleinteiliger zu analysieren und unsere Vorgehensweisen genau zu planen, wodurch jeder Fehler verwerflich, ja, zu einem persönlichen Schuldthema wird. Eine Abkehr vom ursprünglichen Plan fühlt sich da geradezu nach Totalversagen an. Überdies treibt es uns noch dazu an, immer mehr und rastlos weiterzumachen, wodurch jedes Innehalten als Tatenlosigkeit gedeutet wird – sowohl von anderen, aber auch von uns selbst.

Reflexion wird deshalb oft als Zeitverschwendung empfunden. Aber genau diese brauchen wir, um den blinden Fleck erkennen zu können. Wie der durch ein Coaching angestoßene Reflexionsprozess die durch das *Machbarkeitsparadigma* entstandenen mentalen Begrenzungen auflöst und plötzlich neue Optionen sichtbar macht, zeigen nun zwei unterschiedliche Fallbeispiele aus meiner Praxis.

Der Ritter ohne Furcht
Dieses Beispiel erzählt von der Arbeit mit einem einzelnen Klienten.

Ganz generell kann gesagt werden, dass eine Führungskraft, die bemerkt, dass sie grundlegende Vorgaben und Vorgehensweisen im Unternehmen »unsinnig« findet, sich also fragt, ob sie das Richtige tut, sich häufig als ohnmächtig und allein mit ihrer Sichtweise erlebt. Dennoch wird sie nicht umhinkönnen, den Versuch zu unternehmen, etwas an der Situation zu ändern.

Tut sie das nicht, sinkt ihre Motivation und damit ihre Glaubwürdigkeit gegenüber denjenigen, die sie führt. Auch ihre Überzeugungskraft gegenüber denjenigen, an die sie berichtet, leidet. Würde sie die Situation also langfristig nur aushalten, wüchse ihre Frustration. Vermutlich würde sie sogar bald zynisch werden. Es bliebe ihr am Ende nichts anderes übrig, als zu gehen.

Die Führungskraft kam zu mir ins Coaching, weil sie sich aus eben diesem Grund ganz umorientieren wollte – in ihrem Kopf kursierten seit einiger Zeit immer häufiger Aussteigerszenarien. Auf meine Frage: »Angenommen, Sie könnten auf die Situation Einfluss nehmen und etwas daran ändern – wie wäre es dann?«, kam sehr spontan die Antwort: »Na, dann würde ich natürlich weitermachen!«.

Dem Klienten wurde dadurch klar, dass ein Ausstieg zu diesem Zeitpunkt nicht stimmig wäre, weil er aus Frustration heraus geschähe – und nicht, weil sich etwas vollendet hatte. Wir beschlossen daher, nach Handlungsspielräumen zu suchen.

9.2 Der eigenen Wahrnehmung vertrauen

Ziel dieses ersten Schrittes ist es, die durch die Logik des Systems errichtete »Mauer im Kopf« zu beseitigen und die verschüttete eigene Wahrnehmung zu heben. Wenn eine derartig grundsätzliche Fragestellung im Coaching auftaucht, ist es zunächst meist nicht so einfach, überhaupt Handlungsoptionen zu entdecken, schließlich geht es an die Logik des gesamten Systems. Daran rütteln zu wollen, erscheint ziemlich naiv und blockiert massiv ein weiteres Nachdenken. Auch ich fühle zunächst meist diese Sackgasse, und es kommt mir dann vor, als könne mir wirklich nichts mehr einfallen.

Daher locke ich im Coaching meinen Klienten erst einmal auf einen Umweg. Ich könnte ihn z.B. bitten, auf einer Skala von 0–10 seinen Zweifel an der vom Unternehmen vorgegebenen Vorgehensweise zu definieren: (0 = gar kein Zweifel/10 = totaler Zweifel). Schon hier wird häufig die Dringlichkeit deutlich und möglicherweise sind wir angesichts der gegebenen Antwort beide ein wenig schockiert. »Schockiert« bedeutet in diesem Zusammenhang, dass eine Betroffenheit entsteht.

Noch deutlicher wird es, wenn ich den Klienten bitte, genau zu beschreiben, was seiner Meinung nach passieren könnte, sollte diese Vorgehensweise unhinterfragt zur Anwendung kommen. Ich schreibe die Punkte dann auf ein Chart, sodass wir sie gemeinsam sehen können. Ich frage meist noch mehrmals: »Was noch?«, wodurch eine kurze Denkpause entsteht, nach der dann noch viel mehr Auswirkungen aufgezählt werden.

Übrigens sind es fast immer gerade diese Punkte, die im anschließenden Ranking weiter oben landen als diejenigen, die gleich zu Anfang schnell ausgesprochen wurden. Auch da staunen wir meist gemeinsam nicht schlecht über das Szenario, das der Klient zwar kommen sieht, aber bis dahin einfach nicht anerkannt hat, weil die Logik des Systems das verbat.

Der Blick aus der Ferne
Wenn die rationale Denkweise zu stark dominiert, kann es mitunter auch hilfreich sein, das Geschehen einmal aus einer ganz anderen, einer Fantasie-Perspektive zu betrachten. Das gelingt z.B. durch Fragen wie diese: »Was würde ein Kind/ein Außerirdischer/der Besitzer eines seit Generationen gut funktionierenden Handwerksbetriebs etc. sagen, wenn es/er diese Arbeitsweise sieht?«. Auf diese Weise nimmt der Klient eine Außenperspektive auf das Geschehen ein und kann plötzlich noch deutlicher sehen, wie unerklärlich es ist, dass so vorgegangen werden soll, weil es keine guten Gründe gibt, die auch ein unbefangener Mensch (Kind), ein Systemfremder (Außerirdischer) oder ein erfolgreicher Praktiker (Handwerksbetrieb) verstehen würde.

Am Ende dieses ersten Schrittes frage ich manchmal noch: »Angenommen, Sie sollten die Situation mit einer Märchenzeile, einem Filmtitel oder einer selbst erfundenen Headline überschreiben – wie hieße diese?«. Im konkreten Fall wählte der Klient Charlie Chaplins »Moderne Zeiten«. Das hat die Wirkung einer Zusammenfassung oder Verdichtung und sorgt dafür, dass das in dieser Phase aufgetauchte Szenario nicht wieder verschüttet wird, sondern jederzeit abrufbar bleibt.

9.3 Werte und Ethik: wirksame Instrumente zur inneren Stärkung

Ziel dieses zweiten Schrittes ist es, das persönliche Rollenverständnis und die Werteeinstellungen des Klienten zu klären. Das Ergebnis wird anschließend mit der augenblicklichen Situation abgeglichen. Wenn diese zu sehr dem eigenen Werte-Kodex widerspricht, zieht der Klient daraus zusätzliche Stärkung für ein »abweichendes« Verhalten, das der Systemlogik widerspricht (hier ging es bspw. um die Infragestellung bestimmter KPIs bzw. deren Dominanz).

Dazu betrachten wir sowohl die Bekundungen der Systeminstanzen (Unternehmensleitlinien, Aussagen der ChefInnen, Erwartungen der MitarbeiterInnen) als auch die Anforderungen einer inneren »höheren« Instanz (persönliche Lebensphilosophie und Leitwerte).

Um mich der Thematik zunächst gemeinsam mit dem Klienten zu nähern, stelle ich z.B. Fragen wie: »Was glauben Sie, welche Rolle als Manager und als Führungskraft Sie spielen?«, »Was erwarten höhere Ebenen (Vorstand/AR) von Ihnen?«, »Und was erwarten Ihre MitarbeiterInnen?«.

Die Antworten lauteten bei meinem Klienten: »Selbst: Ich trage Verantwortung dafür, dass wir in meinem Bereich unseren Beitrag zum Unternehmenserfolg leisten. Das beinhaltet auch die Motivation und Entwicklung der Mitarbeiter. Obere Ebenen: unternehmerisches Mitdenken und Entschlussfreudigkeit (Decisiveness). MitarbeiterInnen: klare, realistische Ziele und Durchsetzungsfähigkeit gegenüber oberen Ebenen.«

Übersetzt bedeutet das Zweite: »Wir haben dich hier eingesetzt, damit du selbst denkst – wir brauchen deine Einsichten.« Und das Dritte bedeutet: »Wir sind deine Schutzbefohlenen – wir brauchen deinen fürsorglichen Blick.« Dies wird übrigens auch aus Sicht der MitarbeiterInnen keineswegs mit »Weichsein« gleichgesetzt, sondern bedeutet durchaus auch, sie zu fördern durch Fordern, aber eben in einem realistischen Rahmen.

Bevor wir nun gemeinsam daran gehen, zu ermitteln, was genau zu tun ist, wenn man diese beiden Anforderungen tatsächlich ernst nimmt, bitte ich den Klienten zuerst, seine wichtigsten Werte im Leben zu klären. Wir ermitteln mit einer einfachen Methode seine drei obersten Lebensleitwerte und fragen uns dann, was diese – will er/sie ihnen treu bleiben – auf die augenblickliche Situation, bezogen auf Verhalten und Handeln, gebieten. »Lebensleitwerte« können sich im Laufe der Lebenszeit durchaus noch einmal ändern. Allerdings behalten die obersten drei meistens dauerhaft Gültigkeit. Unabhängig davon, ob sie lediglich in der momentanen Lebensphase gelten oder für das ganze Leben – ein zu starkes Abweichen davon bedeutet immer, sich selbst zu verraten.

Dieses Vorgehen macht dem Klienten also bewusst, dass sein ganz persönliches Glück, sein tägliches Zufriedensein direkt mit der Einhaltung seiner persönlichen Leitwerte zu tun hat. Die persönlichen Leitwerte haben daher den Charakter einer konkreten, ja praktischen Handlungsanleitung.

Stellen Sie sich vor, jemand hat als einen Leitwert »Qualität«, dann kann er unmöglich akzeptieren, dass das Unternehmen nicht voll zu Ende entwickelte Produkte (sogenannte »Bananenware«: Ware, die quasi unreif auf den Markt kommt und dann bei den KundInnen »ausreift«, denn erst deren Reklamationen bewirken die Ausführung notwendiger Nachbesserungen) auf den Markt bringt und auch nicht, dass die Kantine den MitarbeiterInnen verkochtes Essen serviert. Beides wird an seinem Selbstverständnis und somit an seiner Motivation nagen.

Oder stellen Sie sich vor, jemand hat als obersten Leitwert »Freiheit« stehen – in seinem Unternehmen wirkt aber ein unausgesprochenes Gesetz, das besagt: »Widerspruch und Kritik sind hier Karrierekiller«, dann wird sich die Person mit dem Leitwert »Freiheit« dadurch sozusagen doppelt unterdrückt und klein gemacht fühlen.

Das sind sehr vereinfachte Beispiele, tatsächlich aber sprechen wir hier von dem, was wir »Sich-selbst-treu-bleiben« nennen. Sicher, es werden nur sehr wenige MitarbeiterInnen bei VW wegen des Manipulationsskandals kündigen, aber die Enttäuschung, einhergehend mit einem Verlust an Identifikation und Motivation bei denjenigen, deren persönliches Wertegerüst vom Wert »Ehrlichkeit« angeführt wird, sollte nicht unterschätzt werden. So ein »weiches« Geschehen lässt sich übrigens, sofern man das will, durchaus in knallharten Zahlen abbilden.

Mut zur Frage entwickeln und Handlungsoptionen entdecken

Erst in diesem dritten Schritt suchen wir schließlich gemeinsam nach den sich bietenden Handlungsoptionen. Das geschieht jetzt auf einmal mit großem Spaß, ja sogar Tatendrang, denn es ist eine Motivation entstanden – der Klient hat ein Motiv, etwas, für das es sich lohnt, einzutreten.

Meistens zeigt sich, dass die allererste und einfachste Möglichkeit, etwas zu tun, darin besteht, die Fragen, die man bislang im eigenen Kopf hin und her drehte, in den entsprechenden Gremien und Gesprächssituationen offen an die dort Anwesenden zu richten.

Wir suchen also nach genau diesen Fragen. Auch diese können wir wieder durch den schon bekannten Perspektivenwechsel ermitteln: »Was würde das Kind/der Außerirdische/der Besitzer des seit Generationen gut funktionierenden Handwerksbetriebs fragen?«. Die Fragen werden gesammelt und müssen anschließend etwas differenzierter und als offene Fragen formuliert werden. Wichtig ist, dass der Klient sie später in der realen Situation auf keinen Fall selbst beantwortet, denn die Fragen sollen dem Gegenüber das, was »seltsam« oder zumindest »fragwürdig« am geplanten Vorgehen ist, bewusst machen. Sollten dann wieder rational-logische, das System stützende Antworten kommen, ist es besser, wenn diese vom Klienten nicht diskutiert werden – das sollen andere tun, denn dadurch kommt das System in Bewegung. Wenn diese Antworten niemand diskutiert, sollten sie in ihrer »Unsinnigkeit« einfach stehen bleiben, denn auch das ist wirkungsvoll.

Brisante Fragen (und deren vielleicht unbequeme Antworten) in der Realität der Arbeitssituation zu platzieren, ist natürlich durchaus riskant, denn sie lösen möglicherweise eine Art Kampf aus. Daher ist es wichtig, vorher genau zu analysieren, wer davon betroffen ist, wer dafür, wer dagegen ist, wer dadurch etwas gewinnt oder verliert, kurz: welche Stakeholder und Player vielleicht schon im Vorfeld einbezogen, überzeugt oder notfalls überstimmt werden müssen.

Das *Wie* festlegen und den Transfer sichern
Zuletzt versuchen wir im Coaching, einen »Anker« zu setzen, damit das Vorhaben im Alltag nicht untergeht. Wir könnten uns etwa fragen, wer sich so mutig und wertetreu verhält, wie wir das heute für die Situation des Klienten als erforderlich herausgearbeitet haben. Das heißt, wir suchen ein reales oder ein fiktives Vorbild, an das sich der Klient jederzeit erinnern kann.

Im konkreten Fall war es ein Archetyp, der »Ritter ohne Furcht«. Bei einem kleinen Ritual, einmal pro Tag oder pro Woche, kann sich der Klient fragen: »Wie oft und in welcher noch so kleinen Situation war ich heute/in dieser Woche der Ritter ohne Furcht und was hat das bewirkt?«. So oder ähnlich sichern wir, dass das Beschlossene tatsächlich umgesetzt wird.

Ein solches Coaching erscheint Ihnen vielleicht als eine Art Umweg, der (zu) viel Zeit kostet? Tatsächlich verlässt man dabei auch den direkten, kürzesten Weg, aber nur, um an einen Punkt mit völlig neuer Aussicht zu anzukommen. Übrigens dauerte die beschriebene Reflexion nur zwei Stunden – in dieser kurzen Zeit entdeckten wir ganz unerwartete Möglichkeiten.

Um allerdings auf diese neuen Lösungsansätze zu kommen, brauchen wir einen anderen Denkmodus als den, der am Arbeitsplatz üblicherweise gefordert wird. Unsere Fantasie, über die wir als Kinder noch verfügen konnten, ist hier ein wichtiges Instrument, über bestimmte Methoden im Coaching verschaffen wir uns den Zugang zu diesen uns eigenen Ressourcen. Diese Methoden erscheinen daher mitunter auch spielerisch oder sogar »kindlich«.

9.4 Aus dem Labor zurück in die Realität

Mein Klient konnte so für sich einen neuen Weg entdecken, das Geschehen im Unternehmen zu beeinflussen. Er dachte nicht mehr an Ausstieg, weil seine Selbstwirksamkeit wieder gestärkt war.

In fünf weiteren Sitzungen schlüsselten wir konkret entstandene Situationen auf, anhand derer wir die jeweiligen Handlungsoptionen erarbeiteten. Auf diese Weise wurde es für den Klienten zur Routine, seine Werte und die des Unternehmens als Kompass zu nutzen und gegebenenfalls Vorgehensweisen infrage zu stellen.

Natürlich konnte er sich nicht immer mit seiner Sicht der Dinge durchsetzen, aber doch viel häufiger, als er angenommen hatte, und er war daher nicht mehr frustriert.

INTERESSANT ZU WISSEN

Wie Selbstwirksamkeit entsteht

- Motivation:
  »Das interessiert mich« (Freude am eigenen Tun)
- Selbstverantwortung:
  »Das war ich« (zu eigenen Erfolgen und Fehlern stehen)
- Selbstbewusstsein:
  »Das kann ich« (Vertrauen in eigene Fähigkeiten)
- Selbstdisziplin:
  »Darauf kann ich verzichten« (freie Entscheidung)
- Identität:
  »Das bin ich« (Einklang mit eigenen Werten und Einstellungen)
- Selbstwert:
  »Ich bin bedeutsam« (Gewissheit, etwas bewirken zu können)

... sie ist das Gegenteil der Selbstentmündigung

9.4.1 Von der Schwierigkeit, Stroh zu Gold zu spinnen

Das nun folgende zweite Beispiel erzählt von der Arbeit mit einem Team. Wenn sich im Laufe eines Geschäftsjahres eine deutliche Abweichung zum ursprünglichen Plan auftut, gilt es eigentlich, zumindest für einen unternehmerischen Geist, zuallererst nach den Ursachen zu suchen. Tatsächlich wird aber häufig alles getan, um das Unmögliche doch noch durchzudrücken. Schließlich sitzen den Managern die Shareholder im Nacken, Personen oder Gruppierungen also, die vom Geschäft und den diesbezüglich strategisch sinnvollen Entscheidungen des Unternehmens, an dem sie materiell beteiligt sind, oft nichts verstehen. Sie haben allerdings Geld, das sie dem Unternehmen leihen und hoffen, es dadurch möglichst schnell vermehren zu können.

Man muss sich mit Märchen und Dramen nicht besonders gut auskennen, um auf die Tragödie vom Doktor Faustus und seinem Pakt mit dem Teufel oder auch auf das Volksmärchen vom Rumpelstilzchen und der Müllerstochter zu kommen. Faust macht einen

Vertrag, in dem er für ein schönes Leben heute später einen sehr hohen Preis zu bezahlen verspricht, denn dann bestimmt der Teufel, was möglich ist und was nicht. Wollen wir in das Gleichnis aber auch noch MitarbeiterInnen und Berater mit einbeziehen, dann passt Rumpelstilzchen noch besser: Der Müller verspricht dem reichen König, dass seine Tochter in der Lage sei, aus Stroh Gold zu machen. Der geldgierige König will natürlich gleich dieses (unmögliche) Resultat sehen und so muss die arme Müllerstochter, wenn ihr das Leben lieb ist, zusehen, wie sie es hinbekommt. Letztlich hilft ihr ein seltsames Männlein aus der Patsche, das aber seinerseits auch hohe Preise verlangt. Als der König nun das Gold sieht und erkennt, dass das Unmögliche doch machbar ist, ist er nicht etwa zufrieden, sondern wird nur noch gieriger ... und das Männlein auch. Am Ende der Geschichte verliert – wie wir wissen – das seltsame Männlein, aber der Familienbund zwischen Müller und Königshaus dürfte wenig glücklich gewesen sein, denn der König heiratet die Müllerstochter nicht aus Liebe, sondern weil er »im ganzen Land keine reichere Frau« finden konnte.

Teuer erkauft

In den Gleichnissen wird durch einen Deal, der kurzfristig Vorteile verschafft, die Hoheit über das eigene Leben abgegeben. So ähnlich verhalten sich Unternehmen gegenüber Kapitalgebern. Dabei leben Unternehmen von der unternehmerischen (Produkt-)Idee, den richtigen strategischen Entscheidungen und der Passion und Identifikation aller Beteiligten. Die großen Marken der Welt zeichnen sich darüber hinaus auch noch durch Kontinuität und hohe Qualität aus – beides braucht aber Zeit. Da kann es doch nicht sein, dass Shareholder mehr Macht haben als die Strategen im Unternehmen.

Dennoch: Eine Führungskraft, die sich im Laufe des Geschäftsjahres einem Plan-Delta gegenübersieht und erkennt, dass das zu Jahresbeginn aufgestellte Umsatzziel nicht mehr eingehalten werden kann, tut sich bei der aufgrund der beschriebenen Abhängigkeiten heute vorherrschenden Konzernlogik verständlicherweise schwer, dies zu adressieren und die Ursachen zu benennen. Wenn sie darüber hinaus sogar weiß, dass es handfeste Gründe gibt, weshalb man den Plan ändern sollte, bevor es zu inakzeptablen Überbelastungen der Ressourcen kommt – sei es, dass sich Märkte oder andere Einflussgrößen verändert haben oder dass man sich bei Erstellung des Planes womöglich geirrt hat und sie es deshalb für erforderlich hält, eine Anpassung zu erwirken – befindet sie sich scheinbar in einem Dilemma. Dies kann man etwa folgendermaßen formulieren: »Mich positionieren und scheitern oder so weitermachen und scheitern?«.

Einen Schritt zurücktreten, um besser zu sehen

In solchen Fällen räumen wir im Coaching erst einmal ordentlich auf. Wir schauen uns genau an, wie das System funktioniert, suchen nach allen Einflussgrößen und danach, wer Einfluss auf eine Sache hat. Wir betrachten, wer wofür verantwortlich, wer haftbar und wer betroffen ist, wo es möglicherweise Interessenkonflikte durch Matrixstrukturen oder sich überschneidende Tätigkeitsbereiche (oft im Vertrieb) gibt. Wir schieben Kärtchen hin und her, zeichnen Beziehungswege und Wechselwirkungen ein, versehen Kontaktstellen mit Blitzen und andere mit Smileys, bis wir ein lebendiges Gesamtbild haben. Es werden auf einmal Zusammenhänge sichtbar und allein daraus ergeben sich oft »neue« beziehungsweise bis dahin übersehene oder ungenutzte Möglichkeiten, zielführend aktiv zu werden. Nicht selten stellt sich dabei heraus, dass sich bisher alle Energie gegen Widerstände richtete, anstatt Lücken oder gar offene Wege zu nutzen.

Es wurde womöglich mit viel Aufwand täglich neu versucht, jemanden zu überzeugen, der aber seine eigene (»hidden«) Agenda hat oder es wird gehofft, dass jemand mitzieht, der aber zu ängstlich ist – dabei wäre der Weg über interne Mentoren, unabhängige Beteiligte, interne KundInnen, etc. vergleichsweise leicht. Das ist übrigens etwas, worüber wir oft sehr lachen müssen, weil das Bisherige plötzlich absurd und das Neue so offensichtlich wirkt. Erst dann entwickeln wir das »Wie«: Wie können wir wichtige Stakeholder und einflussreiche Personengruppen ins Boot holen? Wer muss wann mit wem reden und worüber genau?

Sinnlosen Aktionismus verhindern

Ich erinnere mich an einen Fall, bei dem ein internes Projektleiter-Team sah, dass die nach einer Gewinnwarnung angekündigten Kürzungen in die falsche Richtung zu gehen drohten: »Headcount-Reduktionen« dort, wo dringend mehr Leute gebraucht würden und das Absetzen von Projekten, die für das Ganze besonders bedeutsam waren. Alles deutete darauf hin, dass einfach nur unbedingt etwas gemacht werden sollte, sogar dann, wenn es überhaupt nicht sinnvoll war, und auch dann, wenn es den Werten der beteiligten Menschen widersprach.

Die Projektleiter konnten das erkennen, weil sie reine Projektleitung machten und inhaltlich nicht selbst involviert waren. Sie hatten eine Art Außenperspektive, weil sie quer durch das Unternehmen vernetzt und über alle Projekte informiert waren. Zwar führten sie diesen Aktionismus nicht auf das *Machbarkeitsparadigma* zurück, aber es war ihnen dennoch völlig unverständlich, wieso jetzt so vorgegangen werden sollte.

9.4.2 Das System selbst nutzen

Wir stellten deshalb ein Experiment an: In kleinen Gruppen schrieben wir zunächst alle Projekte auf Karten – das ging schnell, denn es zeigten sich kaum Abweichungen zwischen den Gruppen. Dann befasste sich die eine Hälfte der Gruppe mit der Sichtweise des Vorstandes auf die Projekte: Welche Projekte kennt der Vorstand überhaupt? Welche gar nicht? Welche stehen bei ihm im Fokus? Welche werden als nachrangig gesehen? Welches Verständnis hat er vom Zusammenspiel der Projekte? Die andere Hälfte sollte eine Projektlandschaft erstellen, in der sie die Wechselwirkungen (welches Projekt braucht Ergebnisse von welchem anderen, um weiter zu kommen?), die Nähe (Verwandtschaft/Synergien), die Bedeutung für die ausgelobte Strategie (Hebelwirkung, Kosten/Nutzen) und so weiter durch Anordnung, Abstände, Pfeilrichtungen, Pfeildicke und Farben darstellen konnten.

Das Ergebnis war geradezu verblüffend. Die erste Gruppe hatte ein sehr überschaubares, ordentlich hierarchisch aufgebautes Chart erstellt. Es zeigte, dass der Vorstand bisher eine eingeschränkte Sicht auf die Aktivitäten im Unternehmen hatte und daher die wesentlichen Hebel gar nicht erkennen konnte. Die Gruppe selbst war über diese Erkenntnis sehr erschrocken. Die zweite Gruppe war dagegen völlig aufgeregt, weil die Mitglieder festgestellt hatten, wie gut sie die Zusammenhänge kennen und wie viel strategische Expertise sie in ihrer Funktion zusammenbringen. Ihr Bild war eine bunte, organische Landschaft, in der es ein eindeutiges Zentrum gab – ein Projekt, das auf die meisten anderen große Auswirkung hatte. Das Ganze sah ein wenig aus wie ein Metroplan. Alle waren begeistert von ihrer Erkenntnis und von der Möglichkeit, dem Board so wichtige Informationen als Entscheidungsgrundlage für die Weichenstellungen in der momentanen Situation liefern zu können, ja zu müssen, denn schließlich hätte der Vorstand das gar nicht in diesem Detaillierungsgrad wissen können, wenn er nicht durch seine Experten darüber informiert würde.

Das Fazit sah so aus: Das Team hatte es gewagt, sich Sinnfragen zu stellen. Es konnte die Gefährlichkeit der geplanten Einschnitte belegen, erkannte aber auch sinnvolle Alternativ-Maßnahmen mit nachhaltiger Wirkung. So war auf einmal ein Handlungsspielraum im System sichtbar geworden. Im Team war die Gewissheit, etwas bewirken zu können (Selbstwirksamkeit), entstanden, weil es sich der Möglichkeit, durch Beratung des Vorstandes auf wichtige Entscheidungsprozesse Einfluss zu nehmen bewusst geworden war. Das Gefühl des Ausgeliefertseins an das System war verschwunden.

Claudia James

9.5 Der Zusammenhang zwischen Mikro- und Makroebene sind wir

Manchmal ist es, als säßen wir in einer unendlichen Spirale, die sich zudem immer schneller dreht: Produktivität, Wachstum, Gewinne – alles scheint sich ständig zu steigern und weiter steigern zu müssen. Das Handelsblatt bezeichnete die derzeitige Gemengelage unserer globalen Wirtschaftspolitik einmal als »skurrile Welt«: »Eine Welt, in der die Notenbanker die mit Abstand mächtigsten wirtschaftspolitischen Akteure geworden sind. Eine Welt, die man durchaus als Notenbank-Planwirtschaft charakterisieren kann.«[24] Hier ist er also wieder: der Begriff der Planwirtschaft.

Nicht selten werden als Begründung für die Aktionen der Notenbanker die sogenannten »Märkte« angeführt, die dieses oder jenes so »wollen«, so und so »reagieren«. So formuliert scheint der »Markt« zu einem beherrschenden Phänomen geworden zu sein, der uns in seinen Zwängen gefangen hält. Es ist fast, als seien wir ausgeliefert und könnten uns nicht wehren.

Dabei sind auch wir ein Teil des Marktes, ein ziemlich mächtiger sogar: Als Führungskräfte in Unternehmen sitzen wir an Schaltstellen, an denen viele Entscheidungen entstehen oder vorbeimüssen. Zusätzlich entscheiden wir durch unseren Verbrauch und unser Konsumverhalten, welche Firmen mit welchen Produkten erfolgreich sein sollen. Wenn wir beide Aspekte im Hinterkopf behalten, sollten wir uns zumindest nicht ins eigene Fleisch schneiden und unsere Arbeitsbedingungen und unseren Arbeitsalltag durch unser eigenes Verhalten negativ beeinflussen.

Die Jagd nach dem günstigsten Angebot, die Einstellung, immer nur möglichst wenig zu bezahlen, ist aus meiner Sicht genauso kontraproduktiv, wie das Streben vieler Shareholder nach mehr Gewinn von Jahr zu Jahr. Beides verhindert vielerorts, dass Menschen fair bezahlt, Arbeitsbedingungen gesund und Ressourcen geschont werden, denn es gilt, das günstigste Angebot zu machen, an der Kostenschraube zu drehen, um den Verbraucherwillen bzw. die Planzusage an die Shareholder zu erfüllen. Um dies zu erreichen, wird u. a. die Steigerung der Effizienz als Mittel eingesetzt, sowohl auf der automatisierten Ebene, als auch auf der Ebene des einzelnen Menschen.

24 Münchrath, J. (2015): Frau Jellen, hören Sie die Signale! Handelsblatt 15.9.2015: http://www.handelsblatt.com/my/politik/konjunktur/nachrichten/zinserhoehung-in-usa-muss-her-frau-yellen-hoeren-sie-die-signale/12320590.html?ticket=ST-1774044-679GtDzvVmjartrUgXLX-s02lcgiacc01.vhb.de. Abrufdatum: 24.3.2019

9.6 Effizienzsteigerung als falsch verstandene Optimierung

Effizienzsteigerung, Standardisierung, Umstrukturierung, Standortverlagerung, Betriebsstilllegung, … all das sind Schlagworte, die uns (leider) sehr geläufig sind.

Dabei ist eines ganz klar: Schlanke und gut funktionierende Unternehmensprozesse sind wichtig und helfen, das Unternehmen gesund zu erhalten und Verschwendung zu vermeiden bzw. einzudämmen. Hinschauen, ob noch alles gut funktioniert bzw. funktionieren kann, trägt zur Ressourcenschonung bei und man tut gut daran, immer wieder nachzusehen, ob bestehende Prozesse noch gut genug oder verbesserungswürdig sind – in diesem Sinne also optimiert werden können.

Der Teil der »Effizienzsteigerung« jedoch, der darauf abzielt, die Leistung des Einzelnen zu steigern, indem Pausen weggelassen werden oder keine Vertretungen mehr existieren und zu viel Arbeit durch zu wenige Menschen erledigt wird, führt oft zum Gegenteil – zu Ineffizienz.

Durch Überbelastung einzelner Schlüsselpositionen bleiben viele Dinge liegen, durch die es zu Staus in Unternehmensprozessen kommt, die wiederum das Gegenteil dessen bewirken, was eigentlich erzielt werden sollte: Es entsteht eine Verlangsamung der Arbeit anstelle einer Effizienzsteigerung.

Den Blick nach vorne richten
Eine weitere Folge ist, dass »Wichtiges« und »Dringendes« nicht mehr bewusst voneinander differenziert und bearbeitet werden kann, sodass nur noch das *Dringende* erledigt wird, *Wichtiges* jedoch nicht.

Hierdurch verliert sich der strategische Fokus und eine gefährliche Geschäftigkeit tritt ein, die darüber hinwegtäuscht, dass sich um die Zukunft der Firma – die Beschäftigung mit *Wichtigem* – zu wenig Gedanken gemacht wird. Bildlich gesprochen richtet man seinen Blick im Dauerlauf nur auf die beiden vor einem liegenden Meter und sieht nicht, was weiter entfernt vor einem liegt – um im gleichen Bild zu bleiben: eine Kollision mit einem Laternenpfahl auf dem Weg ist fast unvermeidlich und eine vorausschauende Orientierung wird komplett unmöglich.

9.7 Verantwortung für das Wichtige übernehmen

Genau hier beginnt ein wesentlicher Teil von Führungsverantwortung. Oder anders gesagt: Eine Führungskraft, die vorrangig das Augenmerk bei sich und ihren Mitarbeiter-

Innen auf *Dringendes* legt und damit dem Team mit Sicherheit viel Arbeit und Nerven abverlangt, vernachlässigt andererseits den Teil der Verantwortung, der sich um die Zukunftssicherung und die Vision der Firma dreht. Denn das ist häufig der Kern der sogenannten *wichtigen* Dinge.

Meine Erfahrung ist, dass es für die Sinnstiftung des einzelnen Mitarbeiters essentiell ist, sich tagein tagaus nicht nur mit *dringenden* Aufgaben zu beschäftigen, sondern auch das Gefühl zu haben, dass die Dinge, die auf dem Arbeitstisch landen *wichtig* sind. Das ist sinnstiftend und gibt das positive Gefühl, wirklich gebraucht zu werden und selbst an der Firmenentwicklung teil zu haben.

Wichtige Aufgaben so zu verteilen, dass möglichst viele MitarbeiterInnen an ihnen mitarbeiten und einbezogen werden, wirkt sich motivierend auf das Arbeitsklima aus. Wenn man sich dazu noch bewusstmacht, dass die Beschäftigung mit dem Wichtigen in der Regel Ruhe und Muße – also Raum – braucht, weil es sich dabei um essentielle Aufgaben und manchmal auch strategische Überlegungen und Weichenstellungen handelt, dann ist die logische Folge, dass für dringende Dinge – oder vermeintlich dringende Dinge – weniger Zeit zur Verfügung steht. Insofern ist die genaue Betrachtung und Bewertung dessen, was wirklich dringend ist und was nur dringend gemacht wird zwingend.

9.7.1 Richtig aussortieren – Priorisierung nutzen

Daraus ergibt sich auch, dass die Arbeitsplanung beide Teile berücksichtigen muss. Ein mächtiger Helfer dafür ist die Priorisierung. Eigentlich banal und auch bekannt, so ist diese Erkenntnis in der Umsetzung allerdings überhaupt nicht banal und endet nicht selten damit, dass es zu viele zu hoch priorisierte Projekte in einem Unternehmen gibt.

Hierdurch entsteht fast zwingend eine Verlangsamung der Arbeit, da sich zu viele zu hoch priorisierte Projekte gegenseitig blockieren, denn sie greifen in der Regel zu irgendeinem Zeitpunkt für eine gewisse Zeit auf die Ressourcen der gleichen Schlüsselpositionen zu.

Die richtige Kombi

Disziplinierte Priorisierung in Kombination mit maßvoller Ausnutzung der vorhandenen Ressourcen und gut funktionierenden Prozessen sind also in Wahrheit die eigentlichen Hebel, wenn es darum geht, über einen langen Zeitraum in einem Unternehmen Menschen wirklich effektiv arbeiten zu lassen.

Um die Macht der Priorisierung wirksam werden zu lassen, kann man auf das von meiner Mitautorin oben bereits beschriebene bewährte und einfache System zurückgreifen: In den jeweiligen Kategorien »wichtig« und »dringend« werden pro Projekt höchstens jeweils drei Punkte vergeben. Es empfiehlt sich, diese Arbeit im (Management-)Team gemeinsam durchzuführen, da so Diskussionen entstehen, die den Blick aller für das Wesentliche schärfen.

Priorisierung in vier Quadranten:

1. Dringend und wichtig
2. Wichtig, aber nicht dringend
3. Dringend, aber nicht wichtig
4. Nicht dringend und nicht wichtig

Vorher sollte festgelegt worden sein, wie viele A-, B- und C-Projekte sich das Unternehmen insgesamt »leisten« kann. Wenn die Kategorie A – in der also Projekte mit den höchsten Punktzahlen zu finden sind – ernst genommen wird, dann kommt man schnell dazu, dass insbesondere in dieser Kategorie nur eine sehr überschaubare Anzahl an Projekten Platz hat.

Vorsicht ist immer dann geboten, wenn das Bauchgefühl (man denkt, dass ein Projekt besonders wichtig ist), dem gemeinsam erarbeiteten Ergebnis widerspricht und dann zu Dringlichkeitspunkten gegriffen wird, um das Projekt doch noch irgendwie höher zu stufen – gerade bei diesen Projekten sollte genau diskutiert werden, ob sie wirklich so wichtig (oder dringend) sind, oder ob das vorliegende Ergebnis vielleicht nicht doch die wahre Bedeutung widerspiegelt. Und wenn das so ist, heißt es: Loslassen!

9.7.2 Wer loslässt, hat die Hände frei für etwas anderes

Wer die befreiende Wirkung von ehrlicher Priorisierung und die Auswirkung auf die (geringere) Belastung und (höhere) Effektivität seiner Mitarbeiter schon einmal erlebt hat, der wird immer wieder auf dieses einfache Mittel zurückgreifen.

Gute Führungskräfte spüren, wann der Bogen der Belastbarkeit bei ihren MitarbeiterInnen überspannt zu werden droht, wenn sie nicht durch die MitarbeiterInnen selbst darauf hingewiesen werden. Als ManagerIn hat man spätestens an diesem Punkt Möglichkeiten und die Pflicht der Gestaltung, um eine Entlastung herbeizuführen.

Letztlich ist es kein Geheimnis, dass durch Überbeanspruchung Erschöpfung entsteht und dadurch u. a. lange Krankheitsausfälle riskiert werden.

9.8 Entlastung anstelle von Druck

Anstatt im Management über Entlastung nachzudenken, geschieht allerdings häufig das Gegenteil: Es wird darüber nachgedacht, wie aus den vorhandenen Ressourcen noch mehr herausgeholt werden kann, diese also noch mehr *be-* als *ent*lastet werden können.

Der Zwang zur stetigen Steigerung ist eine Auswirkung des ständigen Strebens nach Machbarkeit – eine Folge des *Machbarkeitsparadigmas*. Die andauernde Pflicht, das sogenannte Optimum erreichen zu müssen, führt in der Arbeitswelt nicht selten zu überzogener Effizienzsteigerung und Standardisierung. Dabei fragt man sich: Ist es nicht eigentlich vollkommen widersinnig, dass die Menschheit maschinelle Automatisierung erfunden und beherrschen gelernt hat und dabei trotzdem selbst immer noch stärker unter Druck gerät?

Wir erhöhen ständig den Druck. Aber erzielen wir wirklich so das Optimum? Und was ist eigentlich das Optimum? Schließlich müssen wir uns »unterm Strich« Gedanken darüber machen, was wir wirklich wollen: Wie wollen wir unser Leben verbringen? Wie wollen wir uns während und am Ende eines Arbeitstages fühlen? Was wollen wir als Gesellschaft »schaffen« – im Sinne von bewerkstelligen, aber auch von erschaffen?

Was wäre, wenn wir nicht ständig der Steigerung der Arbeitsproduktivität nachgehen würden, wenn wir bewusst Pausen machen und genießen und sie anderen gönnen, anstatt sie wegfallen zu lassen? Ruhe entstehen lassen und dadurch zufriedener arbeiten? Von vornherein nur mäßigen Druck aufbauen, damit dieser sich nicht kostenintensive Ventile in Form von beispielsweise Krankheiten sucht? Wenn wir es dürften, es uns erlaubten, ja, es selbstverständlich fänden, weil es salonfähig oder *cool* wäre – aber weil es vor allem sinnvoll ist.

Wenn Arbeitszufriedenheit in Unternehmen ein genauso wichtiger KPI wie Wirtschaftlichkeit wäre, wäre das nicht ein Schritt hin zum eigentlichen »Optimum« im Sinne einer ganzheitlichen Qualität?

10 Balance ist Führungsthema

Cristina Barth Frazzetta

10.1 »Zwei Seelen wohnen, ach, in meiner Brust«

Goethes berühmtes Zitat aus dem »Faust« umschreibt, vereinfacht gesagt, die Zerrissenheit eines Menschen zwischen zwei Polen: dem Ergreifen einer sofortigen, sehr irdischen Befriedigung und dem Streben nach einer langfristig erreichbaren, höheren Zufriedenheit. Ähnlich verhält es sich oft mit dem in diesem Kapitel beschriebenen Konflikt der Führungskraft: Soll ich den Druck aufgrund des Arbeitsprogramms noch weiter erhöhen, obwohl ich weiß, dass meine Leute am Limit sind, denn dann habe ich wenigstens »von oben« Ruhe (Vorstand, Aufsichtsrat, Shareholder), oder soll ich nach oben mühsame Diskussionen führen und Widerstand leisten, um für meine Leute Entlastungen zu erreichen?

In einem solchen Fall können im Coaching Klärungstools benutzt werden, die schnell den kontroversen inneren Dialog sichtbar und handhabbar machen. Eines dieser Tools ist das sogenannte »Innere Team« von Prof. Friedemann Schulz von Thun, Kommunikationswissenschaftler. Ich nenne es in der Anwendung allerdings zunächst den »Inneren Mobbing-Schauplatz«, denn bevor wir uns mit unseren unterschiedlichen Anteilen auseinandersetzen, streiten diese eher miteinander als dass sie wie ein gutes Team zusammenarbeiten. Dennoch wird Schulz von Thuns Kommunikationsmodell »Inneres Team« genannt, weil die dabei sichtbar werdenden verschiedenen Anteile meist positive Absichten im Hinblick auf das zu erreichende Ziel verfolgen. Ohne eine Reflexion, wie sie etwa im Coaching geschieht, arbeiten diese Anteile jedoch in der Regel nicht integriert und ergänzend.

Wenn der Zweifel tödliche Folgen hat
Wieder einmal kann uns ein extremes Beispiel zur Erklärung dienen:

Stellen Sie sich vor, Sie müssten als Helfer in einer Katastrophensituation mit vielen Verletzten die sogenannte Triage durchführen – sie sollten also entscheiden, wer vor Ort behandelt werden kann (leicht verletzt), wer ins Krankenhaus muss (schwerer verletzt) und wer ohne Behandlung da bleiben muss (so schwer verletzt, dass es kaum sinnvoll erscheint, noch Maßnahmen zu ergreifen und dafür einen Behandlungsplatz zu besetzen).

Vermutlich hören Sie sofort mehrere Argumentationspositionen in Ihrem Inneren. Sicher meldet sich die vernünftige Stimme, die sagt »Reiß Dich zusammen! Das muss so sein, sonst muss noch jemand sterben, der eine Chance auf ein langes, gesundes Leben hätte.«. Zeitgleich hebt jedoch wahrscheinlich die ethische Stimme an und sagt, »Das kannst Du doch nicht machen! So eine Entscheidung darfst Du nicht fällen, hältst Du Dich für Gott? Jedes Menschenleben ist erhaltenswert.«. Vielleicht kommt dann auch noch der Held auf die innere Bühne: »Das schaffst Du – Du musst sie alle retten – irgendeinen Weg gibt es immer!«. Sie merken, wenn wir vor einem Ambivalenz-Konflikt stehen oder gar einem klassischen Dilemma begegnen, entsteht innere Wirrnis, die man nur dadurch mindern kann, dass man die Argumente jedes einzelnen inneren Mitspielers ernst nimmt, um dann einen guten Kompromiss oder Klarheit trotz aller Zweifel zu finden. Im Fall der Triage kann das bedeuten, dass zwar nur die Stimme der Vernunft Recht bekommt, denn es muss einfach sein, um so viele Menschen wie möglich zu retten.

Nach dieser Anerkennung kann aber noch entschieden werden, ob die betreffende Person die Funktion selbst ausführen muss, weil es niemand anderer tun kann oder ob es einen Kompromiss geben kann, nämlich dass es jemanden gibt, der das besser kann, während die betreffende Person selbst z.B. besser Traumatisierte betreuen kann.

Selbstbewusst entscheiden …
Kommen wir zurück zur deutlich weniger dramatischen Eingangsfrage, mit der sich viele Manager konfrontiert sehen: »Noch mehr Effizienz erzwingen, obwohl es schon keinerlei Redundanzen mehr gibt … oder Bedenken äußern und eventuell unangenehme Diskussionen führen müssen?«.

Vorausgesetzt der betreffenden Führungskraft ist das Wohl der MitarbeiterInnen im Team wichtig, gerät auch sie hier in einen Ambivalenz-Konflikt. Wenn man sich jedoch eine Ambivalenz nicht wirklich bewusst macht, wird man eventuell von den inneren Anteilen gesteuert, die kurzfristige Entlastung fordern, ohne den langfristigen Schaden zu beachten. Ähnlich wie bei der Triage gilt es aber mitunter, den aktuell unbequemeren Weg zu gehen, um ein höheres Ziel zu bedienen. Ob das notwendig ist, kann nur von Fall zu Fall entschieden werden, was aber voraussetzt, dass man sich der Ambivalenz stellt.

Im konkreten Fall (»Noch mehr Effizienz erzwingen oder schwierige Diskussionen führen müssen«) bedeutet das, sich zu fragen, ob es vielleicht eine ängstliche innere Stimme gibt, die einem um der eigenen Karriere willen von weiteren Diskussionen abrät. Erst dann kann man sich weiter fragen, ob dies überhaupt der Karriere schaden kann und wenn ja, welchen Schaden die Verleugnung der eigenen Sichtweise auf lange Sicht anrichtet – beim Team, aber auch bei einem selbst.

Nebenbei bemerkt gibt es auch die umgekehrte Richtung, nämlich, dass man es nicht wagt, vom Team mehr zu fordern, obwohl dies möglich wäre, weil man fürchtet, sich dann unbeliebt zu machen. Das kommt unter Führungskräften meiner Erfahrung nach zwar etwas seltener vor als der erste Fall, aber wenn die Führungskraft z.B. aus dem Team aufgestiegen ist, also zuvor ein Peer der Teammitglieder war, oder wenn es sich um ein Experten- oder Projekt-Team mit seniorigen Mitarbeitern handelt, gibt es diese Situation durchaus.

Auch in diesem Fall gelten leicht abgewandelt die beiden Fragen: Wie realistisch ist diese Befürchtung? Und wenn sie realistisch ist, welcher Schaden entsteht langfristig für das Unternehmen, wenn ich meine Sichtweise verleugne? Das hört sich sehr einfach an, tatsächlich ist es das allerdings nicht, denn es gilt erstens unter dem Druck dieser Situation überhaupt zu bemerken, dass man Gefahr läuft zu kurzsichtig zu handeln und dann gilt es ja eventuell auch noch, die besagten unbequemen Diskussionen klug zu führen. Wie kann man sich also zunächst selbst auf die Spur kommen?

Der Körper als Resonanzboden

Das Interessante ist, dass unser Körper in vielen komplexen Situationen, die wir nicht bewusst für uns klären (seien sie positiv oder negativ) oder nicht klären können, deutliche Signale sendet. Wenn wir diese Signale beachten, dann haben wir die Chance, die zu klärenden Fragen ins Bewusstsein zu heben und sie dann so zu lösen, wie es für uns selbst stimmig und zugleich der Situation angemessen ist.

Im Fall eines Ambivalenz-Konfliktes mit einer als bedrohlich empfundenen Komponente entsteht beispielsweise meist das berühmte »mulmige Gefühl«: Man fühlt sich unwohl mit der Lösung, obwohl sie doch die einfachere zu sein scheint.

Oft entsteht dieses Gefühl, weil man gerade im Begriff ist, gegen die eigenen Werte zu handeln. Der Körper signalisiert dann quasi: »Pass auf! Ich weiß nicht, ob Du Dir dann noch im Spiegel in die Augen schauen kannst ...«.

10.1.1 Realität anerkennen

Ein Coaching zielt in solchen Situationen darauf ab, der Führungskraft zu ermöglichen, einen Schritt aus der Situation heraus zu treten, diese von außen zu betrachten und sich zu fragen: »Wie wohl fühle ich mich mit der Anforderung? Wie passt sie zu meiner Einschätzung der Situation? Wie passt die geplante Umsetzung zu meinen Werten?«.

Meist beginnt diese Reflexion mit einer Rückmeldung von mir, die ich »Resonanz-Rückmeldung« nenne. Ich achte im Allgemeinen beim Zuhören genau auf plötzlich auftretende Empfindungen, denn diese haben oft weniger mit mir als mit der vom Klienten geschilderten Situation zu tun, also mit Resonanz. Diese Methode ist insbesondere dann nützlich, wenn ein Sachverhalt betont unemotional nüchtern dargestellt wird, was gerade bei ungeklärten Ambivalenz-Situationen nicht selten vorkommt. Sätze wie »Geht ja nicht anders.« oder »Das muss eben sein.« oder »Da hat *man* ja keine Wahl.« oder »Es wurde so entschieden.« machen mich hellhörig. Wenn ich dann ein »mulmiges Gefühl« in der Magengegend habe, schildere ich es und frage, ob es etwas mit dem zu tun haben kann, was wir gerade besprechen, weil es vorher nicht da war. Nicht selten schildern die KlientInnen dann auf einmal ihre Ambivalenz und wir können beginnen diese zu bearbeiten.

Manchmal rege ich danach zu einer kleinen Imagination an: »Wenn ich mir vorstelle, dass ich meinem Vorstand sagen möchte, dass ich keine weitere Möglichkeit zur Effizienzsteigerung sehe …«. Wenn die Führungskraft einen Moment wahrgenommen hat, was diese Vorstellung in ihr auslöst, arbeite ich manchmal mit einem vorgegebenen »Inneren Team«, dem sogenannten »inneren Führungsteam«[25] weiter. Dieses Modell entstand aus der Beobachtung heraus, dass im Hinblick auf Führungsthemen immer die gleichen Mitspieler auf die innere Bühne treten, denn als Führungskraft hat man automatisch verschiedene Rollen inne, deren Perspektiven jedoch durchaus widersprüchlich sein können.

Selbstreflexion

Praktische Selbstklärung bei Ambivalenz-Konflikten:*
»Wie ich die Situation sehe aus der Perspektive des …«
… **Unternehmers**, der den wirtschaftlichen Erfolg und die materiellen Interessen des Unternehmens im Blick behalten muss, der Leistung fordert und beurteilt.
… **Experten**, der sinnvolle Arbeitsabläufe und die Qualität der Ergebnisse gewährleisten muss, der Mitarbeiter fachlich einschätzen und voranbringen muss.
… (**Team-)Coachs**, der für Kooperation und Motivation des ganzen Teams und jedes einzelnen Mitarbeiters sorgen muss und dafür verantwortlich ist, dass Arbeitsbelastungen und Entwicklungschancen gerecht verteilt sind.
… **selbst betroffenen Menschen**, mit meinen persönlichen Wünschen, Werten und Interessen
*Inneres Führungsteam nach Fischer-Epe

Ich habe festgestellt, dass eine solche Klärung meist schon ausreicht, um mit guten Argumenten und durch Überzeugung gestärkt in eine entsprechende Auseinandersetzung

25 Fischer-Epe, M. (2017): Coaching Tools III. In: Rauen, C. (Hrsg.): Manager Seminare, Edition Training aktuell. Bonn 2017, S. 136

gehen zu können. In dem beschriebenen Konfliktfall bringt dieser gezielte Perspektivenwechsel vermutlich zutage, dass nur der »innere« Unternehmer einige Pro-Argumente hat. Allerdings ist es sogar möglich, dass die betreffende Person auch in ihrem unternehmerischen Denken eher langfristig-strategisch orientiert ist und durch diese Methode erkennt, dass sie sich klar gegen weitere Rationalisierungen positionieren möchte.

Hier möchte ich betonen, dass wir nicht von einer Anleitung zum »Harakiri« sprechen, sondern lediglich vom ersten Schritt zur Wahrnehmung eigener Gestaltungsspielräume: dem Schritt der inneren Klärung.

10.2 Das Netzwerk weben

Das weitere Vorgehen in der Realität der Arbeitssituation muss im Anschluss klug geplant und diplomatisch durchgeführt werden. Wichtig ist dabei die Einbeziehung anderer Stakeholder und Entscheider. Es gilt informelle Gespräche zu führen und zwar sowohl mit denjenigen, die die Sache vielleicht ähnlich sehen, als auch mit Gegnern der eigenen Einstellung, also den Befürwortern der zusätzlichen Effizienzsteigerung!

Wir überlegen uns dann sehr genau, wie die einzelnen Personen auf die Gegenargumente reagieren werden. Ich sage bewusst »werden« und nicht »könnten«, weil der Klient die Akteure im Unternehmen meist sehr genau kennt und daher mehr oder weniger weiß, wie die Antwort lauten wird. So können wir planen, wie die betreffende Person überzeugt werden kann, welche ihrer Argumente und Einstellungen unbedingt respektiert werden müssen, ohne dass der Klient sein Anliegen aufgibt.

Glaubenssätze sind Einbahnstraßen im Gehirn

Meine Erfahrung zeigt, dass viele, insbesondere weibliche Führungskräfte, denen es vor allem um die ihnen anvertrauten Menschen und um die Qualität in der Sache geht, Diplomatie- und Taktikthemen für unproduktive Zeitverschwendung halten. Um eine derartige Überzeugung zu untermauern, wird dieser wichtige Aspekt der Mitgestaltung deshalb dann mit negativen Begriffen wie »Karrierist«, »Seilschaft«, »Machtsicherungsaktivitäten« und so weiter belegt.

Hierbei handelt es sich aber wieder um einen schlauen Trick unserer Psyche, die uns unbedingt bei unseren Grundüberzeugungen und den daraus entstandenen Erfolgsstrategien (die uns immerhin bis hierher gebracht haben) halten will. Indem wir uns also nur Negativbeispiele eines anders gearteten Verhaltens anschauen, können wir schließlich getrost bei unserem Verhalten bleiben und brauchen nichts Neues auszuprobieren. Das ist dann aber ein Verharren in der Komfortzone.

Hier ist dann tatsächlich die Arbeit an den eigenen tiefen, meist biographisch begründeten Grundüberzeugungen unumgänglich. Und das selbst dann, wenn diese durchweg positiv sind, denn jedes – auch ein gutes – Verhalten braucht einen Gegenpol, sonst führt es unweigerlich in eine Sackgasse! Dazu später noch mehr.

10.2.1 Intrige und Diplomatie – zwei ungleiche Schwestern

Neutral betrachtet haben das gezielte Netzwerken und das diplomatische Taktieren nämlich für sich genommen nichts mit sinistren oder egoistischen Zielen zu tun, sondern können genauso nützlich für einen guten Zweck sein. Diese Aktivitäten können mit dem, wie wir alle wissen, unerlässlichen Schmieren eines Getriebes verglichen werden. Es nützt bekanntlich gar nichts, wenn die komplizierte Mechanik zwar hervorragend gebaut ist, sodass die Zahnräder wunderbar ineinandergreifen könnten, aber leider vergessen wird, zusätzlich eine gewisse Menge Öl einzubringen. Geschieht dies nicht, so gibt es Reibungsverlust, ja Stillstand, obwohl es ja mit der Konstruktion an sich nichts zu tun hat …

Claudia James

10.3 Netzwerken mit Diversität

Als Führungskraft ist ein gutes Netzwerk nicht nur hilfreich, sondern aus meiner Sicht unerlässlich. Nicht nur die Arbeitserfordernisse gebieten eine gute Zusammenarbeit mit Führungskräften anderer Bereiche, sondern auch die persönliche Notwendigkeit nach gegenseitiger Unterstützung und gegenseitigem Austausch.

Spätestens wenn man MitstreiterInnen für ein bestimmtes Thema braucht, kommt man an einem guten Netzwerk nicht vorbei. Offen um Unterstützung für bestimmte Situationen zu bitten (z. B. für eine Vorstandssitzung, in der man ein kritisches Thema ansprechen möchte), ist dabei essentiell und fällt meiner Beobachtung nach Frauen schwerer als Männern, für die diese Art der gegenseitigen Unterstützung – so scheint es mir – normaler ist.

Je »diverser« das eigene Netzwerk gestaltet ist – also je unterschiedlicher die »Typen« sind, mit denen man sich regelmäßig austauscht – desto ausgewogener und nützlicher ist das Netz, denn unterschiedliche Sichtweisen öffnen nicht nur den eigenen Horizont, sondern bieten gerade in kritischen Situationen die Gelegenheit, aus unterschiedlichen Perspektiven über Lösungen und Unterstützung nachzudenken.

Das Gleiche gilt für die Diversität in einem Unternehmen: Vorausgesetzt man teilt gewisse notwendige und verabredete Grundwerte, ist es also schon im Recruitment-Prozess wichtig, eine möglichst diverse Auswahl an MitarbeiterInnen zu treffen.

Cristina Barth Frazzetta

10.4 Selbstreflexion und echte Neugier

Eine brillante Führungspersönlichkeit in einem international agierenden Konzern, mit deren Team ich mehrfach gearbeitet habe, sagte mir einmal: »Meine Mitarbeiterauswahl ist ganz einfach: Wenn mir ein Ausnahmetalent begegnet, bei dem auch noch das Werte-Mindset stimmt, dann kaufe ich es auf jeden Fall ein – dafür muss ich dann eventuell sogar den passenden Job schaffen. Für einen bestehenden Job suche ich allerdings nach dem passenden Mitarbeiterprofil und das kann völlig von meinen Fähigkeiten und Herangehensweisen abweichen – nicht jedoch vom bei uns geltenden Werte-Mindset …«.

Sein Team war hochmotiviert und wir konnten entsprechend an den jährlichen Team-Tagen vertrauensvoll und effektiv arbeiten: und zwar sowohl an faktischen, strategisch-innovativen als auch an weichen Themen.

Um in der von dieser Führungskraft beschriebenen Weise die Individualität anderer Menschen zu erkennen und wertzuschätzen, muss eine Führungskraft zu allererst die eigene Individualität mit ihren Besonderheiten und den daraus resultierenden Stärken und Limitierungen erkennen.

10.4.1 Ohne Fremdbild geht es nicht

Das ist nicht ganz einfach, denn es erfordert einen distanzierten Blick auf das eigene Ich, der uns selbst naturgemäß schwerfällt. Wir können ihn häufig erst durch die Augen anderer erlangen, indem wir uns Feedback einholen oder uns gezielt Reflexionsfragen stellen (lassen). Wenn wir uns der eigenen Individualität, unserer Besonderheiten jedoch nicht bewusst sind, neigen wir dazu, uns geradezu reflexhaft von unseren eigenen Mustern steuern zu lassen und uns folglich nur mit ähnlich gearteten Menschen zu umgeben, die unsere Wahrnehmungsmuster bestätigen. Das ist dann zwar für alle Beteiligten angenehm und bequem, allerdings wenig innovationsfördernd, weil die notwendige kritisch-hinterfragende Reibung durch die Impulse andersdenkender Menschen fehlt. Wir alle kennen solche geklonten Teams, die auch oft eine Neigung zum cliquenhaften Verhalten haben.

»Wer bin ich und wenn ja, wie viele?«[26]
Echte integrative Zusammenarbeit basiert hingegen auf der Gemeinsamkeit des Wertegerüstes, auf dessen Basis die bestmöglichen Ergebnisse gerade durch die Unterschiedlichkeit der Fähigkeiten und Herangehensweisen entstehen.

INTERESSANT ZU WISSEN

Laut einer Kienbaumstudie aus den 90er Jahren ist »Ergänzendes Aufeinanderzugehen« der größte Erfolgsfaktor (wirtschaftlich) hervorragender Teams*
Wie viel gelebte Diversität gibt es in meinem Team?
Und wie gut gelingt die Integration von …

- Gender
- Kulturen/Nationen
- Persönlichkeitstypen
- persönlichen Zielen/Lebenssituationen

… auf einer Skala von Null (keine Diversität vorhanden) bis zehn (vielseitige Diversität und konstruktive Nutzung)?

* Rolf Berth: Erfolg, Econ 1995

Wenn ein Coaching also den Ausbau von Sozialkompetenz einer Führungskraft unterstützen soll, beginnt es folglich mit einer ausführlichen Selbstreflexion, denn wer die Besonderheit der eigenen Persönlichkeit erkennt, wird auch für die Besonderheit anderer sensibilisiert und lernt diese schätzen. Selbstreflexion ist zudem auch die Voraussetzung, um für sich selbst ein Veränderungs- oder Entwicklungsvorhaben definieren zu können und dies gezielt in Angriff nehmen zu können.

Zur Veranschaulichung arbeiten wir in den ersten Sitzungen mit diversen Typeinschätzungen via Fragebogen und analysieren prägende persönliche Glaubenssätze sowie daraus resultierende Grundhaltungen.

Um generelle interaktive Abläufe vereinfacht nachvollziehbar zu machen, kommen strukturierende Erklärungs- und Kommunikations-Modelle zum Einsatz. Schließlich werden gemeinsam konkrete Zusammenarbeits- und Führungssituationen rekapituliert, um daran herauszufinden, welche anders gearteten Einstellungen und Herangehensweisen Vorgesetzte, Kollegen und Kolleginnen, MitarbeiterInnen oder Kunden haben könnten.

26 Buchtitel von Precht, R. D. (2009): Wer bin ich – und wenn ja wie viele? Eine philosophische Reise. München 2009

In gewisser Weise ist ein solches Führungs-Coaching also ein verdichteter Psychologie-Lehrgang mit nützlichen Einsichten und Methoden für einen konstruktiven Umgang mit sich selbst und anderen.

10.5 Wir wissen mehr als wir denken

Mitunter locke ich den Coachee auch auf das Gebiet der Phantasie, denn mit unserer synthetischen Gehirnhälfte erfassen wir Informationen als Ganzes, sie werden dort mit unfassbarer Geschwindigkeit simultan verarbeitet, während unsere rechte, analytische Hirnhälfte sequenziell arbeitet und daher vergleichsweise langsam ist. Wir können demnach davon ausgehen, dass uns Informationen aus der synthetischen Hirnhälfte (beim Rechtshänder die rechte) schon eine kleine Hirnewigkeit vor der analytisch-logischen Schlussfolgerung zur Verfügung stehen und diese womöglich beeinflussen.

Diese Informationen äußern sich in Bildern, Emotionen und Stimmungen, die im Hinblick auf einen von außen kommenden Reiz/Impuls , überspitzt gesagt, alle Erfahrungen des Menschen und der »Menschheit« verdichten.

Phantasieabfragen sind daher kein »Kinderspaß«, sondern eine Methode zur Externalisierung der synthetischen Informationsauswertung, um sie dann bewusst in die rationale Entscheidung einbeziehen oder auch verwerfen zu können. Fragen nach Metaphern und Gleichnissen für eine konkrete Situation, zu Tierbildern und Archetypen für Personen oder auch die Aufstellung einer Konstellation mit Gegenständen, die die empfundene Position der an einer Situation Beteiligten zueinander (und womöglich sogar zusätzlicher abstrakter Komponenten wie »die Motivation«, »die Kundenorientierung«) abbildet, können im Einzel-Coaching diesen Reflexions-Zweck erfüllen.

10.6 Empathie als Kompass

Dies sind nur einige Beispiele dafür, wie die Empathie-Kompetenz, also die Fähigkeit, sich in andere hineinzuversetzen, gestärkt werden kann. Das alles geschieht natürlich nicht zum Selbstzweck, sondern weil heute die Komplexität von Aufgaben und Strukturen den klugen Einsatz aller vorhandenen menschlichen Ressourcen im Sinne einer ergänzenden Zusammenarbeit und die Nutzung aller vorhandenen Unterschiede notwendig macht. Ohne die Kompetenz der Empathie kann eine Führungskraft nicht dafür sorgen, dass die vielerorts nur noch virtuelle Zusammenarbeit in wechselnden Projekt-Teams trotz typbedingter und zusätzlich interkultureller Verschiedenheit der Beteiligten im oben geschilderten Sinne erfolgreich verläuft.

Ein weiterer guter Grund Empathie-Kompetenz aufzubauen, ist die Schonung der menschlichen Ressourcen: Sie erzeugt ein Gespür für den typbedingt passenden Einsatz und das konditionsbedingt richtige Maß der Anforderung an eine Person.

Es ist bekannt, dass sowohl Unter- als auch Überforderung zu Demotivation und schließlich zu Krankheit führen kann. Und dass hingegen die richtige Balance zwischen vorhandenen Fähigkeiten und Anforderungen zu großer Arbeitszufriedenheit führt – dabei soll die Anforderung durchaus leicht über dem Fähigkeits-Niveau liegen, damit sie zur Herausforderung wird, ohne jedoch exzessiven Stress auszulösen. Auf diese Weise wird die Weiterentwicklung angeregt und die betreffende Person hat Erfolgserlebnisse, die sie mit Stolz erfüllen. Ohne die Kompetenz der Empathie kann die Führungskraft jedoch die indirekten Demotivationsanzeichen in der einen oder anderen Richtung nicht erkennen und somit auch nicht rechtzeitig drohender Erschöpfung entgegenwirken.

Claudia James

10.7 Fordern und fördern – nicht über- oder unterfordern

In einem innerbetrieblichen Mentoringprogramm hatte ich eine junge Führungskraft als Mentee welche sich eines Tages mit folgender Problemstellung an mich wandte: Eine ihrer Mitarbeiterinnen fühlte sich sehr schnell überfordert und geriet bei neuen Aufgabenstellungen, neuen Themengebieten oder ungewohnten Arbeitsabläufen regelrecht in Panik, was dazu geführt hatte, dass ihr über eine lange Zeit nur noch Routineaufgaben zugeteilt wurden. Dies wiederum hatte zwei unerwünschte Auswirkungen: Zum einen wurde ihr eigentliches Potential nicht ausgeschöpft und zum anderen fühlte sie sich mittlerweile unterfordert und gelangweilt durch ihre Arbeit. Eine auf den ersten Blick absurde Situation, die es zu lösen galt.

Ich riet meinem Mentee zunächst, eine anspruchsvollere Aufgabe zu suchen, von der sie der Meinung war, dass ihre Mitarbeiterin diese »gerade so« bewältigen könne – oder anders gesagt: die neue Aufgabe sollte zwar den Fähigkeiten der Mitarbeiterin entsprechen, diese aber gewissermaßen dazu zwingen, sich weiterzuentwickeln.

Nachdem die Wahl getroffen war, schlug ich ihr vor, für eine gewisse Zeit einen 14-tägigen, kurzen Jour fixe mit ihrer Mitarbeiterin einzurichten, der nicht länger als 30 Minuten dauern sollte. In diesem erläuterte die junge Führungskraft ihrer Mitarbeiterin nicht nur ihre neue Aufgabe, sondern bot ihr auch an, sie für eine gewisse Zeit regelmäßig mittels der kurzen Meetings zu begleiten und ihr bei Schwierigkeiten zu helfen bzw. gemeinsam nach Lösungen zu suchen.

Das Konzept ging auf: Die Mitarbeiterin fühlte sich durch die angebotene »Starthilfe« sicherer und geriet nicht in Panik, auch wenn die Sitzungen anfangs für ihre Vorgesetzte mitunter sehr anstrengend waren. Der Aufwand lohnte sich dennoch, denn die neue Aufgabe schöpfte nicht nur das Potential der Mitarbeiterin besser aus, sondern führte nach ungefähr einem Jahr dazu, dass diese ihr neues Aufgabenfeld sogar selbstständig weiter ausbaute. Die »Begleitsitzungen« wurden nach ca. drei Monaten überflüssig und später nie wieder in der Regelmäßigkeit benötigt.

Ein paar Jahre später erlebte ich die besagte Mitarbeiterin auf einer Vertriebstagung mit einem Vortrag aus ihrem mittlerweile erweiterten Themengebiet und war erstaunt und erfreut, mit welcher Souveränität diese auftrat und welchen Spaß sie offensichtlich dabei hatte. Ein sehr schönes Erlebnis, welches unter anderem auch dadurch ermöglicht worden war, dass es eine regelmäßige und sehr offene Kommunikation zwischen der Vorgesetzten und ihrer Mitarbeiterin gegeben hatte.

Cristina Barth Frazzetta

10.8 »Wo gelacht wird, sind noch Kapazitäten frei«

Das ist einer dieser Sätze, die zwar scheinbar lustig gemeint daher gesagt werden, die aber dort, wo sie – meist von schallendem Gelächter des Sprechenden selbst gefolgt – ausgesprochen werden, oft etwas über die offenen oder heimlichen Regeln der Firmenkultur besagen.

Im genannten Fall richtet er die Aufmerksamkeit auf Effizienzsteigerung statt auf Wohlbefinden und in der Tat nannte ihn mir eine junge Managerin in ironischem Tonfall im Zusammenhang mit einem Bericht über die Zunahme der Burn-out-Fälle in ihrem direkten Umfeld und den geringen Möglichkeiten, die sie sah, dieser Entwicklung entgegenzusteuern.

Tatsächlich ist Lachen jedoch selten Ausdruck von zu wenig Auslastung, denn auch Langeweile ist ja keineswegs zum Lachen, sondern führt erstaunlicherweise zu ganz ähnlichen Symptomen wie die Überforderung. Beide verursachen negativen Stress und erzeugen Wertlosigkeitsgefühle. Und nicht nur die psychologischen, sondern auch die physiologischen Symptome wie Schlafstörungen, mangelnde Situationsanpassung der Herzfrequenz, Hormonlage und vieles mehr sind bei Burn-out und Boreout ähnlich.

Echtes Lachen hingegen ist ein Ausdruck von Motivation, von Dynamik und von Angst-Freiheit. Der Glücksforscher Mihály Csíkszentmihályi, emeritierter Psychologie-Professor der University of Chicago, etablierte für das totale Aufgehen in einer Tätigkeit den Begriff »Flow«. Es handelt sich dabei um einen auf angenehme Weise als zeitlos empfundenen und zugleich äußerst produktiven Zustand. Mihály Csíkszentmihályi entwickelte ein Modell, das die Voraussetzungen für dieses Phänomen erklärt. In einem Diagramm stellt er den Zusammenhang zwischen Anforderung und Fähigkeiten im Hinblick auf ein angestrebtes Ziel dar. Nur in dem Bereich, in dem beide Faktoren gleichermaßen ausgeprägt sind, stellt sich das energiegeladene Flow-Gefühl ein.[27]

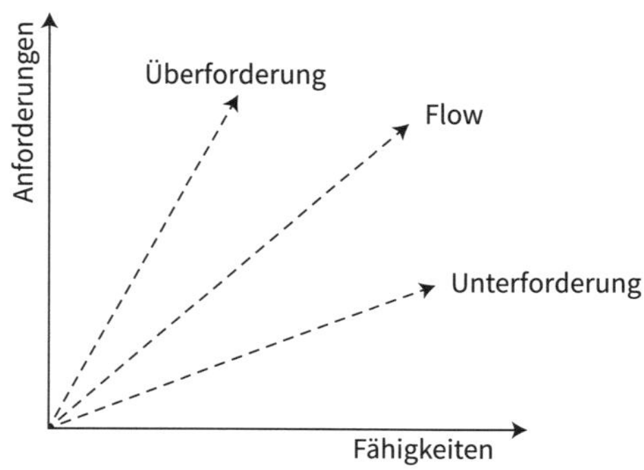

Diagramm zum Flow zwischen Über- und Unterforderung:
Stress, Überforderung und Angst liegen oberhalb der Überforderungs-Linie. Langeweile, Unterforderung und Routine liegen unterhalb der Unterforderungs-Linie. Der Flow liegt dazwischen, und wenn Fähigkeiten und Anforderungen zusammen steigen, wird der Bereich des Flows größer. Der Flow ist also wie ein sich ausdehnender Strahl zwischen den beiden anderen Linien, und nicht allein die Flow-Linie.

Abb. 1: Flow-Modell nach M. Csikszentmihályi (Quelle: A. Burzik: *Üben im Flow.* In: U. Mahlert (Hrsg.): *Handbuch Üben.* Wiesbaden 2006, S. 266)

Studien an Musikern während einer Performance[27] zeigen, dass ihr Gehirn dabei im Alphawellen-Modus arbeitet, wodurch es besonders leistungs- und aufnahmefähig wird. Außerdem werden unterschiedlichste Hirnregionen zu stärkerer Zusammenarbeit angeregt. Die Musiker selbst beschreiben diesen Zustand als totales Flow-Gefühl.

27 Greve, G. (2016): Organizational Flow. Der leichte Weg zur Höchstleistungsorganisation. https://www.flowskills.com/neurobiologie-und-flow.html. Abrufdatum 24.3.2019

Obwohl all dies zum Teil schon seit etwa 20 Jahren bekannt ist, scheint es bis heute nicht als dezidierte Führungsaufgabe zu gelten, diese einfachste Art der Leistungssteigerung zu nutzen und Mitarbeiter genau in diesem Bereich zu halten.

Mir sind allerdings auch immer wieder Führungskräfte begegnet, die ganz intuitiv darauf achteten, ihre Mitarbeiter im Sinne des Flow-Modells zu entwickeln, indem sie Herausforderungen schaffen, ohne jedoch Überforderung zu riskieren. Diese Führungskräfte haben hochmotivierte, loyale Teams und überdurchschnittlich viele ihrer Mitarbeiter haben Erfolg auf ihrem Karriereweg.

Ich erinnere mich besonders an einen Top-Manager, den ich kennenlernte, weil er sich Gedanken um eine sehr talentierte Mitarbeiterin machte, die er gern direkt in eine verantwortungsvolle Position befördern wollte, obgleich sie dazu fast ein bisschen zu jung war, respektive in ein Team reiferer Peers aufsteigen würde. Da sie trotz ihrer Kompetenz, die sie für die Position qualifizierte, persönlich unsicher war und zu zaghaft in der Durchsetzung ihrer Sichtweisen, suchte er einen passenden Coach zur Entwicklung ihrer Persönlichkeit. Er sorgte so dafür, dass die notwendige Herausforderung – denn er hatte erkannt, dass die aktuelle Position bereits zur inhaltlichen Unterforderung geworden war – nicht zur mentalen Überforderung wurde. Schon bald erfuhr ich, wie sehr dieser Vorgesetzte geschätzt wurde, ja beliebt war.

Aus seiner Mitarbeiterschaft waren schon einige der Abteilungsleiter und Direktoren des Unternehmens hervorgegangen. Als er einige Zeit später das Unternehmen für einen Vorstandsposten verließ, flossen tatsächlich Tränen.

Meine damalige Klientin ist – auch für diese Position sehr jung – inzwischen Geschäftsführerin eines Unternehmens geworden. Auch sie führt ihre Mitarbeiter unter Berücksichtigung der individuellen Voraussetzungen, sodass die MitarbeiterInnen persönliche Höchstleistungen erbringen können.

10.9 Die Klaviatur der Führungsstile

Dem oben beschriebenen Top-Manager ist es gelungen, meine Klientin im Flow zu halten, indem er ihr eine entsprechende Weiterbildungs-Maßnahme, nämlich ein Coaching, für die mentale Seite der neuen Herausforderung ermöglichte. Dieser mentale Anteil bestand im geschilderten Fall aus einem Mangel an Lebenserfahrung und Reife.

Ein Thema, das unter Umständen tiefer in den Bereich der Psychologie führt und in dem sich eine Person eventuell auch zu persönlichen Ängsten äußern können muss, sodass hier der Radius der direkten Führungsverantwortung überschritten würde. Hier bestand die Führungsverantwortung darin, dies zu erkennen und die flankierende Maßnahme zu ermöglichen. In anderen Fällen kann es aber sein, dass es vielmehr darum geht, den eigenen Führungsstil anzupassen. Vor Kurzem ist mir genau so ein Fall begegnet.

Unwillig oder nur noch unfähig?
Eine Führungskraft hatte eine hochqualifizierte junge Frau von einem Beratungsinstitut abgeworben, weil deren Expertise für anstehende Projekte als sehr wertvoll erachtet wurde. Diese verstand sich während ihrer vorangegangenen Beratungstätigkeit in der Abteilung meines Klienten auch gut mit dem Team, sodass alle damit einverstanden waren, dass sie nun das Team ergänzen sollte.

Aufgrund ihrer Expertise bekam die neue Mitarbeiterin für bestimmte Aufgaben gleich umfassende Verantwortung übertragen, was sie auch erfreut und engagiert annahm. Es kamen aber in einigen Bereichen nicht die erwarteten Ergebnisse und bei diesbezüglichen Rückfragen gab sie ausweichende Antworten, die zu begründen schienen, weshalb es noch nicht soweit sei.

In anderen Bereichen kamen zwar Ergebnisse, aber die passten nicht zu den Erfordernissen. Außerdem fiel meinem Klienten auf, dass sie sich wenig ins Team integrierte und eher sogar etwas abschottete. Er überlegte, ob er die Probezeit zur unkomplizierten Kündigung nutzen solle, da sie offenbar charakterlich doch nicht so recht passe, denn sie sei offenbar unkooperativ.

Ich fragte meinen Klienten, ob er sicher sei, dass die neue Mitarbeiterin in der Lage sei, die Aufgaben, die er ihr übertragen hatte, zu meistern. Er war über meine Frage erstaunt und sagte: »Na, das steht doch außer Frage, schließlich ist sie ja die Expertin auf dem Gebiet.« Ich äußerte die Hypothese, dass das Verhalten, so wie er es beschreibe, möglicherweise auf (fachliche) Unsicherheit hindeute und nicht auf den Unwillen zur Kooperation.

Mein Klient fand das, wie er sagte, »einleuchtend« und wir vereinbarten, diese Annahme versuchsweise zur Grundlage für den Umgang mit der Mitarbeiterin zu machen. Er beschloss, mit ihr zunächst ein Gespräch auf der Meta-Ebene zu führen, also nicht ihre Lösungsansätze und Ergebnisse, sondern ihr für ihn verwunderliches Verhalten zum Thema zu machen. Er baute ihr dabei die Brücke so respektvoll und einfühlsam, dass der Damm schnell brach und sie eingestand, dass weniger die Analyse der Inhalte als deren Operationalisierung für sie schwierig seien und dass es ihr auch nicht leicht falle, ihren Platz im Team zu finden.

Grund dafür war, dass sie sich zwar in der Materie auskannte, aber im Bereich Anwendung und Team-Zusammenarbeit kein übertragbares Wissen mitbrachte, weil sie nach der Universität von einem renommierten Consulting-Unternehmen von vornherein als Beraterin eingesetzt worden war. Sie war also in Bezug auf Anwendung und Team eine Anfängerin, was aufgrund ihres großen Fachwissens nicht leicht zu erkennen war.

Anfänger müssen bekanntlich an die Hand genommen werden und so vereinbarten mein Klient und seine Mitarbeiterin, dass die restliche Probezeit als Lernphase genutzt werden solle, während derer er sehr klare Ansagen zu Vorgehensweisen bei der Operationalisierung machen werde. Sie vereinbarten auch, dass er sich dabei anschauen werde, wie schnell sie dabei lernt und Schlüsse zur selbstständigen Lösung weiterer Aufgaben zieht. Für den Teil der Team-Integration suchte er mit der Mitarbeiterin ein anderes Teammitglied aus, dem für die kommenden Monate eine »Patenschaft« übertragen wurde. Mein Klient hat auf diese Weise das Potenzial der neuen Mitarbeiterin erfolgreich gehoben und Entlassung und Neu-Rekrutierung vermieden.

10.9.1 Flexibel variieren können

In diesem Beispiel hat die Führungskraft für eine gewisse Zeit einen »direktiven«, vielleicht auch schon einen »trainierenden« Führungsstil angewendet. Direktiv muss der Führungsstil immer dann sein, wenn sich eine Person noch im Stadium »unbewussten Nichtwissens« befindet. Kleine Kinder, aber auch frisch gebackene Universitätsabsolventen sind typische Beispiele. Sie sind zwar begeistert und wollen unbedingt loslegen, aber wir wissen, dass man sie nicht einfach laufen lassen kann, dass sie vielmehr noch engmaschige Anleitung und Vorgaben brauchen.

Wie wir im vorigen Beispiel gesehen haben, fangen sogar Menschen, die schon auf einem Fachgebiet Spezialisten sind, bei einem Jobwechsel wieder in diesem Stadium des unbewussten Nichtwissens an. Sie freuen sich auf die neue Aufgabe, denken auch von sich, dass sie ihr ganz sicher gewachsen sind. Plötzlich aber sehen sie sich mit ihnen vollkommen unbekannten Komponenten konfrontiert, die sie berücksichtigen müssen, um der Aufgabe gerecht zu werden. Sie landen so ziemlich hart im Stadium des »bewussten Nichtwissens«, das sehr frustrierend ist und sich im Falle von Experten auch oft nicht mit dem eigenen Selbstbild vereinen lässt, weshalb trotz sinkender Begeisterung oft keine Hilfe von außen gesucht wird. Hier ist trainieren und motivieren nötig, sofern man die Person nicht verlieren will. Studienabgänger geben hier möglicherweise auf und Experten werden wieder entlassen, weil sie »enttäuschen« – selbst Kinder bleiben möglicherweise nicht am Ausbau eines eigentlich vorhandenen Talentes dran, wenn man ihnen keine Hoffnung darauf macht, dass sie die notwendigen Fertigkeiten lernen können und erste Erfolge anerkennt.

Leider ist aber auch das noch nicht das gesamte Spektrum an Führungsstilen, das es braucht, um einen Mitarbeiter zu entwickeln. Wenn Mitarbeiter nämlich ausreichend trainiert sind, dann sind sie sich Ihrer selbst deshalb noch lange nicht sicher – im Gegenteil: Angekommen im Stadium des »bewussten Wissens« beobachten sie sich, je nach Charakter mehr oder weniger, immerzu selbst. Sie kennen alle erdenklichen Szenarien, gehen sie auch alle durch und vertrauen noch nicht auf ihr eigenes Urteil. Dieser mehr oder weniger ausgeprägte Selbst-Zweifel führt zu einem Auf und Ab der Motivation. Deshalb brauchen Mitarbeiter hier die Möglichkeit, sich auszutauschen und zu vergewissern und vor allem die Ermutigung, wenn nicht sogar den Schubs ins Tun.

Ich erinnere mich an eine Situation als ich mich selbst in diesem Stadium befand. Mein chirurgischer Chef, ein brillanter Operateur, blieb während der kritischen Phase einer OP dabei, aber schon da schritt er nicht ein, sondern ließ mich handeln. Sobald diese Phase gemeistert war, verließ er den OP-Tisch mit den Worten: »Das können Sie jetzt auch ganz allein ...«. Das macht zwar ein bisschen nervös, aber auch sehr stolz und baut letztlich die erforderliche Sicherheit auf, die es braucht, um im Stadium des »unbewussten Wissens« anzukommen.

Erst in diesem Stadium erledigen die Mitarbeiter ihre Aufgaben sozusagen mit Links, sodass sie ihnen voll überlassen werden können. Sie sind gleichbleibend motiviert und engagiert und brauchen die Führungskraft nur noch als Sparring. Diese muss nun eigentlich nur noch darauf achten, wann sie für eine neue Herausforderung sorgen muss, um den Flow aufrecht zu erhalten.

INTERESSANT ZU WISSEN

Situativ führen – Faktoren, die die Wahl des Führungsstils beeinflussen

Unternehmens-/Abteilungs-Situation:*

- Veränderung → »Visionär«
- Potenzial-Entwicklung → »Coachend«
- Zusammenhalt unter den Mitarbeitern → »Gefühlsorientiert«
- Wissen heben, Commitment erzeugen → »Demokratisch«
- Projekte mit Deadline, Höchstleistung abrufen → »fordernd«
- Krise → »Befehlend«

Mitarbeiter-Situation:

Entwicklungsstadium**

- Direktiv
- Trainierend

- Sekundierend
- Delegierend

Situativ führen – Faktoren, die die Ausprägung des Führungsstils beeinflussen
Persönlichkeit des Mitarbeiters:
a) Typologie***
- z.B. MBTI
- Stress-Typ/Glaubenssätze

b) Lebenssituation
Persönlichkeit der Führungskraft:
- Stichwort »Authentizität«

* vgl. auch Goleman, D. (1995): Emotionale Intelligenz. 19. Aufl., München 2006
** vgl. auch Hersey, P./Blanchard, K. (1982): Management of organizational behaviour. Leading Human Resources. 10. Aufl., London 2015
*** vgl. auch Briggs Myers, I./Myers, P. B. (1995): Gifts Differing: Understanding Personality Type. Mountain View, CA 1995

Claudia James

10.10 Weiterentwicklung – ein stetiger Fluss

MitarbeiterInnen eines Unternehmens haben meiner Erfahrung nach häufig eine hohe Motivation, sich im Rahmen ihrer Möglichkeiten zu entwickeln. Umgekehrt hat es mich immer wieder gewundert, dass meiner Beobachtung nach die Bereitschaft von Vorgesetzten, diesem Bedürfnis ihrer MitarbeiterInnen nachzugehen, sehr begrenzt ist. Zwar werden diese Themen in den alljährlichen Mitarbeitergesprächen durchgesprochen, die Umsetzungsquote der geäußerten Wünsche oder anderer passender Maßnahmen, auf die man sich gemeinsam einigt, war in vielen Fällen jedoch gering. Eine meiner Vermutungen ist, dass die damit verbundenen Kosten gescheut werden und auch der Aufwand. Denn anders ist ein solches Verhalten nicht zu erklären. Man könnte die Verhinderung von Mitarbeiter-Entwicklung als geschäftsschädigend bezeichnen – wird auf diese Weise der Firma doch besser ausgebildetes Personal vorenthalten.

Ein weiterer Grund warum Vorgesetzte ihre MitarbeiterInnen nicht weiter entwickeln, ist vielleicht die Angst, ihre eigenen Teammitglieder könnten sie überflügeln. Diese Vermutung speist sich aus meiner Beobachtung, dass ManagerInnen nicht selten und fast reflexartig ihren MitarbeiterInnen wichtiges Wissen vorenthalten, um sich selbst dadurch eine vermeintlich bessere Position zu sichern oder zu erhalten. Darunter sind häufig auch für den Geschäftsablauf relevante Informationen.

Letztendlich wird durch dieses Verhalten jedoch der Arbeitsfluss der eigenen Abteilung und die Zusammenarbeit mit anderen Geschäftseinheiten gestört und es entstehen genau besehen nur Nachteile – eine lose-lose Situation.

Obwohl die Weiterentwicklung der eigenen MitarbeiterInnen Arbeit bedeutet und natürlich die »Gefahr« besteht, dass diese Fähigkeiten entwickeln, die die ihrer Vorgesetzten übersteigen (was zu hoffen ist), überwiegen die Vorteile bei Weitem, um nur einige zu nennen:

- Das Wissen und die Fähigkeiten in der Abteilung bzw. Firma steigen.
- Die Fortgebildeten fühlen sich wertgeschätzt.
- Die Motivation wird unterstützt.
- Vorgesetzte werden durch gut gebildete MitarbeiterInnen entlastet.
- Der gesamte Arbeitsbereich wird durch gute Ergebnisse ebenfalls mehr wertgeschätzt, weil er erfolgreicher ist.

Wenn alles richtig läuft und alle Beteiligten sich einig sind, dann hört die Weiterentwicklung von MitarbeiterInnen eigentlich nie auf – dann ist alles im Fluss.

10.10.1 Der Mix macht's

Nach langjähriger eigener Führungspraxis bekam ich eines Tages einen Mitarbeiter, dessen pragmatische Fähigkeiten und Umsetzungsgeschwindigkeit mich jedes Mal wieder in Staunen versetzten. Manchmal war es wie Zauberei – ich übertrug ihm eine Aufgabe und nach erstaunlich kurzer Zeit erhielt ich die jeweiligen Arbeitsergebnisse in einer Form, die ich scherzhaft jeweils als »eins mit Sternchen« betitelte. Auch organisatorisch und strukturell erwies sich dieser Mitarbeiter als außerordentlich talentiert und aufnahmefähig. Er war aus einer anderen Abteilung zu mir gekommen und hatte dort lange Zeit auf Sachbearbeiter-Ebene gearbeitet. Die Geschwindigkeit und Qualität seiner Arbeitsergebnisse zeigten mir allerdings, dass hier noch Einiges an Potential schlummerte und ich überlegte, wie ich ihn entwickeln konnte, damit sein Potential besser zur Geltung kommt. Es gab nur ein Problem: Sein Umgangston – insbesondere der schriftliche in E-Mails – war, um es selbst umgangssprachlich auszudrücken, oft sehr flapsig. Ich hatte das Gefühl, dass es für diesen Mitarbeiter keinen Unterschied machte, ob er mit der Geschäftsführerin eines Unternehmens oder mit einem »Kumpel« korrespondierte. Der Ton war derselbe. Das Gleiche war über seinen Kleidungsstil zu sagen. Obwohl im Unternehmen keine Anzugs- oder Krawattenpflicht herrschte, gab es doch ein paar einfache Regeln, die die Kleiderordnung betrafen.

Vielleicht waren diese beiden »Handicaps« auch der Grund, warum der Mitarbeiter in der vorherigen Abteilung keine weitere Beachtung und Entwicklung erfahren hatte, obwohl seine Fähigkeiten dies eigentlich verdient hätten. Mehrere erklärende Gespräche meinerseits mit ihm hatten keinen merklichen Einfluss und ich hatte das Gefühl, dass ich offenbar nicht in der Lage war, ihm nachhaltig zu vermitteln, welcher Geschäftston und welcher Kleidungsstil angemessen sind – und besagter Mitarbeiter vermittelte mir seinerseits, dass er meine Informationen nicht einordnen konnte. Mit anderen Worten: Er brauchte genauere und konkretere Hilfestellungen, die jedoch meine Rolle als Vorgesetzte deutlich überschritten – schließlich konnte und wollte ich nicht in seine tägliche Kleiderwahl eingreifen oder seine E-Mails vor dem Abschicken Korrektur lesen.

Ich griff also zur bewährten Kombination aus Fördern und Fordern: Ich stellte ihm die Leitung eines Teams in Aussicht unter der Voraussetzung, dass er vorher einen Knigge-Kurs mit dem Schwerpunkt Kleidungsstil und Umgangston im geschäftlichen Umfeld besucht. Ein großes und namhaftes Hotel in unserer Stadt bot regelmäßig solche Kurse an. Gesagt getan: Der Mitarbeiter ließ sich auf dieses Angebot ein, suchte sich das passende Angebot selbst heraus und besuchte daraufhin gleich zwei aufeinander aufbauende Kurse – mit dem Erfolg, dass er danach, was seine Umgangsformen betraf, unbedenklich auf der Teamleiter-Ebene eingesetzt werden konnte. Ich hielt meinerseits mein Versprechen und gab ihm zunächst ein Team von drei MitarbeiterInnen.

Diese Aufgabe motivierte ihn sehr und er erfüllte sie mit viel Engagement. Es zeigte sich jedoch bald, dass die Thematik »vom Kollegen zum Chef« ebenfalls Beachtung brauchte – denn die psychologische Herausforderung für alle Beteiligten ist bei einer solchen Konstellation nicht zu unterschätzen. Nach ca. 6 Monaten Teamführung schickte ich ihn deshalb in einen Fortbildungskurs mit dieser Thematik und konnte danach beobachten, wie hervorragend sich mein Mitarbeiter mit seinem Team entwickelte und wie viel Spaß an und bei der Arbeit dort entstand.

Alles in allem hatte der Mitarbeiter zwar eine Reihe von Maßnahmen erhalten, die sich jedoch über die Jahre mehr als auszahlten. Nach nur einem Jahr erweiterte ich sein Team und band ihn nach und nach in weitere Management-Aufgaben ein. Das angeführte Beispiel zeigt auch, dass die Entwicklung von MitarbeiterInnen nicht nur fachliche Kompetenzen umfasst. Im Gegenteil: Sogenannte weiche Faktoren, die der Persönlichkeitsbildung dienen, sind mitunter sogar wichtiger. Auch dieses zu erkennen und zu fördern, ist eine echte Managementaufgabe.

10.10.2 Man sieht sich mindestens zwei Mal im Leben

Die reflexartige Reaktion von ManagerInnen, Wissen und Informationen zu horten und die Scheu, eigene MitarbeiterInnen zu entwickeln habe ich weiter oben schon angesprochen. Ein dritter Grund, warum es diese Erscheinung gibt – zusätzlich zur Arbeitsvermeidung und der Angst, von den eigenen MitarbeiterInnen überflügelt zu werden – ist sicher auch die Sorge, MitarbeiterInnen könnten die eigene Business Unit verlassen, wenn sie »zu gut« werden. Diese Sorge ist sicher nicht ganz unberechtigt. Andererseits stellt sich die Frage, was mit den MitarbeiterInnen passiert, wenn sie auf der Stelle treten. Motivation und Spaß an der Arbeit wird dadurch sicher nicht gefördert – und die Leistungsfähigkeit im eigenen Bereich dadurch eben auch nicht.

Ein Beispiel mag dies verdeutlichen: Ein befreundeter Manager hatte eine junge Teamassistentin, welche noch unentschlossen war, welchen beruflichen Weg sie gehen sollte. Nach der Schule hatte sie eine kaufmännische Ausbildung absolviert und begonnen, im Unternehmen auf Assistenzebene zu arbeiten. Ihre Unentschlossenheit legte sich auch nach zwei Jahren nicht. Da der Manager am eigenen Leib erfahren hatte, wie wichtig es ist, Ermutigung und Förderung zu erfahren, riet er der Assistentin, sich über berufsbegleitende Studiengänge zu informieren. Denn die Teamassistentin war intelligent, strukturiert und sehr teamfähig.

Nach ein paar Monaten begann sie tatsächlich ein berufsbegleitendes Wirtschafts- und Management-Studium, welches sie erfolgreich nach ein paar Jahren abschloss. Danach war sie naturgemäß überqualifiziert für ihre bis dahin ausgefüllte Stelle und mein befreundeter Manager verlor eine sehr gute und engagierte Assistentin.

Durch die gemeinsame Planung war der Wechsel auf einen anderen Job jedoch vorhersehbar und er konnte ihr eine andere Stelle in seiner Business Unit anbieten. In einigen Fällen mag so eine Förderung auch anders ausgehen und die geförderte Person verlässt das Unternehmen. Das mag sich dann so anfühlen als hätte man umsonst investiert. Man vergisst dabei jedoch, dass man zumindest für die Zeit der Ausbildung bzw. Förderung eine engagierte und motivierte Arbeitskraft hatte, von deren Fortbildung man auch schon in dieser Zeit profitierte.

10.10.3 Die eigene Unit als Marke

Über die Jahre stellt sich naturgemäß eine gewisse Wahrnehmung der eigenen »Unit« im Rest des Unternehmens ein. Der Führungsstil der Leitung ist dabei ein maßgebender Faktor, denn die eigenen MitarbeiterInnen kommunizieren und handeln dementsprechend. Hat man diesen Mechanismus im Blick und führt so, dass die eigene Einheit und der eigene Führungsstil einen guten Ruf im Unternehmen haben, ist gewährleistet, dass man nie zu knapp an guten MitarbeiterInnen ist. Denn: Ist bekannt, dass in einem Bereich gut geführt, gefordert und gefördert wird, erhält die Führung dieses Bereichs immer wieder Anfragen von MitarbeiterInnen aus dem gesamten Unternehmen, ob es nicht irgendeine Möglichkeit gibt, dort »unterzukommen«. Diese Erfahrung habe ich in den Jahren häufig genug gemacht, sodass keine »Verlustängste« mehr aufkamen, wenn ich MitarbeiterInnen über die Grenzen meines eigenen Bereichs hinaus entwickelte und diese dann gingen. Im Gegenteil: Ich konnte mich mit Ihnen über ihre neuen Chancen freuen.

10.10.4 Heterogenität wird belohnt

Je unterschiedlicher ein Team zusammengesetzt ist, desto anstrengender sind manchmal Diskussionen und die Konsensfindung. Im überwiegenden Fall zeigt die Erfahrung jedoch, dass unterschiedliche Perspektiven den Wert von Lösungen und Entscheidungen viel höher werden lassen. Schon allein aus Gründen der Risikominimierung sollte man Heterogenität empfehlen, weil aus unterschiedlichen Perspektiven deutlich mehr zu bedenkende Punkte angemerkt werden, als aus einer homogenen, d.h. zu einseitigen Perspektive.

Mir persönlich hat es ganz abgesehen davon auch viel mehr Spaß gemacht, in und mit Teams zu arbeiten, die aus möglichst unterschiedlichen Persönlichkeitstypen zusammengesetzt sind. Als Führungskraft kommt einem hier die vornehmliche Aufgabe der Moderation zu und je besser diese gelingt, desto friedlicher und kreativer ist die Stimmung im Team.

11 Kommunikation bedeutet Verbindung aufnehmen

Claudia James

11.1 Moderation und Kommunikation – ein starkes Paar

Zusätzlich zu einer gelungenen Moderation unterschiedlicher Meinungen und Herangehensweisen in einem Team ist eine möglichst transparente Kommunikation auf Augenhöhe wesentlich für ruhiges Fahrwasser und eine gewisse Souveränität der eigenen MitarbeiterInnen. Denn: Fühlen sich diese gut und ausreichend informiert, dann sorgt dies für ein ruhiges inneres Gefühl und es wird wenig Zeit dafür verschwendet, um über Vermutungen oder Gerüchte zu sprechen.

Ich kenne kaum etwas Lähmenderes für den Arbeitsfluss eines Unternehmens, als wenn MitarbeiterInnen nicht ausreichend informiert und im Unklaren gelassen werden. Das zeigt sich immer wieder in Umstrukturierungsprozessen oder wirtschaftlich schwierigen Zeiten von Unternehmen. Die Zeit, die auf »Flurgesprächen« verbracht wird ist dann erheblich und die unsichere Arbeitsatmosphäre zieht sich schnell durch das gesamte Unternehmen und ergreift Abteilung nach Abteilung. Aber: Wird ein Bereich gut informiert – so viel wie möglich und so viel wie nötig – dann kann man sehr gut beobachten, dass in diesem Bereich weiterhin gearbeitet wird, als sei »gar nichts los«.

Sich Zeit nehmen für Kommunikation

Gerade in unsicheren Zeiten sind kurze und kurzzeitig angesetzte Info-Runden Gold wert, beispielsweise an einem Montagmorgen, bevor der Büroalltag voll beginnt, um den Wochenverlauf informativ vorweg zu nehmen und sein Team im möglichen Rahmen darauf vorzubereiten. Ist es sinnvoll, dass ein Team Ruhe und Zeit bekommt, um bestimmte Informationen zu »verdauen«, bietet sich der Freitagnachmittag an.

Das Vertrauen, welches man durch größtmögliche Transparenz in seiner eigenen Mannschaft gewinnt, wird mit Sicherheit nicht enttäuscht. Gleichzeitig führt eine gute Information der MitarbeiterInnen zu einer hohen Widerstandsfähigkeit, denn Ihr »Alarmsystem« wird dadurch gewissermaßen befriedet.

11.2 Der Zauber offener Türen

Die Ansprechbarkeit von Vorgesetzten ist wichtig – nicht nur in unsicheren Zeiten, sondern immer. Geschlossene Türen mit vielleicht noch Vorzimmer und Sekretariat sind hingegen Barrieren, die von MitarbeiterInnen überwunden werden müssen, wenn sie mit demjenigen sprechen möchten, der hinter der geschlossenen Tür sitzt.

Wird diese jedoch grundsätzlich offengelassen und nur bei vertraulichen Tätigkeiten (Telefonate, Sitzungen …) oder ausgenommener Konzentration erfordernder Tätigkeiten geschlossen und begleitend dazu kommuniziert, dass man generell als Führungskraft ansprechbar ist, wird dieses Angebot meiner Erfahrung nach gerne angenommen. Dadurch entsteht eine gewisse »Durchlässigkeit«, die zum Gefühl der Wertschätzung beiträgt.

Cristina Barth Frazzetta

11.3 Der größte Irrtum hinsichtlich der Kommunikation ist die Annahme, sie habe stattgefunden …

Vor Kurzem habe ich einen Projektleiter mit einer Reihe von Schatten-Coaching-Sitzungen während seiner internationalen Telefonkonferenzen begleitet. Bei einem Schattencoaching ist der Coach in der realen Situation dabei, die dann anschließend aufgearbeitet wird. Hauptthema in diesem Fall war: Wie »ticken« die einzelnen Projektmitglieder? Was hören wir aus ihren Stimmen (Tonlage, Modulation, Festigkeit) und ihrer Wortwahl? Was schwingt mit? Wie war der Umgang sowohl untereinander als auch mit meinem Coachee, dem Projektleiter? Außerdem überlegten wir, was seine Äußerungen und Reaktionen bei den Teammitgliedern ausgelöst haben könnten, ob dies für die Kooperation förderlich war und welche Verbesserungsmöglichkeiten es gibt.

Die Ausbeute war üppig und die Erkenntnisse der Aufarbeitung sehr wertvoll für meinen Klienten, wenngleich überaus einfach: Einfach, weil er nahezu alle von mir aufgegriffenen Punkte selbst wahrgenommen hatte – wertvoll, weil er diese Wahrnehmungen bislang beiseitegeschoben und für nicht business-relevant erklärt hatte.

So hatte ich z.B. auf kulturell unterschiedliche Signale wie die kräftige Stimmlage und Vehemenz im Ausdruck bei einer polnischen Mitarbeiterin und die eher piepsige, zurückhaltend umschreibenden Anmerkungen einer Mitarbeiterin in Asien verwiesen.

Die Asiatin wurde im Laufe der Konferenz immer leiser und es war zu »spüren«, dass sie nicht einverstanden war. Vermutlich hat sie sich außerdem durch das konfrontative Auftreten der polnischen Kollegin beschämt gefühlt. Rückzug und Widerstand könnten die Folge sein, während die Polin vielleicht glaubt, sich gut durchgesetzt und positioniert zu haben. Mein Klient hatte dies zwar sehr genau bemerkt, war aber überhaupt nicht darauf eingegangen. Er hatte also die nötige Empathie, nutzte sie allerdings nicht handlungsleitend.

Er nahm sich vor, zukünftig die asiatische Mitarbeiterin häufiger nach Kommentaren ihrer Kollegin mit einer offenen Frage zu einer dezidierten Antwort »einzuladen« und danach Stille einkehren zu lassen, bis sie etwas sagt. Sollte die polnische Kollegin versuchen, diese Lücke zu füllen, wollte er sie höflich ausbremsen und ihr zwar vermitteln, dass er ihr Engagement sehr schätze, jetzt allerdings die Anmerkungen der Kollegin hören wolle. Bei unserem nächsten Treffen berichtete er, dass die Einsichten der asiatischen Kollegin sehr wertvoll gewesen seien und die polnische Kollegin darüber fast erstaunt war, aber doch sofort mitging. Die wechselseitige Wertschätzung stieg durch seine Haltungsänderung in der Folge und die Kooperation verbesserte sich.

Mein Klient hatte erkannt, dass von ihm wahrgenommene Friktionen, die durch größtenteils unausgesprochene, womöglich sogar unbewusst ausgesendete Signale der Teammitglieder ausgelöst wurden, einen nicht unwesentlichen Einfluss auf Ergebnisse haben können. Erschwerend kam hinzu, dass es sich bei den Meetings des Projektteams häufig um Telefonkonferenzen handelte, sodass keine Auflösung der jeweils kulturell spezifischen Deutung durch körpersprachliche Signale oder Mimik möglich war. Es war von da an sehr leicht, gemeinsam konstruktive und für den Klienten authentische Reaktionsmöglichkeiten zu entwerfen.

INTERESSANT ZU WISSEN

Der Eisberg der Kommunikation

Wenn die Kommunikation irgendwie »hakt« lohnt es sich, dieses einfache Modell zu Hilfe zu nehmen. Es besagt, dass es sich in der Kommunikation ähnlich verhält wie bei einem Eisberg, dessen sichtbare Spitze über Wasser nur zirka 10 % seines Gesamtvolumens ausmacht.

Der explizit diskutierte Teil ist verschwindend gering gegenüber den unausgesprochenen, implizit mitgesendeten Botschaften. So wie beim Eisberg der Unterwasseranteil der eigentlich gefährliche ist, so bestimmen die impliziten Botschaften in der Kommunikation das Ergebnis.

Explizit:

- Sache, über die gesprochen wird.

Implizit:

- Was der Sender über die *Beziehung* zum Empfänger denkt
- Was der Sender über *sich selbst* preisgibt
- Was der Sender zusätzlich oder anders vom Empfänger *erwartet* (indirekter Appell)

Fazit:
Es lohnt sich daher, die impliziten Botschaften zu beachten und ggf. zu klären bevor man am expliziten Thema weiterarbeitet.

Mitfühlen ist nicht mitleiden
Empathie bedeutet, durch Zuhören und Verstehen in Resonanz mit dem Gegenüber zu gehen, also mit ihm zu fühlen. Für die Führungskraft bedeutet Resonanz jedoch nicht einfach nur zu »fühlen«, was das Verhalten bewirkt, sondern dieses Gefühl auch als Handlungsanweisung zu nutzen: »Habe ich das Gefühl, dass sich ein Teammitglied durch das Verhalten eines anderen zurückgesetzt fühlt? Wenn ja, wie kann ich dafür sorgen, dass sich die betroffene Person wieder wertgeschätzt fühlt, ohne die andere zu maßregeln? Muss ich eventuell ein zusätzliches Einzelgespräch führen, weil ich eine unredliche Absicht vermute oder weil ich die interkulturelle Schwierigkeit auf der Metaebene ansprechen sollte?« usw.

INTERESSANT ZU WISSEN

Neurologen und Pathologen befassen sich seit vielen Jahren mit der Frage inwieweit unser intestinales Nervensystem (Darm / Eingeweide) unser Denken beeinflusst.
Michael D. Gershon, emeritierter Pathologie-Professor der Columbia University NY, beschreibt in seinen Arbeiten*, wie dieses 200 Millionen Nervenzellen große Netzwerk hochkomplexe Vorgänge steuert. Dieses, wie er es nennt, »zweite Gehirn« ist entwicklungsgeschichtlich viel älter als unser oberes Gehirn, das zentrale Nervensystem. Es ist also eigentlich das »erste« Gehirn. Über den Nervus Vagus sendet es ständig per Neurotransmittern Botschaften zu Umwelt-Eindrücken an das zentrale Nervensystem, wo sie im Hypothalamus als »Gefühle«, also als vorsprachliche Signale manifestieren.
Fazit:
Unsere Aufgabe als moderne Menschen besteht also nicht darin, diese Signale zu überhören, sondern darin, sie in Sprache zu übersetzen und dann bewusst zu entscheiden, wie wir damit weiter verfahren wollen.

* Gershon, M. D. (1998): The second Brain. New York 1998

Claudia James

11.4 Störungen gehen vor ...

Eine der wertvollsten Lektionen, die ich von meinen Vorgesetzten lernen durfte, ist das Motto: »Störungen haben Vorrang«. Was genau bedeutet diese Aussage? Durch sie wird zunächst anerkannt, dass jegliche Arbeit innerhalb einer Gruppe – sei es eine Abteilung oder eine andere Einheit innerhalb einer Firma – durch zwischenmenschliche und/oder emotionale Probleme gestört wird und dadurch nicht optimal ablaufen kann. Das Motto »Störungen zuerst« besagt deshalb nichts anderes als dass sich zu allererst um die »weichen« Faktoren bei zwischenmenschlichen Konflikten oder emotionalen Problemen, die die Arbeit betreffen, gekümmert wird, um diese zu lösen, bevor wieder an die »harte« Arbeit gegangen wird.

Gibt es Störungen und werden diese entweder durch die eigenen MitarbeiterInnen kommuniziert oder durch die Führungskraft wahrgenommen, dann ist meiner Erfahrung nach die beste Reaktion, buchstäblich alles stehen und liegen zu lassen und sich sofort um das Problem zu kümmern. Wenn keine Zeit oder Gelegenheit zur sofortigen Bearbeitung zur Verfügung steht, hat es sich bewährt, dafür sofort eine Zeit auszumachen, in der man sich gemeinsam um das Thema kümmert. Das entspannt häufig schon die Lage. Ich habe die oben geschilderte Art des Umgangs unzählige Male praktiziert und meiner Erinnerung nach kein einziges Mal negative Erfahrungen gemacht, dafür jedoch sehr viele positive. Einige davon sind:

- MitarbeiterInnen fühlen sich ernst- und wahrgenommen mit ihren Problemen.
- Offene Kommunikation führt zu einem Gefühl der Augenhöhe zwischen allen Beteiligten.
- Durch schnelles und »beherztes« Eingreifen vermeidet man, dass sich negative emotionale Stimmungen festsetzen und zu regelrechten Blockaden zwischen MitarbeiterInnen werden können.
- Man stellt so schnell wie möglich einen guten Arbeitsfluss wieder her und beugt so unnötiger Zeitverschwendung vor, die sonst z.B. für »Grabenkämpfe« benötigt wird.

Das beschriebene Vorgehen hört sich vielleicht für den einen oder anderen nach »Gefühlsduselei« an, kümmert man als sich als ManagerIn in so einem Fall doch vornehmlich um emotionale und weiche Faktoren. In Wahrheit sind diese jedoch in solchen Fällen nicht nur *dringend*, sondern für das Arbeitsklima und den Arbeitsprozess ausgesprochen *wichtig*.

Prozesse stocken in Unternehmen nicht selten dadurch, dass MitarbeiterInnen nicht gut zusammenarbeiten. Vorgesetzte sind auch dafür da, hier nach Lösungen zu suchen, denn durch gute Zusammenarbeit aller Beteiligten wird die Wirtschaftlichkeit eines

Unternehmens unterstützt. Voraussetzung für eine gute Führungsarbeit auf dieser Ebene – nennen wir sie mal die emotionale Ebene – ist allerdings, dass die Führungskraft eine empathische Art der Führung umsetzen kann.

Cristina Barth Frazzetta

11.5 Das Drama des Managers

Genau an diesem Punkt erlebe ich in vielen Coachings jedoch das, wie ich es nenne, »Drama des Managers«. Während ihrer gesamten Laufbahn sind ManagerInnen gefordert, Lösungen zu liefern, entsprechend sind sie handlungsorientiert und wollen daher stets etwas *machen* – und zwar möglichst schnell und praktikabel. Führung mit Empathie hat dagegen weniger mit »liefern« und »machen« zu tun, sondern viel mehr mit annehmen und lassen. Welch ein Widerspruch zur jahrelang trainierten Herangehensweise an die Anforderungen im Tagesgeschäft. Nun soll plötzlich aktives Zuhören zum Einsatz kommen: ein irreführender Begriff, da »aktiv« schnell uminterpretiert werden kann in »Wenn ich verstanden habe, was der andere will, kann ich wieder aktiv werden und ihm den passenden Rat geben …«. Darum geht es natürlich nicht. »Deep listening«, wie es die Amerikaner nennen, hingegen klingt für unser Verständnis dann wieder zu soft, eher nach Psychotherapie.

Was also ist genau gemeint und wie geht es? Ich führe zur besseren Erklärung mitunter ein extremes Beispiel an: Menschen, die beruflich oder privat als Problemlöser gefordert sind, tun sich besonders schwer, wenn sie mit einem Freund oder Bekannten umgehen sollen, der gerade einen geliebten Menschen verloren hat. Angesichts der Unveränderlichkeit des Todes können sie nicht auf ihre übliche Strategie (nämlich Lösungen zu generieren) zurückgreifen und fühlen sich völlig hilflos. Häufig versuchen sie deshalb der Begegnung mit dem Betroffenen ganz auszuweichen. Dabei besteht die Lösung in diesem Fall lediglich darin, da zu sein und nichts zu machen. Weniger dramatisch, aber fast ebenso schwer ist es für einen Macher, seinen MitarbeiterInnen nur zu sagen, was das Ziel ist und wann der Abgabetermin vorgesehen ist – Punkt – nichts weiter und diese dann in ihrer Art und nach ihrem Tempo machen zu lassen, ohne detailliert vorzugeben, wie es seiner eigenen Meinung nach gemacht werden soll. Ein Kontrollverlust.

In dieser extremen Form geht das natürlich auch nur, wenn es sich bei den betreffenden MitarbeiterInnen um bereits erfahrene oder gar Experten handelt. Aber selbst, wenn dies nicht der Fall ist, tut die Führungskraft gut daran, die MitarbeiterInnen nach ihrer Idee zum Vorgehen zu fragen. Denn auch, wenn die Herangehensweise durch die gemeinsame Diskussion noch einmal modifiziert wird, ist genau das eine hervorragende Möglichkeit zur ergänzenden Nutzung unterschiedlicher Fähigkeiten und langfristigen Aufrechterhaltung der Motivation.

INTERESSANT ZU WISSEN

Eine umfassende StepStone-Studie* aus dem Jahr 2012/2013 ergab, dass Unternehmen mit glücklichen Arbeitnehmern erfolgreicher sind.
Die drei obersten Glücksfaktoren von insgesamt zehn sind:

- Respektvoller Umgang miteinander
- Eine für den Mitarbeiter interessante Tätigkeit
- Ein gutes Betriebsklima

Die gerechte Vergütung landet auf Platz 10!
Wie viele Ihrer Mitarbeiter würden – von Freunden zu ihrer Tätigkeit befragt – antworten: »Ich liebe meine Arbeit.«?
*www.stepstone.de

11.5.1 W wie Wunder

Was also tun? Zum Glück gibt es ein sehr einfaches und – sofern konsequent angewandt – sicheres Wundermittel: Die offenen Fragen. Einfach sind sie deshalb, weil sie, zumindest im Deutschen, alle mit Fragewörtern beginnen, die den Anfangsbuchstaben »W« haben: Wer, wie, was, wozu, wann, welche, wie viel, wie oft, wo, weshalb, wieso. Sie alle haben eine öffnende und aktivierende Wirkung beim Gegenüber, nur ein sehr insistierendes »warum« bewirkt mitunter ein Gefühl von Verhör oder gar der Anschuldigung.

Schwierig ist dagegen das konsequente Durchführen. Es dauert lange, bis es wirklich in Fleisch und Blut übergeht, auf eine Anforderung wie »Ich komm hier nicht weiter.« oder »Da brauch ich mal eben Deine Entscheidung.« nicht mit einer Anweisung, einem Lösungsvorschlag oder der geforderten Entscheidung zu reagieren, ohne innezuhalten und sich zu fragen: »Könnte er/sie das auch selbst?« oder »Weiß ich genug über die Hintergründe?«.

Ich selbst kenne die Versuchung auch in Situationen, in denen ein Klient sagt: »Ja, das ist alles schön und gut, aber was mache ich jetzt damit?«. Ich muss mir dann förmlich auf die Zunge beißen und komme mir sogar fast ein bisschen dumm vor, wenn ich anstelle einer direkten Antwort erst einmal zurückfrage: »Was ist denn Ihre eigene Idee?«. Und doch kommt jedes Mal das bessere Ergebnis dabei heraus.

11.5.2 Das Wissen im Kopf der anderen entdecken

Echte offene Fragen führen nämlich zu einer »self discovered logic«, also einer schlüssigen Antwort, die sich die Befragten aus ihrem eigenen Erfahrungsschatz und Wissen heraus selbst geben. Vielleicht hatten sie diese Antwort vorher sogar schon »gedacht«, aber noch verworfen oder bezweifelt. Erst indem sie ausgesprochen wird, bekommt sie wirklich Gültigkeit. Und besonders wichtig ist: Da die Antwort von den Befragten selbst stammt, wird sie nicht so leicht vergessen. Darüber hinaus fühlen sie sich nicht ausgeliefert, sondern gestärkt, denn sie sitzen sozusagen selbst am Steuer.

Eine Antwort, die nicht ganz stimmig ausfällt oder einen Denkfehler erkennen lässt, kann erst dann, wenn sie ausgesprochen ist, diskutiert oder modifiziert werden. Bleibt die eigene Antwort hingegen unausgesprochen, wirkt sie erfahrungsgemäß unterschwellig weiter, sodass Vorgesetzten-Ansagen schlimmstenfalls sogar unbewusst boykottiert werden.

11.5.3 Das Schweizer Messer coachender Führung

Nicht nur bei der Lösungsfindung im Arbeitsprozess, sondern auch wenn es darum geht, Motive, Befindlichkeiten und Motivationslage des Gegenübers respektive der MitarbeiterInnen zu verstehen, sind ehrlich gestellte offene Fragen der Königsweg.

Und hier zeigt sich noch eine Herausforderung bei der Anwendung offener Fragen, denn sie sollten auf keinen Fall manipulativ-suggestiv sein, dürfen also nicht der eigenen Lösungsvorstellung folgen, sondern setzen eine Haltung der Neugier, des Gespanntseins auf das Neue, auf die Überraschung oder die andere Perspektive, die man gleich erfahren wird, voraus. Sofern eine eigene Vorstellung dem im Wege steht, ist es am besten, diese einfach zu äußern und dann die Frage zu stellen. Das kann dann ungefähr so klingen: »Ich denke über die Sache so, aber ich bin mir nicht sicher, ob Du das genauso siehst – was ist Deine Idee dazu?«.

Nach einer offenen Frage muss man eventuell erst einmal einen Moment der Stille aushalten, damit die Frage im Gegenüber wirken und durchdacht werden kann. Auch das ist etwas, was vielen Führungskräften schwerfällt, weil es nicht dem ihnen normalerweise abverlangten Tempo entspricht. Sie werden unruhig, wenn eine Antwort nicht sofort kommt, denn Stille zwischen Gesprächspartnern wird meiner Erfahrung nach von vielen ManagerInnen als ausgesprochen irritierend erlebt und zwar vor allem vom Sender.

Das heißt: Derjenige, der eine Frage stellt, fühlt sich bereits nach wenigen Sekunden aufgefordert, die empfundene Lücke zu füllen. Das Gegenüber bekommt dadurch jedoch nicht die Zeit, ungestört über die Frage nachzudenken. Üben kann man das, indem man auch in anderen Zusammenhängen nach einer Frage innerlich langsam bis fünfzehn zählt, das entspricht etwa einer viertel Minute und ist somit nicht sehr lang, auch wenn es sich wie eine kleine Ewigkeit anfühlt. Man geht damit kein Risiko ein, denn das Gegenüber ist ja erwachsen und würde nachfragen, wenn es etwas nicht verstanden hätte. Das beunruhigende Gefühl entsteht vielmehr, weil bis dahin bewährtes und von der Umwelt belohntes Verhalten nicht zur Anwendung kommen darf. Aber nur, wenn wir etwas Neues ausprobieren, machen wir auch neue Erfahrungen ...

Man kann also sagen, dass Unvoreingenommenheit in Verbindung mit offenen Fragen und Geduld das wichtigste Tool Set bilden, wenn es um Mobilisierung und Erhaltung der Ressource Mensch durch die Führungskraft geht. Das ist auch, kurz zusammengefasst, das ganze Geheimnis einer coachenden Führung, wie sie heute häufig gefordert wird.

Claudia James

11.6 Gesprächsführung mit offenen Fragen: Wertschätzung für MitarbeiterInnen

Meine in der Rückschau wohl herausforderndste Führungsaufgabe ergab sich in der Führung einer Mitarbeiterin, die mir fachlich unendlich überlegen und dadurch außergewöhnlich wertvoll für die Ergebnisse meiner Abteilung war, jedoch durch ihre persönliche Struktur immer wieder in einem Blockademuster feststeckte, sobald sie das Gefühl hatte, dass zu viel Druck auf sie ausgeübt wurde oder sie manipuliert werden sollte. Da ihr persönliches Muster sehr klare, aber auch in gewisser Hinsicht radikale Grenzen setzte und ich andererseits auf ihre brillanten Ergebnisse nicht verzichten wollte, musste ich einen Weg finden, um die richtige »Passung« der Führung zu finden – eine immer wieder neu zu gestaltende Herausforderung.

Denn ich wollte ihrer Persönlichkeit einerseits gerecht werden und andererseits hatte ich als Leiterin der Abteilung dafür zu sorgen, dass wir unsere zugesagten Arbeitsergebnisse einhielten. Außerdem musste ich im Hinblick auf die anderen Abteilungsmitglieder sicherstellen, dass ein gewisser Rahmen, der für alle gleichermaßen gilt, eingehalten wurde und es nicht zu Sonderbehandlungen der besagten Mitarbeiterin kam, die die anderen Teammitglieder als ungerecht empfinden würden. Ein echter Spagat.

Als einziges und sehr wirksames Führungsmittel erwies sich in dieser Konstellation das aufmerksame Hören der Antworten, die ich von der Mitarbeiterin auf offen gestellte Fragen erhielt und durch das Aushalten von Stille. Konkret hieß das, dass ich in unseren Gesprächen das Tempo verlangsamte und erst einmal darauf wartete, was auf meine Fragen zurückkam. Eine solche Frage konnte beispielsweise lauten: »Wie Du weißt, benötigt die Vertriebsmannschaft in Land ›X‹ unsere Unterstützung und hat bei uns angefragt, ob wir ›Projekt Y‹ für sie umsetzen können. Was hältst Du von der Idee?«. Als Antwort konnte dabei durchaus kommen: »Ich finde, dass das Projekt in der Form totaler Schwachsinn ist.«

In solchen Momenten nahm ich mir ebenfalls Zeit, zu reagieren. Ich antwortete also gerade nicht mit einem Gegenargument, sondern wiederum mit einer weiteren offenen Frage, wie z.B.: »Was daran ist für Dich totaler Schwachsinn?« und nach einer weiteren Antwort: »Was würdest Du an dem Projekt verändern, damit es für Dich kein Schwachsinn mehr wäre?«.

Die Art der offenen Fragen orientierte sich naturgemäß an dem Gesprächsverlauf und den jeweiligen Antworten der Mitarbeiterin, aber auch an den Abteilungszielen, die ich im Hintergrund mitdachte. Selbstverständlich verlief so ein Gespräch nicht ausschließlich mittels offen gestellter Fragen, sondern in einer Mischung aus eben diesen und wiederkehrenden Hinweisen auf das zu erreichende Ziel. Und das so lange, bis die Richtung schlussendlich für beide annehmbar und klar war.

Wir haben dadurch unsere gemeinsam erarbeiteten und sehr ambitionierten Pläne in der Gesamtheit nicht nur erfüllt, sondern häufig sogar übertroffen, da sich durch die Technik der offenen Fragen nicht nur Barrieren lösen ließen, sondern sich auch durch das Aushalten von Stille und die Offenheit im Umgang mitunter ganz unerwartete Ideen ergaben, die dann in der Folge sogar zu besseren Ergebnissen führten.

Das hier geschilderte Beispiel zeigt, wie mittels offener Fragen und Zuhörens ein Konsens in schwierigen Situationen erzielt werden kann, sodass beide am Gespräch Beteiligten gemeinsam eine Lösung erarbeiten. Der Fragensteller gibt zwar die Richtung vor, lässt aber genug Zeit und Raum für Veränderungen und Ideen des anderen.

12 Vertrauen – Delegieren – Fehler minimieren

Claudia James

12.1 Freiheiten gewähren = Risiken eingehen?

Schaut man in die Firmenrealität heutiger Unternehmen, wird man häufig sehen, dass Führungskräfte den Drang haben, zu kontrollieren. Mir scheint hier ein großes Missverständnis vorzuliegen, welches Kontrolle mit Führung verwechselt. Meine Beobachtung dazu ist, dass diese Art der »Führung« unnötig viel Arbeit für alle Beteiligten macht. Denn einerseits benötigt das Kontrollieren von MitarbeiterInnen eine Menge Zeit der Vorgesetzten und andererseits verschwenden auch die Mitarbeiter unnötige Zeit mit dem Darstellen und Rechtfertigen von Arbeitsergebnissen.

Führung bedeutet in diesem Zusammenhang für mich viel mehr das Leiten von Arbeitsaufwänden, Ressourcen und Fähigkeiten der MitarbeiterInnen in die richtigen Bahnen und dann auch deren Begleitung. Kommt es bei dieser Aufgabe zu den unvermeidlichen Engpässen, die in Unternehmen immer entstehen, dann lohnt sich meiner Erfahrung nach das Eingehen von (vermeintlichen) Risiken.

Dazu das Beispiel eines Managers, der mir vor Kurzem Folgendes erzählte: »Wenn ich bemerke, dass persönliche Belastbarkeitsgrenzen meiner Mitarbeiter erreicht werden, stelle ich ihnen absolut frei, selbst Prioritäten in ihrer täglichen Arbeit zu setzen. Das heißt im Klartext, dass ich sie frage, in welche Projekte sie ihre volle oder geteilte Kapazität zum jetzigen Zeitpunkt geben möchten, wohl wissend, dass diese in mehreren Projekten gebraucht wird. Das absolut verblüffende Ergebnis dieser Vorgehensweise: die Mitarbeiter treffen praktisch immer die richtige Wahl!«

Auf meine Frage, was für ihn die »richtige Wahl« bedeutet, antwortete er: »Die richtige Wahl ist in dem Sinne zu verstehen, dass das Augenmerk der MitarbeiterInnen auf die Erreichung der Teamziele gerichtet ist und dadurch per se eine hohe Loyalität im Team besteht. Wird ein Mitarbeiter vor die Wahl gestellt, wohin er seine Kapazität lenken möchte dann geschieht das eigentlich immer in die Richtung der Aufgaben, die für das Teamziel wichtig sind. Durch dieses Vorgehen stelle ich sicher, dass unsere geschäftsrelevanten Ergebnisse erreicht werden. Andere ebenfalls angemeldete Ziele, die allerdings in der Priorität weiter unten angesiedelt sind, melde ich in der Folge ohne viel Gegenwehr in der Vorstandsebene ab. Ein erstaunlicher Nebeneffekt dieser Vorgehensweise ist übrigens auch, dass sich manchmal ungeahnte Luft ergibt, da durch die Konzentration auf das Wesentliche offenbar ein besserer Arbeitsfluss entsteht.«

Dieses Beispiel verdeutlicht, dass Eigenverantwortlichkeit von MitarbeiterInnen – vorausgesetzt die persönlichen und gemeinsamen Ziele sind jedem klar – kein Risiko für Vorgesetzte darstellt, sondern im Gegenteil eine Entlastung. Aus meiner Sicht wäre es für Führungskräfte in heutigen Konzernen wichtiger, ihre Zeit anstelle in die Kontrolle von MitarbeiterInnen in das Erlernen und Anwenden von vertrauensbasierter Zusammenarbeit zu investieren. Wenn nach dem Prinzip *management by exception* agiert wird, dann ist sichergestellt, dass die Führung relevante Abweichungen oder Änderungen erfährt, um ihrer Führungsrolle gerecht werden zu können.

Cristina Barth Frazzetta

12.2 Vertrauenskultur ist die Basis eines guten Risikomanagements

Mit dieser Überschrift möchte ich auf die Frage »Freiheiten gewähren = Risiken eingehen?«, die meine Mitautorin weiter oben stellte, eingehen. Die Behauptung »Vertrauenskultur ist die Basis eines guten Risikomanagements« mag Ihnen vielleicht gewagt erscheinen. Ich werde deshalb anhand zweier ganz persönlicher Beispiele veranschaulichen, was ich damit meine.

Als ganz junge Ärztin war ich oft in schwierigen Situationen – eigentlich muss man sagen zu früh – ganz auf mich allein gestellt. Mir sind in dieser Phase einige Anfänger-Fehler unterlaufen, wie sie auch den Youngstern in Wirtschafts-Organisationen passieren. Diese stoßen im Allgemeinen persönliches Lernen an und erhöhen die eigene Wachsamkeit. Sie sind daher eher nützlich.

Ich habe aber auch Fehler gemacht, die beinahe wirklichen Schaden angerichtet hätten. Aus diesen habe ich selbstverständlich auch gelernt – mir ist etwas Vergleichbares danach nie wieder passiert und ich habe es auch bis heute nicht vergessen.

Umfassend nützlich sind solche Fehler allerdings nur dann, wenn sie im System erkannt und aufgefangen werden, sodass das System als Ganzes sich verbessert. Geschieht dies nicht, können sie jemand anderem ebenfalls unterlaufen und dann womöglich schlimmere Konsequenzen haben. Insbesondere für diese Art der Gefahren-Fehler-Prävention braucht es eine lernende Organisation und dafür wiederum eine Vertrauenskultur. Aber lassen Sie mich zunächst ganz konkret werden.

Beispiel 1:
Ich habe während einer Narkoseführung zwei Medikamente, die in vorbereiteten Spritzen auf einem Tablett lagen, miteinander verwechselt. Nach etwa der Hälfte der Injektion habe ich es gemerkt! Beim Patienten passierte glücklicherweise gar nichts – nur ich wäre beinahe »gestorben«...

Beispiel 2:
In der Notaufnahme habe ich einmal ein Medikament, das man extrem langsam injizieren muss, viel zu schnell gespritzt. In diesem Fall rauschte der Patient mit seiner Herzfrequenz und seinem Blutdruck zu rasch und zu weit ab (beides war zuvor viel zu hoch gewesen), was ich durch eine sofortige Gegenmaßnahme auffangen konnte. Auch er hat zum Glück keinen Schaden genommen!

Betrachten wir einmal genauer, wie es zu diesen beiden Fehlern kam.

12.2.1 Routine macht unaufmerksam

Beispiel 1 »Medikamentenverwechslung bei der Narkoseführung«:
Während der eher ruhigen Phase zwischen Narkose-Einleitung und -Ausleitung war ich im (damals üblicherweise) durchschnittlich 24°C warmen OP müde und folglich unaufmerksam geworden. Ich war unerfahren und kannte diese Gefahr noch nicht. Dass »Start und Landung« kritische Momente sind, war mir sehr klar, aber dass gerade die Routine, also das, was im Normalfall störungsfrei und unspektakulär abläuft, gefährlich sein könnte, nicht.

Nach dieser Erfahrung habe ich für mich selbst ein Farbkodierungs-System entwickelt. Ich habe mir damals Gedanken gemacht, wie generelle Lösungsansätze aussehen könnten und für mich Ideen gesammelt:
- Allgemeine Einführung der Farbkodierung,
- Ablösung, um Pausen zu ermöglichen,
- »Wachdienst« der zu den Anästhesisten geht,
- z. B. ein kleiner Ventilator (aus Hygienegründen nicht umsetzbar),

in jedem Fall aber die Änderung in der Schulung: Augenmerk auch auf gerade die Gefahr der Routinephase richten, nicht nur auf die Extremsituationen.

Zu einer Umsetzung solcher Verbesserungsideen kam es allerdings nicht, denn ich habe mich damals keinem meiner Vorgesetzten anvertraut. Wieso eigentlich nicht? Diesen versierten Profis gegenüber, die nie einen Fehler zu machen schienen, schämte ich mich meiner Unfähigkeit. Obendrein hatte ich ihr vernichtendes Urteil gegenüber anderen jungen Kollegen schon so manches Mal erlebt, wenn bei ihnen ein Fehler ans Licht kam. Ich hatte einfach kein Vertrauen zu ihnen. Schade eigentlich, denn eine Änderung des Prozesses (z.B. im o.g. Sinne) hätte in jedem Fall zu einer Risiko-Minimierung geführt.

Doch erst noch einmal zum zweiten Beispiel.

12.2.2 Stress kommt von außen – Hektik von innen

Beispiel 2 »Medikament bei Notaufnahme zu schnell gespritzt«:
Ich war die einzige nachtdiensthabende Ärztin auf einer großen Not-Aufnahmestation. Es gab noch einen weiteren Diensthabenden auf der Intensivstation und ein dritter war in dem 500-Betten-Haus auf allen übrigen Stationen unterwegs. Von den beiden Kollegen konnte zu diesem Zeitpunkt keiner auf der Aufnahmestation Patienten übernehmen. Diese lief immer mehr voll, in allen Kabinen war Not, es gab immer neue Einlieferungen, ein Ende war nicht abzusehen.

Ich war schlichtweg überfordert und wurde hektisch! Heute weiß ich natürlich, dass Panik der schlechteste Ratgeber ist, aber damals kannte ich selbstberuhigende Mantras wie das in der Überschrift genannte noch nicht.

Nach diesem Nachtdienst empfand ich Schuld und Scham, denn mir war klar, dass ich einen gravierenden Fehler gemacht hatte, aber zugleich Wut, denn mir war auch klar, dass diese knappe Ressourcenberechnung an Unverantwortlichkeit grenzte.

Da ich in diesem Fall keine für mich hilfreiche Individuallösung wusste, entschloss ich mich nach reiflicher Überlegung schließlich, mich mit diesem Fall an meinen Oberarzt zu wenden. Das hatte jedoch keinerlei Erfolg oder genauer gesagt, es hatte nur eine unangenehme Auswirkung für mich, da sein Feedback an mich den Tenor »Bedenkenträger« und »nicht belastbar« hatte. Eine systemrelevante Konsequenz zog er jedoch nicht.

Ich fühlte mich nicht gehört und fand überdies, dass es meine Vorgesetzten hier an Sorgfaltspflicht mangeln lassen. Außerdem sah ich für mich weiterhin keine Möglichkeit, ähnlichen Gefahrensituationen vorzubeugen. Wenig später habe ich daher aktiv gekündigt, um zu einem anderen Arbeitgeber zu wechseln. Auch das ist schade, denn an der prekären Situation änderte sich nichts und eine gute Mitarbeiterin – das wage ich mit so langem Abstand zu behaupten – ging auch noch verloren.

Wie kommt es also, dass sich manche Vorgesetzte so verhalten?

»Die Aufklärung ist der Ausgang des Menschen aus seiner selbst verschuldeten Unmündigkeit …«

Natürlich gelten diese Worte Kants (in: Berlinische Monatsschrift, Dezember 1784[28]) in ihrer positiven Bedeutung auch heute noch: Wo wir können, da müssen wir unseren Verstand nutzen und Verantwortung übernehmen. Das *Machbarkeitsparadigma* könnte man als die Übersteigerung dieser positiven Forderung bezeichnen, weil wir unter seiner Steuerung das Gefühl bekommen, dass wir ausnahmslos für *alles* selbst verantwortlich sind.

Wenn also ein Fehler passiert, haben wir wahrscheinlich doch wohl unseren Verstand nicht ausreichend genutzt, um zuvor alle Eventualitäten zu bedenken und auszuschließen. Der Druck, der daraus erwächst ist umso größer je gefährlicher die Aufgabe ist.

Manche meiner Chefs gaben sich dementsprechend unfehlbar und straften selbst einen Praktikanten vor versammelter Mannschaft ab, wenn er eine falsche Antwort gab. In einem solchen Klima äußern sich Menschen nicht zu kritischen Themen. Bei unseren Nachbesprechungsrunden in der Anästhesie gab es eher Smalltalk und bei unserem Morgen-Appell – so nannten wir die Frühbesprechung vor unserem obersten Chef – mit den Stationsberichten der Nachtdiensthabenden an das gesamte Team – hörte man nur Erfolgsmeldungen.

Wirklich weitergebracht hätte uns damals jedoch der vertrauensvolle und ehrliche Austausch. Ich selbst habe am meisten von den Vorgesetzten gelernt, die auch einmal davon erzählten, welche Fehler ihnen anfänglich passiert sind und was ihnen schon mal den Angstschweiß auf die Stirn getrieben hat.

Zu meinem großen Glück hatte ich auch viele solcher Lehrmeister. Ich erinnere mich an jeden einzelnen von ihnen und bin ihnen bis heute dankbar. Ihre Haltung drückte sich in Sätzen aus wie: »Wissen Sie, ein Fehler ist wie ein Wegweiser, bevor man ihm begegnet, kann man mitunter gar nicht wissen, wo es langgeht …« oder »Na, was hat heute nicht geklappt, erzählen Sie's mir, damit wir alle etwas daraus lernen und es zukünftig anders

28 Kant, I. (1999).: Was ist Aufklärung? In: Brandt, H.D. (Hrsg.): Ausgewählte kleine Schriften. Hamburg 1999, S. 20

machen können!« oder »Hier sollten Sie immer genau aufpassen, das ist so eine Falle, in die ich selbst in der Anfangszeit getappt bin.«

Sie kannten zugleich auch meinen Entwicklungsstand und ließen mir von Fall zu Fall entsprechende Freiräume oder erklärten mir, weshalb sie mir noch keine gewähren. Und selbstverständlich durfte ein einmal ausgewerteter Fehler nicht genauso wieder passieren.

»Die Welt ist eine riesige Versuchsanordnung«

Bei dieser Sichtweise Hans Magnus Enzensbergers[29] wird sofort klar, dass Fehler unvermeidlich sind und dass es einen offenen Umgang mit Fehlern geben muss, der es sowohl dem Einzelnen als auch der gesamten Organisation ermöglicht, aus Fehlern zu lernen und sich weiter zu entwickeln. Voraussetzung dafür ist ein vertrauensvolles Miteinander im Team. Dies beginnt zweifelsohne immer bei der Führung – sie muss den Boden dafür bereiten.

Wer Vertrauen aufbauen will, muss zunächst einen Vertrauensvorschuss geben. Das ist nicht zu verwechseln mit Vertraulichkeit oder Kumpanei, denn es handelt sich vielmehr um sachbezogene, berufliche Ehrlichkeit hinsichtlich der eigenen Kompetenz und wie diese, abgesehen von Ausbildung, Studien und Weiterbildung, gewachsen ist. Anders ausgedrückt: Es bedeutet nur, sich (und anderen) einzugestehen, dass man selbst auch ein Mensch ist, dessen Lernweg Fehler beinhaltete und dass sich dieser Lernweg überdies auf einem anderen Niveau fortsetzt – ja, dass es mitunter gerade die Fehler sind, aus denen man besonders viel lernt.

Von den MitarbeiterInnen wird dieses Verhalten nicht etwa als schwach erlebt, sondern im Gegenteil als glaubwürdig. Während Führungskräfte – und das kennen Sie sicherlich aus eigenem Erleben – die von sich selbst behaupten oder auch indirekt zum Ausdruck bringen, keine Fehler zu machen, nicht ehrlich und somit auch nicht Vertrauen erweckend wirken.

»Man sollte seine Fehler ans Herz drücken«[30]

In einem Vortrag mit dem Titel »Die ›Liebe‹ als Führungskonzept des Unternehmers« vor Unternehmerinnen des CeU[31] im Frühjahr 2018 berichtete Jean Claude Biver, Präsident

29 Bachrach, G. (2011): Man sollte seine Fehler ans Herz drücken. Ein Gespräch mit Hans Magnus Enzensberger über den Charme des Unperfekten, Zeitmagazin Nr. 1/2011: https://www.zeit.de/2011/01/Fehler-Enzensberger, Abrufdatum 24.3.2019

30 Hans Magnus Enzensberger in: Bachrach, G. (2011): Man sollte seine Fehler ans Herz drücken. Ein Gespräch mit Hans Magnus Enzensberger über den Charme des Unperfekten, Zeitmagazin Nr. 1/ 2011: https://www.zeit.de/2011/01/Fehler-Enzensberger, Abrufdatum 24.3.2019

31 Biver, J. C. (2018): »Die ›Liebe‹ als Führungskonzept des Unternehmers«. Vortrag im Club Europäischer Unternehmerinnen e. V. mit Sitz in Hamburg

der Schweizer Uhrenfirma Hublot und Leiter des Uhrengeschäftes von LVHM, davon, wie er während seiner Zeit als CEO bei Hublot Anfang des Jahrtausends die äußerst schnelle und erfolgreiche Entwicklung (innerhalb von vier Jahren von 25 auf 200 Mio. CHF) des Unternehmens initiiert hat.

Er erzählte unter anderem von einer Maßnahme, die dazu dienen sollte, so schnell wie möglich von allen Verbesserungsmöglichkeiten zu erfahren: Er belohnte jeden Mitarbeiter, der sich traute, einen Fehler, den er gemacht hatte, zuzugeben. Er schilderte, dass es eine Weile gedauert habe, bis die Mitarbeiter wirklich daran glaubten, da sie wie es meistens der Fall ist, gewohnt waren, für begangene Fehler gerügt oder gar bestraft zu werden. Nach einiger Zeit aber habe das Programm Fahrt aufgenommen und zu unzähligen kleinen und größeren Verbesserungen geführt. Nach und nach sei allen klar geworden, dass (Ausnahme-)Fehler einen unschätzbaren Wert darstellen, wenn man sie unvoreingenommen analysiert. So habe es dann auch unabhängig von gemachten Fehlern immer mehr präventive Verbesserungsvorschläge gegeben. Unter anderem dadurch sei es ihm gelungen, das Unternehmen nach vorn zu bringen, übrigens ohne einen Schwenk zu damals modernen Trends im Uhrensektor vorzunehmen (J. C. Biver gilt heute als der »Retter der mechanischen Uhr«).

12.3 »Endlich wissen wir, wie wir es nicht machen dürfen«

Mit seiner Haltung hatte Biver nach und nach ein angstfreies Klima hergestellt, indem er glaubwürdig davon sprach, dass Fehlermachen unvermeidlich sei und indem er eine Umdeutung des (Ausnahme-)Fehlers im Sinne einer fruchtbaren Informationsquelle oder einer Anleitung für die Optimierung bisheriger Vorgehensweisen vornahm.

Eine gelebte Vertrauenskultur ist also in mehrfacher Hinsicht ein echter Erfolgsfaktor für Unternehmen:

- Risiken werden frühzeitig aufgedeckt und können folglich minimiert werden.
- Optimierungs- und Innovationsideen werden frei geäußert und können so genutzt werden.
- Die Mitarbeiter fühlen sich ernst genommen und die Motivation zur Übernahme von Verantwortung steigt.
- Die Bewertungen des Unternehmens als Arbeitgeber fallen gut aus und es entsteht ein Sog für guten Nachwuchs.

INTERESSANT ZU WISSEN

Vertrauenskultur erfordert von der Unternehmensführung:

- Übereinstimmung von Unternehmensleitwerten, tatsächlichem Führungsverhalten und eingelöstem Kundenversprechen
- Maximale Transparenz und Informations-Weitergabe
- Klärung der Erwartungen
- Ehrlichkeit der Führungskraft im Hinblick auf die eigene Person
- Vertrauens*vorschuss* entsprechend der jeweiligen Mitarbeiterfähigkeiten

Anmerkung:

Diese Faktoren sind seit jeher von größter Wichtigkeit für die Vertrauensbildung ***im*** Unternehmen.

Im Zeitalter vielbeachteter Bewertungsportale gewinnen sie darüber hinaus an Bedeutung hinsichtlich eines grundsätzlichen Vertrauens ***in das*** Unternehmen. Sie sind außerdem Grundvoraussetzung für die zur schnelleren Anpassung erforderliche Agilität ***von*** Unternehmen.[32]

Claudia James

12.4 Vertrauen heißt auch zutrauen

Es ist kein Geheimnis, dass die mittlerweile fast unerschöpflichen Möglichkeiten der Datenerhebungen in Unternehmen zu einem Phänomen führen, welches ich »Gelegenheit macht Kontrolleure« nennen möchte.

Mancherorts hat sich ein sehr engmaschiges Netz von Überwachung etabliert. Von »modernen« Call-Centern und Service-Abteilungen wissen wir, dass beispielsweise Gespräche aufgezeichnet und ausgewertet werden und dazu noch eine Reihe von Kennzahlen, wie die Gesprächsdauer, die Zeit zwischen den Gesprächen, die Anzahl an Gesprächen, die benötigten Hilfsmittel und noch so Einiges mehr. Doch die Überwachungswut ist mittlerweile in den Alltag vieler Berufe eingedrungen. So ist es heute gelebte Realität, dass MitarbeiterInnen im Außendienst ihre pro Tag besuchten Kunden eintragen müssen, Gesprächsgegenstand, Dauer der Gespräche, angesprochene Produkte etc. Passen die Daten nicht zueinander, werden »Feedbackgespräche« vom Vor-

32 Tödtmann, C.: Gallup-Studie: Die meisten Angestellten fühlen sich von ihren Arbeitgebern belogen, https://blog.wiwo.de/management/2019/02/06/gallup-studie-die-meisten-fuehlen-sich-von-ihren-arbeitgebern-belogen/. Abrufdatum 28.5. 2019

gesetzten geführt. Daten werden in der Regel dazu verwendet, um mehr Druck auf die Beschäftigten auszuüben anstatt sie zu entlasten.

Parallel zu diesem »Trend« hat sich meiner Ansicht nach ein weiterer ausgebreitet: die Fragmentierung der Arbeit. Arbeitsprozesse werden zerhackt und in kleinen Paketen an MitarbeiterInnen gegeben, so dass diese sich darauf spezialisieren und wiederkehrend nur noch damit beschäftigen. Ein Beispiel wäre die telefonische Beratung zu einem ganz bestimmten Themenausschnitt in einem Versicherungsunternehmen. Wird der kleine Themenausschnitt vom Fragesteller überschritten, ist ein anderer Mitarbeiter zuständig und das Telefonat wird durchgestellt. Die damit erreichte Standardisierung von bestimmten Abläufen, die sich immer wiederholend abgearbeitet werden, führt vielleicht zu einer besseren Effizienz in Unternehmen. Andererseits ist die Vielfalt von Aufgaben für die jeweiligen MitarbeiterInnen dabei gänzlich eingegangen und in eine Eintönigkeit gemündet. Zudem wird durch dieses Vorgehen die ganzheitliche Verantwortung für einen Vorgang zerstückelt.

Es scheint nicht erwünscht zu sein, über den Tellerrand zu schauen, weil dann das Zuständigkeitsgebiet überschritten wird. Da dieses jedoch klein ist, bleibt die Sicht eingeschränkt. Es bildet sich eine Filterblase – ein mittlerweile nicht nur auf die Arbeit beschränktes, sondern gesamtgesellschaftliches Phänomen, mit welchem wir gerade in jüngster Zeit zunehmend konfrontiert sind. Es ist eine verbreitete Erkenntnis, dass Unterforderung und Langeweile (Bore-out) die gleichen Auswirkungen haben kann, wie eine ständige Überforderung, die zum Burn-out führen kann.

Den Horizont erweitern und Werte schaffen

Die Fragmentierung der Arbeit mag für Unternehmen vielleicht einen wirtschaftlichen Sinn ergeben. Wie soll sich jedoch ein Mensch fühlen, der tagein tagaus immer nur den gleichen kleinen Ausschnitt bearbeitet? Was erwarten wir in unserer Gesellschaft von ihren Mitgliedern, wenn wir ihnen den Blick auf das Ganze verstellen, indem sie immer standardisierter »vertikal« aus den Arbeitsprozessen geschnittene Arbeitspakete erhalten? Und vor allem: Welche Sicht auf den Menschen offenbaren wir, wenn wir seine Arbeit soweit wie möglich fragmentieren? Warum stecken wir so viel Energie in Gedanken und Methoden, um Menschen in immer standardisiertere Abläufe zu bringen, anstatt darüber nachzudenken, wie wieder mehr Vielfalt und Abwechslung in ihre Arbeit Einzug halten kann?

Diese Fragen muss man sich stellen, wenn man darüber nachdenkt, worum es bei Arbeit eigentlich geht: Um die Arbeit oder den Menschen? Steht die Arbeit im Vordergrund, dann wird die oben beschriebene Vorgehensweise verständlich und plausibel. Geht es allerdings um den Menschen, dann kann man sich nur am Kopf kratzen und sich wundern. Denn dann stünden die Dinge, die dem Menschen bei, mit und während seiner Arbeit gut tun ziemlich klar im Vordergrund.

Wir wissen selbst, wie gut es tut, sich nicht nur Pausen zu gönnen, sondern auch, wie wichtig es für das eigene Erleben ist, von einer Sache zu einer anderen Sache wechseln zu können. Die berühmte geniale Idee »unter der Dusche« ist kein Mythos, sondern Ausdruck dessen, dass wir Abschalten und Abwechslung brauchen, um kreativen Energien Raum zu geben. Warum schalten wir diese Erkenntnis bei modernen Arbeitsplätzen aus?

Letztendlich kehre ich wieder zur Frage zurück, was eigentlich *Erfolg* ist und wie wir ihn definieren sollten? Kann man es (weiterhin) erfolgreich nennen, wenn der finanzielle Erfolg zwar gegeben ist, MitarbeiterInnen in Unternehmen jedoch unzufrieden sind, z. B. weil sie nicht gut behandelt oder schlecht geführt werden oder weil sie über- oder unterfordert sind? Warum spielt das Befinden von MitarbeiterInnen – man möchte fast meinen – immer weniger eine Rolle? Wäre es nicht vorstellbar, dass wir gesellschaftlich den nächsten Schritt gehen und *Erfolg* umfassender definieren und umsetzen?

Wenn das MitarbeiterInnenbefinden in Unternehmenskennzahlen eine Rolle spielen würde und diese wiederum Teil der Messung des Gesamterfolgs wären: Was würden wir dann eigentlich verlieren und was würden wir gewinnen? Aus meiner Sicht führt uns das zu der Frage, was der Sinn von Arbeit sein soll, außer dass sie uns ernährt. Wie wollen wir mit all den technischen Errungenschaften umgehen, die erfunden wurden, um menschliche Arbeit einfacher zu machen oder sie zu ersetzen?

Wenn Maschinen uns Arbeit abnehmen bzw. sie effizienter gestalten führt das bislang jedenfalls nicht dazu, dass sich die Menschen in unserer Gesellschaft mehr Muße und weniger eigene Arbeit gönnen können. Der Wettlauf um noch mehr Effizienz geht ungebremst weiter.

Warum ist das Befinden – also die körperlich-psychische Verfassung – von ArbeitnehmerInnen und letztendlich aller Menschen in unserer Gesellschaft kein positiver (und möglicherweise finanziell auszudrückender) Wert an sich? Ist die körperlich-psychische Verfassung von Menschen schlecht, kann das sowohl auf Unternehmen als auch auf die Gesellschaft gravierende Auswirkungen u. a. durch die dadurch entstehenden Kosten haben. Allein dieser Grund reichte meiner Ansicht nach aus, um das jetzige Werte-Denken auf den Prüfstand zu stellen.

Von dieser Warte aus gesehen, könnte man das positive Befinden eines arbeitsfähigen Menschen als potentielle produktive Arbeitsleistung und damit als potentiellen positiven Beitrag zum BIP sehen. Wie müsste man diesen Wert behandeln um ihn zu nähren, zu aktivieren, zu erhalten oder gegebenenfalls zu steigern?

Wir hätten als Gesellschaft eigentlich alle Freiheiten, unsere Werte und Wertermittlung genau anzuschauen, daran zu arbeiten und ggf. neu zu definieren, mit dem Ziel es allen insgesamt besser gehen zu lassen. Stattdessen tun wir so, als seien wir den Wirtschaftskreisläufen, den Märkten und den Technologien hilflos ausgeliefert.

12.5 Entlastung und Motivation durch Delegieren und Vertrauen

Die Frage, die sich mir in diesem Zusammenhang stellt ist, warum wir nicht mehr Kreativität und Energie in die allgemeine Entlastung stecken? Die Frage ist hier durchaus umfassend gemeint, denn Ressourcen werden in unserem heutigen Wirtschaftssystem insgesamt zu sehr belastet.

Das Nachdenken darüber beginnt in einem Unternehmen auch bei den Führungskräften selbst, welche – vielleicht durch übermäßiges Kontrolldenken – sich selbst aber auch ihren MitarbeiterInnen zu wenig Entlastung gönnen. Was aber ist die Voraussetzung dafür? Meiner Ansicht und praktischen Erfahrung nach ist es *Vertrauen*.

Geht man zunächst daran, seine eigenen Aufgaben und »Arbeitsberge« als Führungskraft anzuschauen, dann muss man sich eine Reihe von Fragen stellen, nach deren Beantwortung eine bessere Verteilung der Arbeit auf mehrere Team-Schultern stehen könnte und sollte. Will man also verteilen und delegieren, dann steht ganz am Anfang die Grundfrage: Vertraue ich meinen Teammitgliedern so, dass ich ihnen Teile »meiner« Arbeit übergeben und anvertrauen kann? Das ist die Gretchenfrage, die zuerst beantwortet werden muss. Lautet die Antwort »Nein«, dann kann man nicht den nächsten Schritt gehen, sondern muss zunächst ergründen, warum hier ein »Nein« steht.

Für den Fall, dass der Grund des »Nein« darin besteht, dass die Fähigkeiten der MitarbeiterInnen nicht ausreichen, um einen Teil »meiner« Aufgaben zu übernehmen, ist in diesem Prozess das Nachdenken erst einmal beendet und man müsste sich die Frage stellen, ob man die richtigen Teammitglieder hat.

Für den anderen Fall, dass man nicht delegiert, weil man selbst nicht vertrauen *kann*, beginnt an diesem Punkt ein sehr spannender Prozess. Und stellt man sich dieser Situation wird man am Ende meiner Erfahrung nach sehr belohnt, denn: Das regelmäßige und selbstverständliche Delegieren von verantwortungsvoller »Management-Arbeit« kann eine sehr schöne Doppelfunktion erfüllen. Zum einen wird die Führungskraft entlastet und zum anderen entsteht durch die Übernahme von durch die MitarbeiterInnen als hochwertig angesehene Aufgaben eine zusätzliche Motivation im Team.

Ein Beispiel: Es gibt in einem Team immer Leitungsaufgaben, (z. B. bestimmte Kommunikationsaufgaben, Besprechungs- oder Projektleitungen) die an die Mitglieder verteilt werden können, sodass von diesen die gefühlte Wertigkeit der eigenen Arbeit positiv empfunden wird. Auch das Ausweiten von Entscheidungsfreiheiten innerhalb dieser Aufgaben hat den gleichen Effekt – also beispielsweise die Ansage: »Mach' es, wie Du meinst. Sag' mir am Ende nur Bescheid, wie Du Dich entschieden hast, damit ich im Bilde bin.«

Schaut man im nächsten Schritt auf die Arbeitslast der MitarbeiterInnen und stellt fest, dass durch die Delegation von Aufgaben zu viel Arbeit bei jemandem gelandet ist, dann hilft hier die weiter oben beschrieben Umpriorisierung von Aufgaben. Mit diesen beiden Werkzeugen – dem Delegieren und dem richtigen Priorisieren – ist es sehr gut möglich, die täglichen Arbeitsbelastungen in Schach zu halten, um eine gute Balance und den Spaß an der Arbeit zu unterstützen.

13 Delegieren will gelernt sein

Claudia James

13.1 Erst das Vertrauen, dann die Arbeit

Um im Delegieren eine gewisse Sicherheit zu entwickeln, hilft es meiner Erfahrung nach nicht so viel, sich am Anfang ausschließlich selbst Gedanken darüber zu machen, wem man was delegieren könnte, sondern viel mehr, ganz offen – beispielsweise in einer Teambesprechung – in die Runde zu fragen, wer Lust hätte, dieses oder jenes (Projekte, Aufgaben) zu übernehmen. Dieses offene Vorgehen hat mehrere Vorteile:

- Alle Teammitglieder haben die Chance, sich zu melden.
- Die Kommunikation ist sehr transparent.
- Die Teammitglieder bekommen nicht das Gefühl, dass »gemauschelt« wird.
- Diejenigen, die sich melden, haben auch eine ausreichende Motivation.

Meldet sich ein aus Sicht der Führungskraft »ungeeignetes«, weil beispielsweise noch unerfahrenes Teammitglied, kann die Führungskraft die gezeigte Motivation trotzdem unterstützen und dem unerfahrenen Teammitglied ein erfahreneres Teammitglied an die Seite stellen. In der direkten Meetingsituation könnte sich die Kommunikation so anhören: »Ich finde es gut, dass Du das Projekt übernehmen möchtest. Da Du noch nicht so viel Erfahrung in diesem Bereich hast, würde ich Dir gerne Person x an die Seite stellen, damit Du von ihrer Erfahrung profitieren kannst und es leichter hast, die Rolle auszufüllen.«

Melden sich immer die Gleichen und ist die Führungskraft der Ansicht, dass auch andere einmal an der Reihe wären, kann auch das offen ausgesprochen werden. Dadurch empfangen alle das Signal, dass die Gemeinschaft an einem Strang zieht und jeder seinen Teil dazu beiträgt. In der besagten Meetingsituation wäre folgende Kommunikation denkbar: »Vielen Dank, dass Du dieses Projekt auch noch übernehmen möchtest. Ich bin aber der Ansicht, dass wir im Team in dem Fall ein Ungleichgewicht an Arbeit bekämen, weil bei Dir zu viel landet. Deswegen würde ich es lieber sehen, wenn Person y das Projekt übernimmt, weil ich das Gefühl habe, dass dadurch die Arbeitslast gleichmäßiger verteilt wird. Wie seht Ihr das?«.

Meine Erlebnisse mit diesem Vorgehen haben gezeigt, dass das offene Besprechen des Verteilens von Arbeiten im Team eine sehr konstruktive und kooperative Stimmung schafft. Da auf Augenhöhe diskutiert wird und keine Verteilung »von oben nach unten« stattfindet, entsteht ein Klima der Entscheidungsteilhabe und des gemeinsamen Anpackens. Eigenwirksamkeit und Motivation werden gestärkt.

Hat man als ManagerIn also die Grundfrage geklärt, ob man seinem Team genug vertraut, um zu delegieren und wendet man zusätzlich das oben geschilderte Handwerkszeug des offenen Besprechens von zu delegierenden Aufgaben an, dann hat man als Führungskraft »nur« noch die Aufgabe, bei sich selbst zu schauen, welche Arbeitspakete sich dazu eignen, abgegeben zu werden.

Cristina Barth Frazzetta

13.2 Sisyphos oder doch lieber sortieren und delegieren?

Immer wieder passiert es, dass jemand zum Coaching kommt und beklagt, dass ihm oder ihr der »Berg an Arbeit« im Moment nicht einmal Ruhe zum Nachdenken, geschweige denn zum Ausruhen lasse. Eines Tages kam mir spontan eine Idee. Ich ging ans Flipchart und malte einen stilisierten Berg darauf und sagte: »Was halten Sie davon, wenn wir einmal schauen, was wir davon alles wegschneiden oder abtragen können? Ich bin mir nämlich ziemlich sicher, dass Sie gar nicht alles, was zu diesem Berg beiträgt, auch wirklich machen müssen.«

Somit wäre es vor der eigentlichen Priorisierung der (wirklich) eigenen Tätigkeiten sinnvoll, die anfallende Arbeit zunächst grob nach anderen Kriterien zu sortieren. Die beiden ersten Scheiben des Berges nannten wir also »Unsinnig« und »Unausgegoren«. Sie erfordern ein Vertrauen in die eigene Einschätzung und Erfahrung und dann ein wachsames Abwarten, in keinem Fall aber ein sofortiges Abarbeiten.

Wachsames Abwarten erfordert heutzutage noch ein anderer Teil des Arbeitsvolumens und der wird als extrem quälend, ja schlafraubend empfunden, solange man sich nicht bewusst gemacht hat, dass er ein unvermeidliches Phänomen ist. Gemeint ist der Teil, der gar nicht geschafft wird, der nicht einmal richtig gesichtet und eingeschätzt werden kann. Er ist der Geschwindigkeit der Informationsübermittlung und der Komplexität der Netzwerke geschuldet. Meist verbirgt er sich in E-Mail-Anhängen und CC-Nachrichten. Wir haben ihn »Risiko« getauft. Es ist der Teil für dessen genauere Beurteilung einfach die Ressourcen fehlen. Auch für ihn gilt das wachsame Abwarten. Die Erfahrung meines Klienten zeigte hier eine Regel, die ich seither schon oft zitiert habe: »Was wirklich wichtig ist, meldet sich wieder!«.

Diese Feststellung einmal offen auszusprechen, half ihm übrigens sofort, diesen Teil des beruflichen Alltags leichter hinzunehmen. Manches von diesem Teil wäre allerdings auch von vornherein vermeidbar und es ist daher im Hinblick auf den Stress, den er auslöst, vielerorts sinnvoll einen zum Unternehmen passenden »E-Mail-Katechismus« zu entwickeln, doch dies sei nur am Rande bemerkt.

Von unserem anfänglich riesigen Berg an Arbeit waren also durch diese Vorsortierung schon drei Teile abgetragen. Wir hatten jedem der Teile ein paar aktuelle Beispiele aus den vergangenen Wochen zugeordnet und so festgestellt, dass es einen ganz realen Bezug gibt. Natürlich handelt es sich dabei nicht um die größten Anteile, aber eine deutliche Reduktion war schon zu sehen und bei meinem Klienten eine große Erleichterung. Den verbleibenden großen Rest teilte ich in »Nicht zuständig oder zu delegieren« und »Selbst anpacken« ein.

13.2.1 »Kannste mal eben?« – warum Abgrenzung nicht immer unkollegial ist

Es ist immer wieder erstaunlich, wie viele Tätigkeiten sozusagen »gewohnheitsmäßig« von einem Bereich erfüllt werden, der eigentlich gar nicht dafür autorisiert oder zuständig ist. Es kommt zu regelrechten Prozessgewächsen, die sich fest etablieren, sodass von allen Seiten obendrein eine dahingehende Erwartungshaltung entsteht. Es gibt auch Fälle von übernommenen Aufgaben, um eine Schwachstelle in einem anderen Bereich zu stabilisieren, weil die eigene Arbeit oder der Gesamterfolg davon abhängt.

Bitte verstehen Sie mich nicht falsch, dies ist kein Plädoyer für Kästchendenken oder eine Absage an kollegiale Unterstützung und unternehmerisches Mitdenken. Es ist vielmehr die Aufforderung bei der eigenen Arbeit darauf zu achten, dass man nicht *zum Schaden des Unternehmens* die Arbeit anderer macht. Gemeint sind z.B. Redundanzen, die entstehen, wenn Abteilung A regelmäßig direkt mit Zulieferern verhandelt und den Einkauf umgeht, weil Abteilung B, für die A Dienstleister ist, immer mit der »Kannst-Du-nicht-mal-eben«-Haltung anfragt. Oder wenn die Führungskraft einer Abteilung regelmäßig Gespräche mit den Mitarbeitern der Nachbarabteilung führt, weil die Führungskraft der Nachbarabteilung keine Guidance gibt. Es muss nicht immer so augenfällig sein, es sind vielmehr oft eher kleine Dinge.

Mein Klient fand auf diesem Gebiet eine verschwommene Rollendefinition in einem Spezial-Projekt, was regelmäßig zu einer Ungleichverteilung zu seinen Lasten führte. Er nahm sich vor, hier in einem gesonderten Gespräch für die Zukunft Klarheit zu schaffen.

13.2.2 Der Berg an Arbeit

Der zweite Bereich dieses Anteils vom Berg an Arbeit bezieht sich auf die eigenen Mitarbeiter. Sich zu fragen: Wer kann das bereits? In wessen Gebiet fällt die Aufgabe? Wer sollte es unbedingt lernen? Wer braucht neue Herausforderungen und könnte das anpacken? Wer ist vielleicht sogar spezialisierter als ich? wird den meisten Führungskräften gelingen, aber das wirkliche Loslassen fällt vielen doch schwer.

Im Falle meines »So ein Berg an Arbeit«-Klienten gelang beides sehr gut und doch gibt es auch dann noch eine Falle, in die er regelmäßig tappte: Die »Chef, ich brauch mal eben Deinen Rat«-Falle. Sofort war er aus seinem Arbeitsfluss raus und im Lösungsfindungsmodus. Der Mitarbeiter bekam seinen Rat und musste sich selbst nicht anstrengen – die klassische Rückdelegation. Es fiel meinem Klienten ausgesprochen schwer zu erkennen, dass da überhaupt eine andere Möglichkeit bestand, denn schließlich wisse er ja meistens Rat und er könne doch auch keine Verzögerungen in Kauf nehmen.

Durch unsere Reflexion wurde dieses Argument jedoch schnell als Milchmädchenrechnung deutlich. Erstens verzögerte sich durch das Einsteigen in die Aufgabe des Mitarbeiters die Erledigung seiner eigenen, in die er sich nach der Unterbrechung jedes Mal erst wieder zurückfinden musste. Und zweitens wurden die Störungen immer häufiger, da die Mitarbeiter sich darauf verlassen konnten, diesen für sie bequemeren Weg gehen zu können.

Wachsamkeit, ob es hier wirklich um seine direkte Verantwortung geht (z. B. abschließende Entscheidung) oder doch nur um eine klassische Rückdelegation, würde also auf lange Sicht zu seiner Entlastung führen und ganz nebenbei auch zu Mitarbeitern, die stolz auf sich sind, weil sie gelernt haben, mehr Selbstwirksamkeit und folglich Selbstwert empfinden. Mein Klient beschloss also, bei einer Rückdelegations-Störung in Zukunft die Zeit in ein kurzes Coaching des Mitarbeiters zu investieren. Original-Ton: »Ich mache das ab jetzt genauso wie Sie – ich tue selbst gar nichts und stelle einfach immer nur offene Fragen …«.

Von dem riesigen Berg an Arbeit war nun »nur« noch der Teil übrig, der wirklich von meinem Klienten selbst gemacht werden musste. Zweifelsohne war das vom gesamten Berg immer noch der größte Teil, aber er war doch deutlich übersichtlicher geworden.

Hier nahmen wir schließlich noch beispielhaft an seinen aktuellen Projekten und Aufgaben eine Priorisierung vor (siehe Eisenhower-Grid weiter oben im Buch) und auch diese führte noch einmal zu einer deutlichen Entlastung.

Das von mir spontan entwickelte »Arbeitsberg-Modell« hatte sich als äußerst praktisch erwiesen, sodass ich es seither oft einsetze:

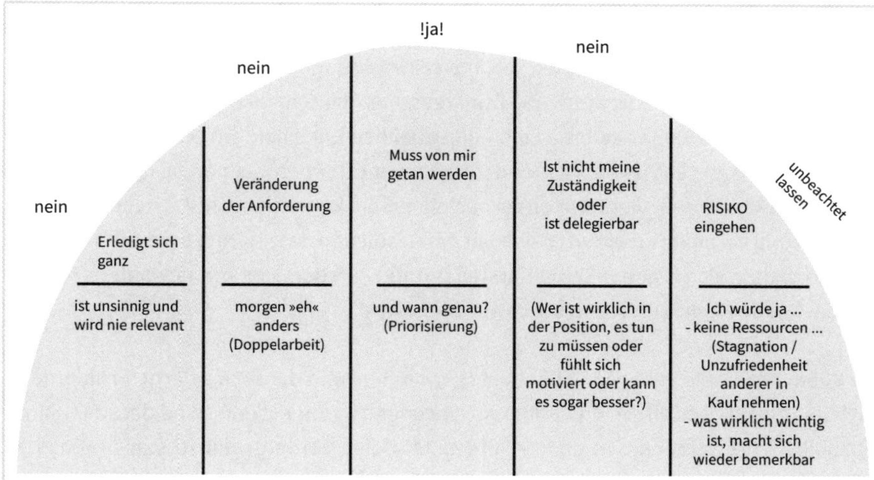

Abb. 2: Der Berg an Arbeit

13.3 Delegieren – das sagt sich so leicht …

Dennoch möchte ich an dieser Stelle doch gleich noch einmal tiefer in die Führungsaufgabe des Delegierens einsteigen, denn das Nicht-Delegieren hat im Einzelfall ganz unterschiedliche Gründe, denen es jeweils auf die Spur zu kommen gilt. Meistens ist es nämlich ein Nicht-delegieren-*können*, kein Nicht-delegieren-*wollen*, denn die Sinnhaftigkeit des Delegierens an sich wird selten infrage gestellt.

Es gibt Führungskräfte, die im Hinblick auf Führung unsicher sind und daher lieber alle operativen Aufgaben an sich reißen. Es gibt solche, die (zu) perfektionistisch sind und überzeugt sind, dass es niemand so gut macht wie sie. Es gibt solche, die misstrauisch sind und daher alles mehrmals kontrollieren. Und es gibt solche, die sich aufopfern, weil sie andere nicht belasten möchten oder weil sie sich dafür Anerkennung erhoffen. All dies sind Gründe, die nicht auf Böswilligkeit, sondern auf einem Unvermögen beruhen und zumeist steckt ein unverrückbarer persönlicher Glaubenssatz dahinter.

Natürlich gibt es auch diejenigen, die das Gegenteil machen, sie leiten einfach alles an das Team weiter, belasten ihre Crew über Gebühr, üben Druck aus, indem sie alles auf »Prio 1« setzen und schmücken sich am Ende selbst mit den Ergebnissen. Aber erstens ist das kein Delegieren, sondern eher Willkür und zweitens kommen die Betreffenden naturgemäß selten in ein Coaching, um sich selbst zu reflektieren.

Ich habe es also mit der oben geschilderten Gruppe zu tun und werde hier zur Veranschaulichung einen recht typischen Fall und seine Lösung schildern: Ein Manager in einer Vice-President-Position hatte z.B. die Überzeugung »Ich schaffe das allein!«. Nun mögen Sie sagen, dass dies keine seltene Einstellung bei den Entscheidern sei, womit Sie Recht haben, allerdings geht es bei Glaubenssätzen nicht um den Satz an sich, sondern das Motiv »dahinter« – erst, wenn wir das ermittelt haben, kann ein positives neues Motiv zur Veränderung verankert werden. Wenn wir einen solchen Satz hören, vermuten wir wohl als erstes, dass sich hier ein Selbstdarsteller outet – in dem von mir gewählten Fall war das Motiv jedoch ein durch und durch altruistisches!

Der Klient hatte sein Leben lang *Rücksicht* genommen und dadurch gelernt, Probleme im Alleingang zu durchdringen und adäquate Lösungen zu entwickeln – und darüber hinaus sich selbst zurückzunehmen und gerade *nicht* in den Vordergrund zu stellen. Das hat, kombiniert mit seiner Intelligenz, immer wieder für sein Fortkommen gesorgt und ihn sehr beliebt gemacht – auf ihn war schließlich Verlass und er entlastete alle. Im Laufe des Lebens bescherte ihm dieses Verhalten also immer mehr Erfolge und gab ihm Sicherheit.

Der biographische Hintergrund dazu war folgender: Er hatte eine schwer kranke Mutter und zwei deutlich jüngere Geschwister, die er liebte und für die er deshalb viel Verantwortung übernahm. Der eigentliche Glaubenssatz (das Motiv) lautete also in etwa: »Wenn ich von anderen etwas verlange, ist das unverantwortlich, denn sie sind dafür zu schwach!«. So weit ihn dieser Glaubenssatz bisher auch gebracht hatte, so gab es doch zwei Bereiche, in denen er damit an seine Grenzen kam: In der Mitarbeiterführung beim Thema Delegieren und beim Durchsetzen seiner strategischen Ideen. Letzteres ist selten im Alleingang möglich, sondern erfordert die Einbeziehung anderer und den Aufbau einer »Gefolgschaft«.

Im Laufe der Zeit war sein Führungsstil durch seinen Glaubenssatz geprägt zu einem positiv patriarchalischen geworden – Mitarbeiter konnten sich jederzeit auf seinen »Schutz« verlassen. Er verlangte gute Leistung, aber dachte bereits alles vor und mutete niemandem eine große Herausforderung zu. Er konnte sich so zwar einer treuen Mannschaft sicher sein, die meiste Arbeit blieb aber bei ihm.

Außerdem endete seine Einflussnahme auf die Gesamtgeschicke des Unternehmens auf der Ebene des Vice President, wo er zwar geschätzt war, aber in gewisser Weise als Idealist gesehen und für zu weich gehalten wurde. Die Gefahr des Scheiterns seiner grundsätzlichen Ideen zur Unternehmensführung, sprich, auch zu Restrukturierung, Rationalisierung und Effizienzsteigerung war daher bereits erkennbar. Auf der persönlichen Ebene hätte das Frustration und Erschöpfung bedeutet.

Die nächste Raketenstufe zünden

Es war also dringend nötig, für die nächste Etappe zu seinem Erfolg eine neue Handlungsoption zu finden und dadurch neuen Anschub für seine Ziele zu erzeugen. Die Vorbereitung darauf bestand darin, gemeinsam die einschränkende Einseitigkeit des auf durchaus positiven Motiven basierenden und bis hierher auch hilfreichen Glaubenssatzes »Wenn ich von anderen etwas verlange, ist das unverantwortlich, denn sie sind dafür zu schwach!« zu entlarven, um dann neue positive Motivationen für ein Abweichen davon entdecken zu können.

Dazu war ein Zwischenschritt nötig, der darin bestand, zunächst herauszufinden, welche unerwünschten Nebenwirkungen der Glaubenssatz hat. Wir betrachteten daher erst einmal das andere Extrem. Anstelle des Wörtchens »etwas« setzten wir »nichts« ein, woraus sich dann die zweite Satzhälfte wie von selbst ergab: »Wenn ich von anderen nichts verlange, ist das unverantwortlich, weil sie schwach bleiben/werden.«.

Das bewirkte, dass der Klient sofort an viele Situationen dachte, in denen er ein ungutes Gefühl gehabt hatte, weil es zwar besser gewesen wäre, den anderen etwas zuzumuten, in denen er sich aber wie blockiert gefühlt hatte und dann doch seiner bewährten Lösungsstrategie der alleinigen Verantwortungsübernahme gefolgt war.

Am Ende war klar, der neue Glaubenssatz muss heißen: »Wenn ich von anderen etwas verlange, ist das verantwortlich, weil sie wachsen und erstarken können.« oder einfacher: »Ich muss anderen etwas zumuten, damit sie ihre eigene Stärke entwickeln und zeigen können.«. Damit ist keine Kehrtwende gemeint, sondern ein »zusätzliches« Verhalten, eine neue Wahlmöglichkeit im Werkzeugkoffer, die situativ passend angewandt werden kann. Das bisherige Verhalten (in diesem Fall alleinige Verantwortungsübernahme) geht ohnedies nie mehr verloren, denn es wurde meist mehr als das halbe Leben lang eingeübt – kaum vorstellbar, dass die betreffende Person nicht merkt, wann es gebraucht wird. Viel wahrscheinlicher ist da, dass sie den Nutzen des Neuen nicht erkennt, wenn sie es nicht ganz bewusst übt, denn erst die neue positive Erfahrung mit dem neuen Verhalten festigt dieses.

Probieren geht über studieren

Auf diverse Kärtchen geschrieben kam daher die neue Handlungsanleitung eine Zeit lang in die Brieftasche, unter die Schreibtischauflage, an den Rasierspiegel und andere, nur für den Klienten sichtbare Stellen, um ihn regelmäßig daran zu erinnern. Er bekam außerdem die Aufgabe, sich selbst zu beobachten, sich abends vor Verlassen der Firma kurz folgende Fragen zu stellen und die Antworten in einem Vokabelheft festzuhalten:

- Wo habe ich heute jemandem etwas zugemutet?
- Wie war das Ergebnis?
- Wo hätte ich es darüber hinaus noch tun können?
- Was ich mir vornehme …

Nach etwa drei Monaten hatten sich so viele positive Ergebnisse durch das neue Verhalten eingestellt, dass es dem Klienten fortan leichtfiel, dabei zu bleiben. So war die Mitarbeiterzufriedenheit in seinem Bereich noch mehr gewachsen, weil zusätzlich zur schützenden Rückendeckung durch ihn als Führungskraft die Möglichkeiten zur Selbstentfaltung und Selbstwirksamkeit für die Mitarbeiter gestiegen waren. Auch im Hinblick auf seine unternehmensstrategischen Ziele hatte er strategische Bündnisse aufgebaut und deren stärkende Wirkung erlebt. Heute ist er selbst CEO, wenngleich bei einem anderen Unternehmen.

Claudia James

13.4 Von dem Vergnügen, sich eines Besseren belehren zu lassen

Spätestens wenn man als ManagerIn die positive Wirkung des Delegierens entdeckt hat, ist man »reif« für das Vergnügen, sich von Experten in seinem Team »eines Besseren belehren« zu lassen. Man könnte es auch als die höchste Stufe des Delegierens bezeichnen. Zum einen entsteht dadurch zusätzliche Entlastung für ManagerInnen, zum anderen ist es aber auch ein sehr schönes Gefühl, Menschen zuzuhören oder zuzusehen, die etwas von ihrem Fach verstehen. Und es ist ein noch schöneres Gefühl, sich auf ihre Expertise zu verlassen: Es gibt Sicherheit und Ruhe und man weiß, dass das Ergebnis der gemeinsamen Teamarbeit dadurch besser wird.

Ich habe so oft das Privileg genossen, als Vorgesetzte Fragen stellen zu dürfen und den Ansichten und Diskussionen von Fachexperten zu dem Thema zuzuhören … wie sie das Thema hin- und herwenden und nach der besten Lösung suchen. Ein lautes Nachdenken, welches immer wieder neue Perspektiven eröffnet. An diesen Diskussionen teilzuhaben, mitdenken und durch weitere Fragen die Diskussion in eine Richtung steuern zu dürfen, in die ein Projekt gesteuert werden sollte, hat immer einen sehr großen Anteil des Spaßes an meinem Beruf ausgemacht.

Ich habe im Laufe meiner Berufsjahre glücklicherweise oft beobachten dürfen, dass ChefInnen solche Situationen zulassen können, aber oft genug – ganz besonders in Gruppensituationen – auch das Gegenteil: Ein Teammitglied war anderer Meinung bzw. schätzte einen Sachverhalt anders ein und wurde von der Führungskraft mundtot gemacht. Hier kamen die unterschiedlichsten »Waffen« zum Einsatz: Unter Nutzung der eigenen Machtposition wurde die Diskussion auf ein anderes Thema verlagert oder abgebrochen. Ein aus meiner Sicht besonders destruktives Verhalten bestand darin, dass die Leitung die Diskussion auf ein ihr geläufigeres Thema verlagerte und dann denjenigen, der es gewagt hatte, bei dem vorherigen Thema anderer Meinung zu sein vor versammelter Mannschaft regelrecht vorführte.

Die Auswirkung auf die Gruppe ist eigentlich immer dieselbe: Da Menschen sich am gegebenen Rahmen und nach oben orientieren und zusätzlich in der Regel nach Anerkennung streben, sind betretene Schweigsamkeit und peinlich berührte Blicke der Anwesenden die Folge. Selten springt jemand der/dem Bloßgestellten bei. In anschließenden Meetings traut sich danach niemand mehr, seine eigene Meinung frei zu äußern, wenn sie von der Vorgesetztenmeinung abweicht.

Es scheint mir hier ein Missverständnis vorzuliegen, das in dem Glauben besteht, als Führungskraft alles besser wissen zu müssen und eine Schwäche zu offenbaren, wenn dem nicht so ist. Dabei ist aus meiner Sicht genau das Gegenteil der Fall: Jemand der zulassen kann, dass es unterschiedliche Ansichten und Wissensstände gibt und sich diese zunutze macht, handelt viel effizienter und klüger, als jemand, der das nicht tut.

Was ist schwach daran, in die Runde zu fragen, wer eine gute Idee hat, wie ein bestimmtes Thema anzugehen und zu bearbeiten sei? Ist es wirklich ehrenrührig, wenn in einer fachlichen Diskussion für alle klar wird, dass ein Teammitglied eine Sache besser einschätzen kann als die Teamleitung/Abteilungsleitung/Firmenleitung? Ist es nicht eigentlich sogar ein Grund, stolz zu sein, dass man offensichtlich so gute MitarbeiterInnen an Bord hat? Man könnte sich sogar in seiner Personalentscheidung bestätigt sehen, die man vielleicht irgendwann einmal als ManagerIn getroffen hat, indem man jemanden eingestellt hat, der/die jetzt eine hervorragende Expertise vorweist. Was ist für viele Führungskräfte so bedrohlich daran, wenn sie merken, dass Ihnen eigene Teammitglieder fachlich überlegen sind? Immerhin besteht die Managementaufgabe ja nicht darin, in allen Fachgebieten hervorragend zu sein, sondern eigentlich nur in einem: im Managen und Führen.

13.4.1 Mix aus Fähigkeiten und Werten

Die sogenannte »Passung« von MitarbeiterInnen in ein vom Management (oder begleitenden Strategieagenturen) erarbeiteten Raster ist in Konzernen heute alltägliche Realität. Darunter wird in der Regel eine Matrix aus Werten und Fähigkeiten verstanden, die Mitarbeiter einer Führungsebene oder in Schlüsselpositionen erfüllen müssen, um auf diesen Positionen entweder bleiben zu dürfen oder sich in solche entwickeln zu können.

Theoretisch ist dieser Ansatz sehr hilfreich, da er verspricht, dass nach standardisierten Kriterien »sortiert« und gefördert wird – also Objektivität und Gerechtigkeit unterstützt werden. In der Umsetzung zeigt sich jedoch meiner Erfahrung nach, dass der sogenannte »Nasenfaktor« – also die Bewertung eines Menschen nach den subjektiven Maßstäben des oder der Bewertenden – durch dieses Vorgehen nicht ausgeschaltet wird. Zwar werden die Bewertungen an sich transparenter und miteinander vergleichbarer, da sie in die verschiedenen Kästchen des Rasters Eingang finden müssen. Auch werden sie u. U. durch die Diskussion im Vorgesetzten-Team ausgewogener.

Trotzdem ist die Bewertung an sich nach wie vor eine subjektive Handlung der Vorgesetzten. Das ist nicht nur nachvollziehbar, sondern auch unvermeidbar – denn wir sind alle Menschen mit unterschiedlichen Bewertungsrastern – und ehrlich gesagt ist das auch gut so.

Daraus folgt meiner Ansicht nach, dass der Belegschaft keine Objektivität vorgegaukelt werden sollte, wenn es keine gibt. Es ist vollkommen akzeptabel zu vermitteln, dass die Mitarbeiter-»Passung« trotz vermeintlich objektiver Kriterien natürlich keine objektive – d. h. allgemeingültige – Beurteilung ist und sein kann. Als kleine Anmerkung sei hier gesagt, dass ich der festen Überzeugung bin, dass diese Tatsache in den Bewertungsprozessen vermittelt werden sollte, damit das Urteil bei den MitarbeiterInnen später besser einsortiert werden kann, egal ob es positiv oder negativ ausfällt, denn: in einem anderen Umfeld, in einer anderen Firma oder anderen Abteilung kann dieselbe Person eine vollkommen andere Bewertung erfahren, nicht nur getrieben durch vielleicht andere Fähigkeiten, die sich dort entfalten und zeigen dürfen, sondern auch durch andere vorgesetzte Personen.

Wird die »Allgemeingültigkeit« der Bewertung von vornherein vom Management relativiert und der Bewertungsprozess als der ausgewiesen, der er ist – eine Zusammenstellung subjektiver Meinungen der Führungsmannschaft – dann rückt auch das Ergebnis der Bewertung in das richtige Licht und bekommt seinen adäquaten Platz. Und so wirkt vielleicht ein »schlechtes« Urteil bei MitarbeiterInnen nicht so verheerend, wie ich es in einigen Fällen beobachtet habe.

Doch zurück zur »Passung«: Kriterien, nach denen MitarbeiterInnen beurteilt werden, sind – so wie KPI – das Raster, welches dem gewünschten Fähigkeits- und Wertemix einer Belegschaft zugrunde liegt. Nehmen wir an, dass sich unsere Wirtschaft in Zukunft in eine andere Richtung entwickeln soll, weil wir auf dem bisherigen Weg mit den vorhandenen Ressourcen in eine Sackgasse geraten werden – dann ist es zwingend, dass die Kriterien für die Passung an neuen Rastern ausgerichtet werden.

Wollen wir ein ausbalanciertes Wirtschaften mit den uns zur Verfügung stehenden Materialien und Ressourcen erreichen, werden wir nicht umhin können, die dafür notwendigen Fähigkeiten, Denkweisen und Einstellungen zu fördern. Im Klartext kann das heißen, dass beispielsweise ein Marketingmitarbeiter, der in der Vergangenheit nur auf Umsatzsteigerung gepolt war und auch daran gemessen wurde, in Zukunft vielleicht Ressourcenschonung als gleichgewichtetes Ziel erhält. Die Prozessqualität eines Unternehmens würde eventuell auch am Integrationsgrad des KundenInnenfeedbacks ausgerichtet. Und eine Mitarbeiterin im Controlling würde die Erfolgskontrolle des Unternehmens beispielsweise nicht mehr vorrangig an den finanziellen Kennzahlen messen, sondern vielleicht auch am Mitarbeiterbefinden.

14 Erfolg[4]: Machbarkeit sinnvoll nutzen

Cristina Barth Frazzetta

14.1 Gesundheit hat mit Equilibrium zu tun

(Das Lustprinzip ist bei Epikur ...) »... nicht nur eine verschönernde Bereicherung der alltäglichen Existenz ..., sondern eine radikale Idee, die, nähme man sie ernst, das ganze Leben umstürzen und verändern würde.«[33]

Schon der Gesundheitsbegriff der WHO (»Gesundheit ist ein Zustand vollkommenen körperlichen, geistigen und sozialen Wohlbefindens und nicht allein das Fehlen von Krankheit und Gebrechen.«/»Health is a state of complete physical, mental and social wellbeing and not merely the absence of disease or infirmity.«)[34] macht deutlich, dass jedes Unwohlsein (Übelkeit, Schwindel, Hunger, Durst, Müdigkeit) und jeder Schmerz an sich schon Alarmsignale sind.

Die damit verbundene Aufforderung, etwas zu ändern, lautet schlicht: »Weg von diesem Unwohlsein!«, weil etwas aus der Mitte geraten ist und der physische Datenabgleich meldet: Dysbalance! Nicht erst, wenn eine Krankheit ausbricht, sind wir nicht mehr gesund, sondern eigentlich schon dann, wenn das Equilibrium (Gleichgewicht) länger gestört ist.

Dennoch machen wir in den meisten Fällen weiter, wir trainieren regelrecht die Überwindung dieser Signale und schlimmer noch: Wir sehen sogar anderen dabei zu und lassen sie einfach weitermachen. Bei ihnen erkennen wir die übertriebene Verdrängung meistens besser als bei uns selbst, wir sehen, dass sie längst taub und fühllos gegen den Alarm in ihrem Körper geworden sind und dennoch stoppen wir sie nicht, weil wir fürchten, dass wir ihnen damit zu nahetreten.

Die Absurdität dieser Zurückhaltung möchte ich hier mit einer Analogie sichtbar machen. Stellen Sie sich deshalb bitte folgende Situation vor: Eine Person wird vor Ihren Augen angefahren, stürzt, bleibt aber äußerlich unverletzt – einen Augenblick später steht sie auf, taumelt und will dennoch sofort selbstständig gehen. Der hohe Adrenalinspiegel

33 Greenblatt, S. (2013): Die Wende. Wie die Renaissance begann. München 2013, S. 227
34 WHO: Constitution of WHO. Preamble to the Constitution (1948): https://www.who.int/about/mission/en/, Abrufdatum 24.3.2019

und der Schock, wodurch alles andere, einschließlich des Gefühls für sich selbst, ausgeblendet ist, verleitet sie offensichtlich dazu.

Sie und andere Personen, die Beobachter des Geschehens waren, hindern sie selbstverständlich daran, denn schließlich kann es sein, dass diese Person doch schlimmer verletzt ist und es nur nicht merkt! Denn das haben wir alle in Erste-Hilfe-Anleitungen gelernt: Fürsorge und Hilfe bedeutet in einem solchen Fall, die betroffene Person davon abzuhalten »einfach weiterzumachen«.

Fürsorge und Übergriff – ein schmaler Grat

Bei Ihnen läuft also automatisch ein »Programm« zum Schutz der betroffenen Person vor sich selbst ab. Nie kämen Sie auf die Idee, dass Sie nichts tun dürfen, nur weil die Person ja noch laufen kann. Führungskräfte sagen aber durchaus Sätze wie: »Er bringt ja seine Leistung – die Zahlen stimmen immer – es würde ihn sicher kränken, wenn ich ihm sage, dass ich ihn für überlastet halte«, oder: »Na ja, die Belastung bei uns ist schon ganz schön hoch, aber so ist es eben und wir schaffen es ja am Ende immer«, oder: »Im Moment können wir keine Rücksicht auf unsere Freizeitbedürfnisse nehmen – wir sind in diesem Quartal hinter den Erwartungen zurückgeblieben«, – übertragen auf die beschriebene Unfallsituation hieße das: »Man sieht doch, er kriegt alles noch hin – laufen, Sachen aufsammeln – da kann ich doch nicht sagen, dass er sich hinlegen muss!«, und: »Na ja, den hat's schon ganz schön erwischt, aber was uns nicht umbringt, macht uns stark«, oder: »Wir können doch wegen so etwas hier jetzt nicht den Verkehr aufhalten.«

Einmal ganz abgesehen davon, ob Quartalserwartungen realistisch oder unrealistisch sind, ist es in jedem Fall völlig absurd, die Erschöpfung der zur Erfüllung der Aufgabe erforderlichen Werkzeuge – denn das sind die handelnden Menschen – zu riskieren. Zumal diese, zynisch gesagt, heute nicht mehr so einfach austauschbar sind. Wenn schon nicht aus ethischen Gründen, so zumindest aus wirtschaftlichen Gründen ist der fürsorgliche Blick auf die MitarbeiterInnen also integraler Bestandteil von Führung und das nicht erst seit heute, aber heute mehr denn je.

14.2 Von der Nützlichkeit der Primär-Emotionen – auch im Business

In der Tat verlangt das von der Führungskraft die Fähigkeit, feinfühlig auf dem Grat zwischen dem klar definierten Arbeitsleben und der Zone der Privatheit hin und her wandern zu können, ohne dabei die Intimität anderer Menschen zu verletzen. Wie kann dies gelingen? Woher bekommt man dieses Gespür? Ist es so, wie oft gesagt wird, dass man es entweder hat oder eben nicht?

Ich behaupte, dass die meisten Menschen, die dieses Gespür haben, es trainieren, denn selbst wer eine ausgeprägte Anlage dafür hat, muss diese durch regelmäßige Nutzung erhalten. Man kann sich das vorstellen wie einen Muskel – z.B. den Bizeps – jeder/jede hat ihn, aber wenn wir ihn nicht in Bewegung halten, verkümmert er.

Die Fähigkeit, mitzufühlen, ist in uns angelegt, selbst (Säuge-)Tiere trösten in bestimmten Situationen ihren Artgenossen. Das Gefühl eines anderen wird in uns abgebildet und es können beim Beobachter sogar Schmerzen in der beim Betroffenen verletzten Region entstehen. Wir wissen z.B. auch, dass bei Rehabilitationsmaßnahmen bessere Ergebnisse erzielt werden, wenn die übende Person die entsprechenden Bewegungsabläufe vor der Ausführung in einem Video an einem anderen Menschen beobachtet. Das Gehirn simuliert die Bewegung dann schon einmal zur Probe und spricht die Nervenbahnen der entsprechenden Muskeln an.

Seien es nun sogenannte Spiegelneuronen, die von der Wissenschaft immer wieder infrage gestellt werden, die laut Postulat sogar unabhängig von eigener Erfahrung Gefühle und Empfindungen eines anderen in uns entstehen lassen, oder seien es Erinnerungen an eigene Erlebnisse, die eine Resonanz erzeugen – wir können in jedem Fall mitfühlen.

Mitgefühl ist eine jener essentiellen Primäremotionen, die archaisch zur Sicherung unseres physischen Überlebens nützlich waren. Im Falle der Primäremotion Mitgefühl könnte die Erklärung folgendermaßen lauten: »Ohne den anderen kann ich nicht überleben – ich muss ihn retten!«, oder: »Wenn ich dem anderen jetzt helfe, hilft er mir auch, wenn ich verletzt bin – ich brauche den anderen zur Wiederherstellung meines eigenen Equilibriums bei einer Verletzung!«.

Alle primären Emotionen haben diesen simplen Zweck: Sie sichern im weitesten Sinne unser physisches Überleben. Sie wahrzunehmen und auszuwerten, dient der Aufrechterhaltung beziehungsweise Wiederherstellung des störanfälligen Equilibriums in unserem Organismus.

Erst ihre Bewertung auf der Basis moralischer Prinzipien und jeweils historisch geltender Paradigmen gibt diesen eine andere, zusätzliche Bedeutung. Diese Bewertungen erzeugen aufgesetzte Sekundäremotionen, sozusagen mit dem »Großhirn gedachte Gefühle«. Auch diese sind selbstverständlich bedeutsam, weil sie unser »soziales Überleben« in der Gesellschaft, die diese Bewertung vorgibt, sichern, denn wenn wir uns nicht anpassen, werden wir womöglich ausgestoßen.

14.2.1 Von der Fragwürdigkeit der Sekundär-Emotionen – auch im Business

Im Gegensatz zu den Primärgefühlen variieren sie jedoch historisch-kulturell und dürfen daher auch hinterfragt werden, wenn sich z.B. zeigt, dass sie zu einseitig und lebensfremd sind. Das gilt auch für das *Machbarkeitsparadigma*, das in uns ein »gedachtes« Versagensgefühl erzeugt, sobald Körperempfindungen, verbunden mit dem Impuls, diesen nachgeben zu wollen, auftreten (Hunger, Durst, Müdigkeit, Muskelschmerz). Ein »gedachtes« Siegesgefühl entsteht hingegen, wenn wir den »störenden« Impuls kontrollieren und ihm nicht nachgeben.

Verstehen Sie mich nicht falsch – es ist selbstverständlich eine Notwendigkeit und ein Zeichen von Reife, ja eine Kulturleistung, Impulse kontrollieren zu können. Ungünstig ist es nur, wenn sich dieses Verhalten verselbstständigt und wir unhinterfragt auch Empfindungen unterdrücken, denen wir um unserer Gesundheit und unseres Wohlbefindens willen nachgeben sollten. Denn je mehr wir diese Unterdrückung üben, desto schlechter geht es nicht nur uns selbst, vielmehr senken wir auch unsere Fähigkeit, mitfühlend zu handeln, herab.

Schließlich können wir einem anderen doch schlecht etwas zugestehen, was wir bei uns selbst mit großer Anstrengung unterdrücken. Wie aber kann es gelingen, das *Machbarkeitsparadigma* zu bedienen, wo es wirklich sinnvoll ist und ihm zu entkommen, wo es uns schadet?

Introspektion und Observation sind der Königsweg

Erfahrungsgemäß hilft bei der ausgewogenen Haltung zum *Machbarkeitsparadigma* zweierlei: Introspektion und Observation. Mit diesen beiden Fähigkeiten kann es gelingen, einerseits sich selbst nahe zu sein und mit allen Sinnen zu empfinden und andererseits – quasi gleichzeitig – sich selbst und das Geschehen als Ganzes aus einer Außenposition mit unbefangen-neugierigem Fremdblick zu beobachten.

Diese Doppelhaltung, mit der wir geerdet und losgelöst zugleich sein können, ist das, was heute unter dem Heilsversprechen »Achtsamkeit« einen regelrechten Seminar-Boom erfährt. Sicher können wir diese Haltung gezielt methodisch üben, aber jede noch so überzeugende Methode bleibt letztlich wirkungslos, wenn die wichtigste Grundvoraussetzung nicht gegeben ist: die bewusste regelmäßige echte Unterbrechung, denn erst sie ermöglicht einen anderen Blickwinkel.

Insofern finde ich, dass z.B. in der kontrovers geführten Diskussion zum verkaufsoffenen Sonntag ein wesentlicher Aspekt viel zu wenig betont wird: Sollte er eingeführt werden, wird es keine allgemeine Unterbrechung mehr geben.

Nun kann man natürlich dagegen argumentieren, dass es in einer global vernetzten Welt, in der die Online-Shopping-Höchstwerte gerade am Wochenende gemessen werden, für den stationären Handel von Nachteil ist, die Geschäfte an Sonntagen geschlossen zu halten, weil dadurch Umsatz entgeht. Dahinter steckt die Annahme, dass Menschen online einkaufen, weil die Geschäfte geschlossen sind und dies nicht täten, wenn diese geöffnet wären. Diese Annahme erscheint mir recht unüberprüft.

Was dabei aber übersehen wird ist, dass uns allen durch den verkaufsoffenen Sonntag ein viel höheres Gut verloren ginge. Der Sonntag zeichnet sich bislang noch immer durch die Besonderheit relativer Stille aus, die sowohl privater Gemeinschaftspflege als auch besinnlichen Tätigkeiten Raum verschafft. Durch die Lärm- und Aktivitätsreduktion in der gesamten Umgebung entsteht am Sonntag eine Art allgemeiner Pause. Diese ist ganz anders als die persönliche Pause, ein persönlicher freier Tag oder ein Urlaub – all dies findet statt, während die Geschäftigkeit ringsum weitergeht.

INTERESSANT ZU WISSEN

Der Mehrwert der gesetzten Pause:

- Reduziert Stresshormone
- Verbessert die Leistung, weil danach **und** davor mehr Energie vorhanden ist
- Schafft Perspektivenwechsel – ein Problem wird eventuell plötzlich gelöst
- Erhöht die Innovationsrate, weil sie den Zugang zur Kreativität ermöglicht

All das gilt auch schon für die 5-Minuten-Pause, sofern sie geplant ist.

Die allgemeine Pause »zwingt« uns quasi zur Besinnung (also zum finden des Sinns), weil die Ablenkungen durch Außeneinflüsse zumindest verringert sind. Natürlich können wir dieser gewissen Langeweile heute entkommen, weil der aktive Zugriff auf Ablenkungen jederzeit möglich ist, aber wir können dann immerhin wählen und sind nicht durch das hektische Treiben der Umgebung mitgetrieben.

Zudem ist diese allgemeine Pause sogar von großer wirtschaftlicher Bedeutung, denn Studien belegen, dass vor und nach einer bewusst gesetzten Pause (vor und nach Urlaub, aber auch vor und nach kleinen – bewusst gesetzten – Unterbrechungen im Alltag) mehr geleistet wird, wogegen bei bandförmigem Durcharbeiten die Leistungsfähigkeit kontinuierlich absinkt. Das allein spricht schon für die Bedeutung dieser regelmäßigen Pause, aber es gibt noch eine andere Auswirkung, die nicht zu gering geschätzt werden sollte: Wie schon an anderer Stelle erwähnt, können wir erst in der Ruhe zu unseren kreativen Fähigkeiten vordringen, unseren intuitiven Eingebungen Beachtung schenken und wirklich Neues schaffen.

Ideen sind scheu – am besten fängt man sie in der Stille
Erst bei entspannter Grundhaltung wird unser Gehirn in den unteren Betawellen, besser noch in den Alphawellenbereich, versetzt, der uns den Zugang zum Unterbewusstsein verschafft. Alle Sinnesqualitäten sind dann verstärkt, es entstehen »Tagträume« und Bilder. Ein notwendiger Zustand, um Neues überhaupt zulassen zu können. Sobald das Gehirn durch Anspannung im oberen Betawellenbereich arbeitet, schaltet es auf Autopilot.

Das ist ja äußerst sinnvoll zur Bewältigung schnell aufeinander folgender äußerer Anforderungen, denn es wäre viel zu aufwändig, wenn wir uns für jede Handlung alles neu ausdenken wollten. Das Gehirn schaltet daher unsere Kreativität quasi ab und fokussiert. Es greift dabei auf erlernte, bewährte oder mindestens erprobte Muster zurück, um Risiken zu minimieren.

So entsteht der sogenannte Tunnelblick – Chancen eines anderen Weges links und rechts davon können nicht mehr wahrgenommen werden. Wenn wir also keine bewusste Unterbrechung einbauen, riskieren wir, uns nicht weiter zu entwickeln und erzeugen letztlich einen Stillstand.

Genau das gilt leider auch allzu oft für MitarbeiterInnen in großen Organisationen. Die Überstundenstatistik spricht Bände und vermutlich werden sich auch viele derjenigen MitarbeiterInnen, die weniger zu tun haben, möglichst lange und viel beschäftigt zeigen, anstatt ihre Zeit für andere Lebensbereiche zu nutzen, nur um nicht negativ aufzufallen.

Um diese Dauerbeschäftigung – zumal in relativer Unbeweglichkeit an Computern, Telefonen, Zug- und Flugzeugsitzen – durchhalten zu können, müssen wir jede sinnliche Regung verdrängen. Dabei sind gerade unsere Sinneseindrücke und unsere sinnlichen Regungen die Wegweiser zur Balance, und deshalb vermissen wir sie trotz aller Verdrängung und sehnen uns nach ihnen. Das zeigt sich nicht zuletzt daran, wie gut sich jede Art von Ware verkaufen lässt, wenn sie sich einen Anschein der Sinnlichkeit gibt.

Von der Sehnsucht nach dem *Wahren*
Vielleicht kennen Sie das: Sie öffnen eine Packung Bio-Eier und finden darin zwei oder drei Eier, an denen feine Daunenfederchen kleben. Wenn Sie das sehen, haben Sie vielleicht so ein ähnliches Gefühl wie damals, als Sie noch klein waren. Eventuell haben Sie mit Ihren Eltern sogar einmal direkt bei einem Kleinbauern Eier gekauft? Und Sie durften dort womöglich selbst mit in den Hühnerstall, wo es nach sonnenwarmem Holz, nach Stroh und scharfem Hühnerkot roch, wo durch die Latten des Verschlags ein gebündelter Sonnenstrahl fiel, in dem Staubkörnchen tanzten und wo von der niedrigen Decke Spinnweben hingen? In einem der Nester brütete dösend ein Huhn. Sie wurden von der

Bäuerin ermuntert, ruhig in die anderen Nester hineinzugreifen – und da fühlten Sie es: ein noch warmes, perfektes Ei in Ihrer Hand! Es war ein bisschen verschmiert und es klebten ein paar Strohstückchen und sogar ein Federchen daran.

Die Eier, die Sie heute in der Packung kaufen, sind aber eben nur »so ähnlich«, und selbst wenn Sie nie in einem Hühnerstall waren: Es fehlt nicht nur das Drumherum, es fehlen auch die Reste von Kot, Blut oder Eigelb, derentwegen die Federchen ursprünglich (damals wie heute) am Ei kleben bleiben. Heute werden die Eier zunächst blitzsauber gewaschen und das Federchen wird später wieder appliziert. So halten wir ein Derivat oder gar Surrogat der echten Sinnlichkeit in den Händen, das eben auch im übertragenen Sinne bereinigt wurde.

Gerüche und Geschmäcker werden beigemischt, Bauernhof-Atmosphäre wird nachgebaut, Produkte wirken wie von Mutterhand nach altem Hausrezept erstellt und doch sind sie es eben nicht, sie bedienen vielmehr nur eine Sehnsucht: die Sehnsucht nach dem Erleben. Genau dieses Er-Leben wird uns damit aber ab- oder sogar weggenommen.

Die deutsche Sprache hat großartige Vorsilben – mit wenigen Buchstaben vermitteln sie ganze Bedeutungszusammenhänge. Die Vorsilbe »er-« drückt unter anderem Aktivität und Bewegung im Sinne von Veränderungsprozessen aus. Das macht schnell klar, wieso sich »erleben« schlecht an einen Dienstleister delegieren lässt, der das Erlebnis dann fertig von außen an uns liefert: Es handelt sich immer nur um Abbildungen von Erlebnissen.

Besonders perfide ist daran, dass diese Abbildungen das Sehnen nach dem echten Erlebnis niemals wirklich stillen, sodass eine Art Dauersehnsucht anstelle der echten Bedürfnisbefriedigung tritt, die äußerst lukrativ ist, da sich mit diesem Versprechen immer wieder neue Produkte vermarkten lassen.

Erlebnisparks (selbst die Alpen sind zum Teil schon dazu umfunktioniert), Einkaufserlebnisse, Geschmackserlebnisse, all das verspricht etwas, das eigentlich nur in uns selbst und aus uns heraus durch sinnliche Wahrnehmung stattfinden kann: Unsere Sinne sind unsere Verbindung zum Leben.

14.2.2 Das Empfinden wiederfinden

Wenn eine Managerin oder ein Manager ein Coaching in Anspruch nimmt, weil er/sie für sich die nagenden Fragen »Mache ich das Richtige – War es das, was ich immer wollte – Was soll noch kommen?« klären will, lasse ich mir daher immer die Sehnsüchte schildern. Ich frage z.B.: »Wie sähe Ihr Leben aus, wenn alle Ihre Wünsche erfüllt wären?«. Meistens kommen dann schöne, aber auf den ersten Blick stereotype Bilder. So kommt es nicht selten vor, dass jemand antwortet: »Ich hätte gern ein großes Haus am Meer ...«.

Leider wissen wir jedoch von vielen Menschen, deren äußerer Erfolg ein solches Haus gebracht hat, dass deren Sehnsucht und Getriebenheit damit nicht aufhörte. Es könnte also durchaus passieren, dass jemand all seine Zeit und Kraft darauf verwendet, sich ein Haus am Meer leisten zu können und dann, wenn er es hat, doch nicht das Empfinden hat, angekommen zu sein. Der Grund dafür ist, dass es nicht um die Verwirklichung des Bildes geht – das gaukelt uns die Warenwelt ununterbrochen vor – sondern um die Qualität, die damit verbunden wird.

Lassen Sie uns bei dem Beispiel »Haus am Meer« bleiben: Was verbindet die spezielle Person, die den Wunsch ausspricht, damit? Sucht die- oder derjenige Ruhe und Rückzug? Oder gerade Kontakt und viel Besuch? Sieht sie oder er sich mit Kindern spielen oder will Freiraum haben, um Musik zu machen? Sucht er am Meer Inspiration für seine Kreativität oder liebt sie Wassersport? Ist es vielleicht generell ein Wunsch nach Freiheit oder geht es eher um Luxus und Überfluss?

Oft bin ich selbst über die Antworten erstaunt, weil ich – hätte ich nicht gefragt – etwas ganz anderes unterstellt hätte. Aber auch die KlientInnen sind oft erstaunt, weil sie schnell merken, dass es dabei um etwas geht, das ihnen sehr wichtig ist und dass sie es dennoch auf dieses Bild verschieben, anstatt es im Hier und Heute zu suchen.

In einem meiner Kurse bat ich die Teilnehmer einmal, mir so einen richtig großen Wunsch zu nennen – etwas, das sie sich zu gern leisten würden. Eine junge Managerin antwortete wie aus der Pistole geschossen mit dem Markennamen und der Typenbezeichnung eines sehr schnellen, sehr eleganten und sehr teuren Autos. Ich bat daraufhin alle, aufzuschreiben, was sie mit diesem Auto verbinden. Es kamen Antworten wie »Stil«, »Sport« und »Luxus«. Die junge Frau selbst sagte: »Freiheit«, und begann im selben Moment zu weinen. Es stellte sich heraus, dass sie derzeit in einer vollkommen verstrickten Situation lebte, die sie total lähmte. Ihr wurde augenblicklich klar, dass die Qualität Freiheit in ihrem jetzigen Leben so gut wie gar nicht vorkam und dass, selbst wenn sie das Auto an diesem Tag geschenkt bekäme, sie deshalb nicht frei wäre.

Es ist wie mit einer Unternehmensvision: Wenn sie nicht in der Gegenwart angegangen wird, wird sie auch in der Zukunft nicht Realität werden. Die junge Managerin hat übrigens innerhalb eines Jahres die Firma und den Wohnort gewechselt und die Qualität Freiheit wieder in Ihr Leben geholt.

Sinneswahrnehmung schützt vor Seelenblindheit
Die Sinne, die uns Rückmeldung zu den jeweiligen Qualitäten geben, wahrzunehmen, erfordert eine introspektive Haltung. Damit diese aber nun nicht zur reinen Nabelschau gerät, braucht es immer auch den zweiten Teil: die Observation.

Observation bedeutet auf Deutsch Beobachtung, auch Überwachung. Es sind wieder zwei Wörter unserer Sprache, die, wenn wir genau hinhören, die erforderliche Haltung klar beschreiben: Man soll wach und »achtsam« sein und die Sache von einem erhöhten Standort aus als Ganzes sehen. Es ist ein stiller, ein abwartender Vorgang, verbunden mit der Bereitschaft, das Wesen einer Sache zu erkennen, wenn es sich zeigt.

Hier wird noch deutlicher, dass die heute üblichen Formen von Dauerbeschäftigung, sei es mit Arbeitsthemen oder im Bereich von Social Media und Informationsüberflutung, vor allem eines bewirken: eine ausgeprägte Seelenblindheit. Leider kann uns davor niemand außer uns selbst schützen, denn wir müssen bewusst gegensteuern, was schwerfällt, wenn sich die gesamte Umgebung anders verhält und wir schon aus beruflichen Gründen täglich mit dem »Agens«, also der verursachenden Substanz, in Kontakt kommen.

Sie können sich das in etwa so vorstellen, als seien Sie gewohnt, abends regelmäßig ein bis zwei Gläschen Wein zu trinken und Sie wüssten dabei gar nicht, dass Alkohol eine Droge ist. Als Ihnen das nun bewusst wird, möchten Sie sich zumindest immer wieder einmal beweisen, dass Sie nicht süchtig sind und wollen deshalb eine Pause einlegen. Ihre Umgebung findet das aber absolut lächerlich, denn Sie sind einer der ganz wenigen Menschen, der das herausgefunden hat. Partnerin oder Partner und alle Freunde trinken bei Tisch, alle fordern Sie auf, mit Ihnen anzustoßen, und finden Ihre Ablehnung ziemlich spießig … und nun, das Schlimmste: In allen Speisen versteckt sich Alkohol – in der Suppe ein Cognac, in der Soße Rotwein und im Nachtisch ein Likör. Sie bräuchten dann schon sehr viel Standfestigkeit und Aufmerksamkeit, um den Alkoholverzicht durchzuhalten.

Die mediale Verführung zur Ablenkung vom Wesentlichen ist jedoch um vieles größer. Wir sind alle stets der Gefahr ausgesetzt, uns davon gefangen nehmen zu lassen, zumal wir das Internet nutzen müssen und schließlich andererseits ohne Zweifel auch großen Nutzen daraus ziehen.

Eine beobachtende Haltung von Zeit zu Zeit ist daher umso mehr unabdingbar. Aber auch, wenn uns das klar ist, ist es nicht so einfach, diese einzunehmen, wenn man dem Einfluss des Agens ununterbrochen ausgesetzt ist.

14.3 Komfortzone Stress – Wir gewöhnen uns wirklich an alles

Ein häufig zitiertes, angebliches Tierexperiment, das sich leider als erfundene Geschichte herausgestellt hat, mag uns dennoch als Metapher zur Verdeutlichung dienen: Ein Frosch wird in einen Topf mit sehr heißem Wasser gesetzt. Er rettet sich sofort mit einem Riesensatz. Der gleiche Frosch wird in einen Topf mit angenehm lauwarmem Wasser gesetzt und bleibt natürlich darin sitzen. Nun wird das Wasser nach und nach bis zu der Temperatur erhitzt, aus der er sich zuvor mit einem Sprung gerettet hatte – er tut das aber in diesem Fall nicht und stirbt. So drastisch geht es, wie gesagt, nicht, denn am Ende ist natürlich der Überlebenswille stärker, aber es gibt Messungen, dass – z.B. Mäuse – bei langsamer Erwärmung eines Untergrunds, auf dem sie stehen, höhere Hitzegrade ertragen als wenn sie auf einen bereits heißen Untergrund gesetzt werden. Sie haben sich sozusagen nach und nach bis zu einem gewissen Grad an die für sie gefährliche Situation gewöhnt.

Führungskräfte in Unternehmen sind ähnlich wie Stars in unserer Gesellschaft Vorbilder für ein erfolgreiches Leben. Sie stehen zwar nicht so direkt im Rampenlicht wie die Stars der Unterhaltungsindustrie und sind daher nicht so *offensichtlich* gesellschaftlich wirksam wie diese, dennoch haben sie eine sehr starke und zugleich sogar viel direktere Wirkung auf die Menschen in ihrem Einflussbereich. Was sie heute teilweise vorleben, ist aber bedauerlicherweise im Verhalten mit dem in der oben beschriebenen Versuchsanordnung vergleichbar und in vielen Fällen mindestens ebenso schädlich.

Twentyfourseven-Helden
In seiner Antwort auf meine Frage, wie es um seine eigene Life-Balance stehe, drückte es ein Klient, Manager der ersten Führungsebene eines Global Players, so aus:

Wir sind eben Workaholics – wir stehen um 4.00 Uhr auf und arbeiten schon mal was weg … unser CEO schläft grundsätzlich nur 5 Stunden und macht gern auch mal Randtermine! Bei uns gibt's natürlich auch Burn-out-Fälle, aber ganz ehrlich: nur im Human Resource Department …«. (Letzteres heißt übersetzt: »Nicht bei den eigentlichen Helden an der Front, also bei denen, die im operativen Geschäft unterwegs sind.«).

Er betonte die Aussage extra übertrieben so, als sei er sehr stolz darauf, was jedoch zum Glück sarkastisch gemeint war. »Zum Glück«, weil es von einer Diskrepanz zwischen seinen persönlichen Einstellungen und der von ihm beschriebenen gelebten Firmenkultur zeugte, was eine gute Voraussetzung für Reflexion und für nachhaltige Verhaltensänderung ist.

Andererseits sind solche Äußerungen auch erschreckend, weil der Klient damit Anzeichen von Resignation zeigt. Seine Reaktion (»Zynismus« und »Rückzug«) nimmt auf der 12-Stufen-Skala der Burn-out-Entwicklungs-Symptome Platz 8 ein.

Diese Skala (s. o.) beschreibt die Verhaltensänderungen, die eine Person auf dem Weg in die totale Erschöpfung zeigt. Sie wurde von H.J. Freudenberger, einem deutsch-amerikanischen klinischen Psychologen in den späten 1970er Jahren veröffentlicht.

Nach dieser Einschätzung wäre eine Person, die die beschriebenen Signale aussendet, nur noch vier Schritte vom Endpunkt, dem von ihm erstmals beschriebenen »Burn-out«, entfernt. So war es tatsächlich auch in diesem Fall – bei meinem Klienten.

»Ursache von Burn-out ist der Versuch einer Person, unrealistische Erwartungen (ob selbst gesetzt oder vom Wertesystem der Gesellschaft aufgezwungen) mit allen verfügbaren Kräften zu verwirklichen.«
übersetzt nach Herbert J. Freudenberger[35]

In diesem Zitat ist ein ganz unbegreifliches, ja absurdes Verhalten beschrieben, das jedoch viele Menschen in unserer Wirtschaftswelt an den Tag legen. Die eigentliche Ursache ist allerdings auch in dem Freudenberger Satz nicht benannt – denn der Grund dafür, dass Menschen sich so verhalten, warum sie überhaupt etwas Unrealistisches schaffen sollen und es sogar wollen anstatt es in Frage zu stellen, ist damit noch nicht beantwortet.

Wir alle sind natürlich gewohnt, direkte Freuden zu verschieben – das ist Teil jeder menschlichen Erziehung, um uns an unsere jeweilige Gemeinschaft anzupassen und unser Überleben in ihr, aber auch generell zu sichern. Der Verzicht auf momentanes Wohlbefinden ist also normal.

Um jedoch das Machbarkeits-Credo bedienen zu können, lernen wir sozusagen, dauerhafte Unterdrückung vitaler Bedürfnisse und langfristigen Verzicht auf Wohlbefinden. Dazu brauchen wir ein vorgegaukeltes Glücks- oder mindestens Befriedigungsgefühl und das wird ausgelöst durch eine subtile Droge: Stress.

Nicht »Eustress« wie er bei der Bewältigung einer Herausforderung, die im Spannungsfeld zwischen vorhandenen Fähigkeiten und Anforderung mittig angesiedelt ist (siehe Flow-Model) kurzfristig entsteht, sondern Dauerstress, somit also Dys-Stress.

35 Freudenberger, H.J./Richelsen, G. (1980): Burn Out: The high cost of high achievement. Norwell M.A., USA, 1980, S. 16

Stress als Glücks-Droge
Warum aber sollte Stress in der Lage sein, uns ein Glücksgefühl vorzugaukeln? Vordergründig kommen einem zwei Erklärungen in den Sinn: Einerseits die Befriedigung der *Adrenalinsucht*, sie entsteht durch Dauerstress und hat den Vorteil, dass sie Störfaktoren wie Schmerzempfinden, Hungergefühl und Müdigkeit dämpft. Und andererseits das Verbleiben in der *Komfortzone*, was ein Gefühl der Sicherheit erzeugt, welches sich in *jeder* Dauersituation – sogar wenn diese »Stress« heißt – einstellt.

Doch wieder zeigt sich: Eine umfassende Erklärung, warum wir bereit sind, Dauerstress überhaupt zuzulassen, liefern beide nicht. Der Ursprung liegt im Machbarkeitsglauben: Wenn wir uns ständig beweisen, dass wir »es« schaffen, können wir glauben, dass wir die Macher unseres Lebens sind und dieser Glaube verlangt täglich nach neuen Opfergaben. Im Falle der Grundannahme, man habe das eigene Leben (und das Leben an sich) unter Kontrolle, bedeutet das, wir brauchen stets einen Nachschub an Stress.

Indem wir den Stress »bewältigen«, uns selbst dazu bringen, den Hunger, den Schlaf, den Schmerz, die Erschöpfung zu überwinden, desto sicherer können wir uns sein, dass die Annahme der Machbarkeit tatsächlich stimmt. Nicht umsonst gibt es Unmengen von Seminaren mit Methoden zur Stress-Bewältigung. Allein deren Existenz belegt, dass der *Stress als solcher* nicht infrage gestellt wird.

Altes Wissen nutzen

»Der Zwang ist schlimm; doch es besteht kein Zwang, unter Zwang zu leben.«
Epikur[36]

Kehren wir noch einmal kurz zu der in der Einleitung unseres Buches erwähnten Lehre des Epikur (*341 v.Chr.) zurück. Epikur wird als derjenige Philosoph gesehen, der das Lustprinzip zur obersten Maxime erhob. Damit wird er landläufig fast immer als einer, der ein Leben in Saus und Braus predigte, fehlinterpretiert.

Bei genauer Betrachtung stellt sich aber heraus, dass er im Gegenteil geradezu zur Mäßigung aufruft. Er postuliert eine aus Naturbeobachtungen abgeleitete Ethik, die davon ausgeht, dass jedes Wesen von der Unlust (Schmerz) weg hin zur Lust (Wohlgefühl) strebe. Gemeint ist die Erreichung und Einhaltung eines Zustands, in dem wir weder von der Qual des Schmerzes noch vom Getriebensein durch Lust beherrscht sind, und zwar in allen Bereichen des Lebens. Er nennt diesen Zustand die »katastematische Lust« oder

36 Epikur (1980): Briefe, Sprüche. In: Kraus, H.-W. (Hrsg.): Werkfragmente. Stuttgart 1980, S. 81

»Zustandslust«. Erreichbar sei diese durch die maßvolle Befriedigung der Lust, denn ihre Nicht-Befriedigung erweckt Schmerz, z.B. Hunger, und ihre Übertreibung erzeugt ebenfalls Schmerz, im Beispiel bleibend: das Völlegefühl.

Er postuliert drei unterschiedliche Kategorien von treibender Lust: die Grundbedürfnisse wie Essen und Trinken, deren Erfüllung unabdingbar sei, die sexuelle Lust, die nur teilweise notwendig sei, um die »Zustandslust« zu sichern und die Lüste, die auf »leerer Meinung« basierten und keinen Beitrag zur »Zustandslust« leisten.

Seine Lehre, die somit bereits vor 2300 Jahren von Balance und Achtsamkeit spricht, hat bis heute Aktualität, zumal er die Verantwortung obendrein ganz und gar bei uns sieht: »Der Zwang ist schlimm; doch es besteht kein Zwang, unter Zwang zu leben«.

Obwohl er davon ausging, dass die ganze Welt aus winzigen Materieteilchen, den Atomen, besteht, war er davon überzeugt, dass es die Götter gebe, dass diese sich aber nicht für uns interessierten. Eine Vorsehung gebe es daher nicht, denn jede unserer kleinen Handlungen zu planen, sei völlig unter ihrer – der Götter – Würde. Wir selbst müssen also erkennen, wie wir zu der höchsten Form des Wohlbefindens, der Zustandslust, gelangen können.

14.4 Gesundheit basiert auf vier Säulen

Lassen Sie mich passend dazu den Gesundheitsbegriff der WHO wieder aufnehmen und Ihnen ein daraus abgeleitetes Modell vorstellen, das ich in meinen Executive-Coachings anwende, wenn es darum geht, mit den KlientInnen ihre jeweilige Ist-Situation ganzheitlich zu betrachten und mit ihnen herauszufinden, wie es um ihre momentane Balance steht.

Ich wende das Modell auch in Workshops mit Management-Teams an, die sich dem Thema der Gesundheitsverantwortung von Führung stellen wollen, denn auch hier ist der erste Schritt immer die Selbstreflexion.

Noch einmal: »Gesundheit ist ein Zustand völligen körperlichen, emotionalen, mentalen und sozialen Wohlbefindens und nicht nur das Freisein von Krankheit und Gebrechen …«. Darauf basierend entwickelte der ganzheitlich denkende Arzt Dr. Nossrat Peseschkian (1933–2010), Begründer der ressourcenorientierten Psychotherapie, sein Work-Life-Balance-Modell. Seine Botschaft kann folgendermaßen zusammengefasst werden:

»Work-Life-Balance basiert auf vier Säulen und wir können nur zufrieden und somit umfassend gesund sein, wenn wir diesen vier wesentlichen Bereichen ausreichend Beachtung schenken, sodass diese in Einklang miteinander sind.«

Ich habe das Modell im Laufe der Zeit leicht abgewandelt und nenne es außerdem seit jeher Lebens- oder Life-Balance-Modell. Das tue ich, weil mir auffiel, dass der Begriff »Work-Life-Balance« in den Köpfen der Menschen eine 50:50-Aufteilung zwischen Leben und Arbeit erzeugt – mir scheint es aber hilfreicher, dass wir Leben und Arbeiten als ein Ganzes begreifen: Wir haben ein Leben – und die Arbeit ist (nur) eine der Säulen dieses ganzen Lebens.

Die vier Säulen des Modells sind: Sinn – Kontakt – Aufgabe – Körper.

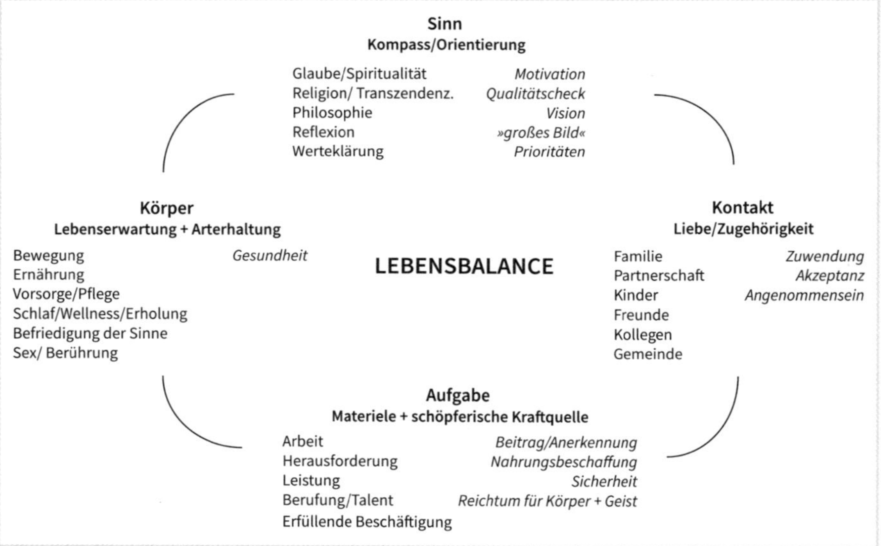

Abb. 3: Das Balance-Modell nach Peseschkian, erweitert durch C. Barth Frazzetta

In Coachings und Workshops gehen wir die vier Säulen des Modells Schritt für Schritt durch und besprechen, weshalb wir den jeweiligen Bereich eigentlich brauchen (in meinem Modell die Stichworte in Normalschrift), was zu seiner »Bedienung« jeweils notwendig ist und welches das dahinterliegende, seit jeher Thema ist (in meinem Modell die Stichworte in Kursivschrift), das dem Bereich seine übergeordnete Bedeutung verleiht.

Wir sprechen auch darüber, wie sich unsere heutige Interpretation der Welt in den einzelnen Bereichen auswirkt, welche grundlegenden, der Balance förderlichen Dinge dadurch in Vergessenheit geraten sind oder ignoriert werden. Wir werden dabei sehr konkret. Zur Veranschaulichung dienen hier zwei Beispiele aus dem Bereich Körper:

- Der nächtliche Blick auf das Handydisplay verursacht Schlafstörungen, da die Lichtquelle über unsere Netzhaut die Produktion des Schlafhormons Melatonin hemmt, beziehungsweise sogar bereits gebildetes Melatonin abbaut. Melatonin ist das Hormon, das den Tag-Nacht-Rhythmus reguliert und die Schlafqualität und somit die Leistungsfähigkeit am Tag positiv beeinflusst.
- Das Konsumieren von Smoothies »überlistet« den Verdauungsvorgang, da keine Konzentration auf die Einnahme der Mahlzeit und vor allem kein Kauen erforderlich ist. Die Verdauung beginnt aber bereits mit dem Kauvorgang, bei dem der Magen durch Boten wie die Speichelamylasen schon »erfährt«, dass gleich Nahrung kommen wird, sodass er das Hungersignal abschalten kann. Da er bei Flüssignahrung keine Vorwarnung erhält und auch anschließend keine zeitverzögernde Beschäftigung für ihn und den restlichen Verdauungstrakt kommt, steigt der Blutzucker zu plötzlich an, sodass in der Regel »vorsichtshalber« viel Insulin ausgeschüttet wird, um diesen schnellstens abzutransportieren. Es tritt keine nachhaltige Sättigung ein.

Wenn du es eilig hast, gehe langsam. Wenn du es noch eiliger hast, mache einen Umweg. (Japanische Weisheit)

Vieles davon ist den Teilnehmern bekannt und kommt in der Plenumsdiskussion ohne mein Zutun direkt aus ihrem Kreis, dennoch wird es jedes Mal nach einer Weile still. Es entsteht eine nachdenkliche Stimmung, denn in der Gesamtheit wird auf einmal deutlich, dass ein balanciertes und damit letztendlich glückliches Leben keine längerfristige Vernachlässigung auch nur eines dieser Bereiche erlaubt. Alle vier haben für die Bilanz (das Wort kommt schließlich vom lateinischen Wort für Waage) des Lebens das gleiche Gewicht.

Erinnern Sie sich daran, dass der Geschäftsführer, den ich im vorigen Kapitel erwähnte, als er die Situation seines Direct Reports schilderte, von der »Rush Hour« des Lebens sprach? Ich habe den Begriff dort zunächst unhinterfragt stehen gelassen, weil ich finde, dass das darin enthaltene Paradoxon an dieser Stelle viel deutlicher wird. Ich weiß nicht, wie es Ihnen damit geht, aber mir fällt bei »Rush Hour« sofort eine unerfreuliche Situation ein, von der ich, wenn ich in sie hineingerate, nur hoffe, dass sie so schnell wie möglich vorbei gehen möge.

Nun handelt es sich aber bei der mit dieser Metapher bezeichneten Lebensphase um eine der schönsten und reichsten überhaupt. Gut, das mag vielleicht Ansichtssache sein, aber sicher ist auf alle Fälle, dass sie sich nicht wiederholen lässt. Jetzt können Sie sagen, das gelte auch für alle anderen Phasen und auch ließe sich so einiges nachholen, respektive später machen oder kurz gesagt: verschieben.

Eine zusätzliche Kompetenz könne man auch noch in ein paar Jahren erwerben und einen Hausbau beginnen, wenn es besser passt, Hobbys könne man irgendwann wieder aufleben lassen, und selbst Muskeln ließen sich auch nach geraumer Zeit der Vernachlässigung wieder aufbauen.

Eines allerdings, das in der vom erwähnten Manager geschilderten Lebenssituation seines Direct Reports auftaucht, lässt sich nie nachholen – das bewusste Großziehen der Kinder. Die Kompromisse, die zuungunsten dieser Aufgabe gemacht werden, haben nachhaltig negative Auswirkung auf das eigene Glücklichsein (und meist auch auf das der Kinder). Wer keine Kinder hat, steht nicht vor diesem Problem und ich nehme dieses Beispiel auch nur, weil hier die systemische Wirkweise des Modells besonders deutlich wird, denn das Gleiche gilt für alle erwähnten Bereiche.

Früher oder später wirkt sich eine Vernachlässigung negativ auf das ganze Leben aus: Die Freunde bleiben aus, die Partnerin oder der Partner suchen sich jemand anderen, der Körper reagiert z. B. mit einem Bandscheibenvorfall, der eine längere Fehlzeit am Arbeitsplatz zur Folge hat, oder einem Bluthochdruck, der in vielfältiger Weise den Totalausfall auslösen kann, am Arbeitsplatz passieren gravierende Fehler, der Anschluss wird verpasst, usw.

In meinen Workshops bitte ich die Teilnehmer, auf einem simplen kleinen Arbeitsblatt, auf dem das Modell vereinfacht dargestellt ist, eine spontane Selbsteinschätzung vorzunehmen. Sie sollen dazu um jeden Bereich einen Kreis machen, der die Intensität der Aufmerksamkeit symbolisiert, die sie ihm widmen. Noch einmal sei betont: Es geht bei den vier Bereichen der Lebensbalance nicht um eine Vierteilung der Zeit, sondern um ausreichende Qualitätszeit, die ich dem jeweiligen Bereich schenke, sodass dieser erblühen kann.

Das Ergebnis ist bei ManagerInnen fast immer ähnlich: Sie zeichnen einen sehr großen Kreis um den Bereich Arbeit und alle anderen Bereiche bekommen einen deutlich kleineren – am kleinsten ist aber fast immer der im Bereich »Sinn«. Der Grund dafür ist einfach. Lassen Sie es mich so ausdrücken: Jeder Bereich schreit irgendwann laut oder macht sich spätestens durch Unstimmigkeiten bemerkbar. Einer aber nicht: der Bereich »Sinn«. Er erfordert unser ständiges aktives Hingehen und Hinsehen.

Das gilt natürlich eigentlich für alle Bereiche, aber wenn wir es nicht tun, melden sie sich, wie gesagt. Im Bereich Sinn hingegen erhalten wir keine so offenbare Warnung, wenn wir ihm zu wenig Aufmerksamkeit schenken. Genau das ist fatal, denn er hat Auswirkung auf alle anderen Bereiche, denn er steuert sie geradezu. Es sind insbesondere Auseinandersetzungen mit Sinnfragen und die Antworten, die wir uns geben, die unserem Leben Richtung und Halt geben.

14.5 Sinn des Lebens und Lebenssinn

Es geht dabei nicht um die Frage nach dem Sinn allen irdischen Lebens, aber doch um die Antwort auf die Frage: Was gibt meinem Leben Sinn, was ist mir wirklich wichtig, wer will ich sein? Sie soll also eine Klärung der eigenen Werte und Zukunftsvorstellungen und Ableitung übergeordneter Prioritäten daraus liefern.

So kann der Bereich Sinn, sofern er ausreichend Aufmerksamkeit erhält, als eine Art Kompass für das Wohin fungieren und zugleich ganz pragmatisch und direkt ein persönliches Rezept für die alltägliche Handlungsebene liefern: Was führt in die richtige Richtung, was in die falsche? Was passt dazu, was nicht?

Nun mögen Sie einwenden, dass das Leben doch auch von Zufällen bestimmt werde. Das stimmt natürlich, aber damit diese in unserer Wahrnehmung überhaupt zugelassen werden, beziehungsweise auf ihre Stimmigkeit für uns selbst überprüft werden können, brauchen wir genau diesen persönlichen Kompass. Was nützt es, wenn mir ein Superjob angeboten wird, für den ich keinerlei Passion empfinde? Nicht selten – ich erwähnte es bereits – fragen sich Manager in der Lebensmitte und auf dem Höhepunkt ihrer Karriere (jedenfalls von außen betrachtet): War es das, was ich wollte?

Menschen, die sich für den Bereich Sinn regelmäßig Auszeiten nehmen, z.B. in Form einer kontemplativen Beschäftigung, behalten das große Bild ihres Lebens im Blick und wissen daher auch sehr genau, wozu sie in ihrem Unternehmen von Herzen Ja sagen können, wo sie kurzfristig um der Sache willen einen Kompromiss eingehen können und wo sie den Mut für ein klares Nein aufbringen müssen, um sich und ihre Werte nicht zu verleugnen. Sie werden sicher und angstfrei, weil sie unterscheiden können, welchen Teil des Lebens sie tatsächlich beeinflussen und welchen sie wirklich nur hinnehmen können. Diese Menschen übernehmen in der Regel gern Verantwortung und wirken, ganz nebenbei, auch sinnstiftend auf andere.

Eine Führungskraft, die sich auf diese Weise mit sich selbst auseinandersetzt und das eigene Handeln in diesem Sinne überprüft, weiß, dass die vier Lebensbereiche auch bei

Ihren MitarbeiterInnen individuell ausgewogen sein müssen, damit diese im umfassenden Sinne gesund bleiben (Fürsorge) und dem Unternehmen langfristig mit individuell hohem Energielevel zur Verfügung stehen können (unternehmerischer Blick). Individuell deshalb, weil »ausgewogen« für junge Eltern auf einer anderen Verteilung basiert als z.B. bei reifen ExpertInnen, die nur noch wenige Jahre arbeiten werden. Und individuell, weil selbst Menschen in der gleichen Lebensphase unterschiedlich hohe Energielevel haben.

Die reflektierte Führungskraft wird daher ein besonderes Augenmerk für den Aspekt MitarbeiterInnenbefinden haben und überdies auch selbst als Vorbild fungieren. Möchte man nun obige Gedanken und Anstöße in das Gesamtmodell des Unternehmenserfolgs integrieren, so wird klar, dass hier nicht nur ein Umdenken stattfinden muss. Wir müssen vielmehr dahin kommen, *Werte* – also *Wertschöpfung und Wertermittlung* – von Unternehmen neu zu definieren, um ein *Wert-erhaltendes* Handeln zu ermöglichen.

Selbstreflexion

SINN-Fragen

Spielerische Leichtigkeit ins Leben bringen

- Empfinden Sie häufig Freude?
- Pflegen Sie regelmäßig ein Hobby?
- Erleben Sie Ihre Kinder (Partner-in/Freunde) oft genug?

Irrwege verlassen

- Entsteht mit bestimmten Menschen immer wieder der gleiche Stress?
- Hat Ihre heutige Situation nur wenig mit Ihrem Lebenstraum zu tun?
- Ist bei Ihnen das allermeiste dringend?

Natürliche Persönlichkeit entfalten

- Schätzen Mitarbeiter und Kunden Ihren Rat?
- Sagen Sie das, was Sie denken und handeln danach?
- Kennen Sie Ihr Persönlichkeits-Muster?

Nutzen persönlicher Stärken erkennen

- Fällt Ihnen Ihre Arbeit leicht und macht sie Spaß?
- Haben Sie eine unausgesprochene informelle Rolle im Unternehmen?
- Können Sie schwierige Situationen mit Ihrem Humor meistern?

(Richtig gut geht es Ihnen, wenn Sie alle S-N-N-Fragen mit »ja« und alle I-Fragen mit »nein« beantwortet haben!)

Claudia James

14.6 Modell für ein gesundes Wirtschaften

Aus unserer Sicht geht der Weg zu einem gesunden Wirtschaften also über eine erweiterte und eigentlich vollständigere Definition von wirtschaftlichem Erfolg und damit *zukünftig* hoffentlich einhergehend einer neuen Art und Weise der Bewertung von Unternehmenserfolg.

14.6.1 Vier Säulen für einen ganzheitlichen Unternehmenserfolg

Das Modell, das ich deshalb vorschlage, besteht aus vier Säulen, die ich hier zunächst mit je 25 % als gleichgewichtete Teile vorstellen möchte:

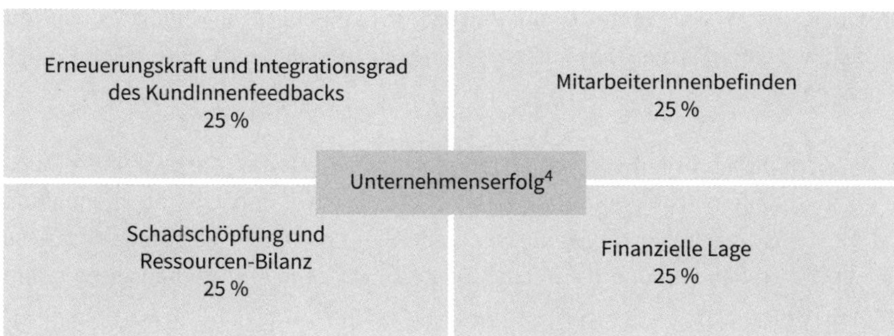

Abb. 4: Erfolg[4]: Vier Säulen für einen ganzheitlichen Unternehmenserfolg

Um diese in die im Berichtswesen gängigen Denk- und Bewertungsraster eingliedern zu können, sollten idealerweise Berechnungsmodelle gefunden werden, die es möglich machen, alle Säulen mit Kennzahlen und da, wo möglich, auch monetär, auszudrücken – denn so sind wird es nun einmal gewohnt, Wert zu ermitteln und zu verstehen.

Ich spreche ausdrücklich von einem Modell, das einen Diskussionsbeitrag liefern soll. Im Idealfall führt er dazu, dass sich Menschen aus unterschiedlichen Disziplinen (Ökonomie, Soziologie, Philosophie, Psychologie, Ökologie, Medizin, Biologie etc.) zusammenfinden, um eine neue und einheitliche Definition von Unternehmenserfolg zu erarbeiten, abzustimmen und zu etablieren.

Möglicherweise ergibt sich in Zukunft auch eine Methode der Unternehmensbewertung aus dieser Art von Betrachtung. Das mag utopisch erscheinen. Allerdings zeigt ein Blick auf gegenwärtige Börsenwerte von Unternehmen, dass vieles möglich ist und der Wert einer Firma auch auf Schätzungen und »Wetten« auf zukünftigen Erfolg beruhen kann.

Zudem wird der Unternehmenserfolg bzw. -wert heute aus meiner Sicht einseitig ermittelt und berücksichtigt neben der Wert*schöpfung* nicht ausreichend die Wert*zerstörung*, die es evtl. auch betreibt und auf dessen Basis vielleicht sogar sein Erfolg erst erreichbar wird, ohne dass eine ausreichende Kompensation dafür erfolgt.

14.6.2 Begründung des Modells

Wenn man sich fragt, was mit dem jetzigen *Machbarkeitsparadigma* falsch läuft und die platte Antwort darauf lautet, dass wir dadurch in ein Hamsterrad geraten sind, das uns selbst und unsere Welt zerstört oder zumindest maßgeblich beschädigt, dann muss man sich andererseits die Frage stellen, ob und wie man dies evtl. berichtigen/ändern/abschaffen kann.

Die vielleicht paradoxe Antwort darauf lautet in meinem Modell, dass wir uns mit unseren eigenen Waffen schlagen müssen. Das heißt, dass wir zunächst auch annehmen, dass wir etwas »machen und beeinflussen«, allerdings zwingt uns das Modell dazu, ausbalancierter zu handeln und dabei auch Dinge zu »lassen« bzw. zu bewahren oder zu kompensieren.

Warum sind also genau die oben benannten Säulen in dieses Modell eingegangen und nicht andere? Meine Überlegungen fußen auf Erfahrungen und Beobachtungen aus der Praxis und unterstellen, dass mit den benannten Säulen eine Reflexion und Steuerung unternehmerischen Handelns vorgenommen werden kann, durch das wiederum ein gesünderes Wirtschaften möglich werden soll und welches den Erfolg und Wert unterschiedlicher Firmen vergleichbar macht.

Die Säulen sollen dazu führen, dass in einem Unternehmen neben finanziellem Erfolg, der zweifelsohne bestehen bleiben muss, auch Innovation, MitarbeiterInnenbefinden und Umweltauswirkungen bewusst positiv beeinflusst werden, sodass dadurch ein besseres Gleichgewicht für alle entsteht.

Grundsätzlich sei bemerkt, dass ganzheitlicher Unternehmenserfolg die Beachtung des gesetzlichen Rahmens der Länder bzw. der Regionen, in denen eine Firma agiert, voraussetzt. Außerdem wäre – wie bei einigen gesetzlichen Kriterien – zu bedenken, die

Säulen erst ab einer gewissen Unternehmensgröße (verpflichtend) einzuführen, da die Kapazitätsverteilung und die finanzielle Basis in großen Firmen eine andere ist als in kleinen.

14.6.3 Gleichwertigkeit

Die Ermittlung und Darstellung des Geschäftserfolgs wird in meinem Modell ganz bewusst auf vier gleichwertige Säulen gestellt, die jede zu 25 % Einzug finden. Der Grund: Durch die gleiche Gewichtung verliert sich der einseitige Fokus auf derzeitige finanzielle Erfolgskennzahlen. Erfolg wird durch weitere Bereiche ausbalanciert und erhält eine umfassende Definition.

14.7 Säule 1: Erneuerungskraft und Integrationsgrad des KundInnen-Feedbacks

14.7.1 Definition

Mit Erneuerungskraft meine ich die Stärke eines Unternehmens in den Bereichen Innovation und Verbesserung von Leistungen bzw. Produkten. Geeignete Bewertungsraster wie z. B. die Rate, Quote und der Grad von Innovationen und Verbesserungen existieren bereits. Hat man das geeignete Bewertungsraster ausgewählt, fließt dieses zu einem hälftigen Anteil in die 1. Säule.

KundInnenfeedback umschließt in diesem Modell Äußerungen bestehender oder auch potenzieller KundInnen zu den Leistungen eines Unternehmens oder zum Unternehmen selbst. Das kann eine explizite Aussage oder Reaktion zu einem Produkt sein, beispielsweise eine Beschwerde, ein Lob, eine allergische Reaktion auf eine Produktkomponente, eine Frage nach einer Zusatz- oder Ergänzungsleistung oder die Schilderung eines Problems, das ein Kunde mithilfe des Produktes lösen möchte.

Die KundInnenäußerung umschließt ebenfalls Verhalten, wie z. B. das Anklicken eines bestimmten Informationsgehalts auf der Unternehmenswebsite, oder des »Sharebuttons« zur Weiterempfehlung eines Produktes an andere. Auch der Absatz, bzw. die Absatzentwicklung können als »KundInnenäußerungen« gewertet werden, die sich in einer Kaufhandlung niederschlagen. In diesem Fall wäre der Absatz vom Umsatz getrennt zu sehen, da Letzterer in die finanzielle Lagebewertung einfließt. Ob allerdings der Absatz in die 1. Säule eingerechnet wird, muss genauso wie alle anderen zu wertenden Kriterien im Bewertungs-Team diskutiert werden.

Das KundInnenfeedback variiert je nach Produkt. Es ist deshalb wichtig, sich innerhalb des Unternehmens zunächst darüber klar zu werden, was als KundInnenfeedback anzusehen ist und was nicht. Erst danach ergibt es Sinn, sich Gedanken über die bestmögliche Integration des Feedbacks zu machen.

14.7.2 Auswirkungen auf Unternehmensprozesse

Die kontinuierliche Integration von KundInnenfeedback ist eine das gesamte Unternehmen betreffende Angelegenheit. Gelingt es, gibt es kaum einen Bereich, auf den dieses nicht irgendeine Auswirkung hat bzw. haben kann: Die ernsthafte Beschäftigung mit den Wünschen, Sichtweisen und Bedürfnissen von KundInnen zieht eine ganze Reihe von Schritten nach sich, die in die unterschiedlichsten Unternehmensbereiche ausstrahlen, vom Vertrieb über den Innendienst bis hin zu Einkaufs-, Marketing-, Entwicklungs- oder Qualitätssicherungsfunktionen und der Logistik, um nur einige zu nennen.

Schaut man auf die übergeordneten Unternehmensprozesse, treten die augenfälligsten Auswirkungen beim *Produktions- und Vertriebsprozess* und dem sogenannten *PLM-Prozess* (Product-Lifecycle-Management) auf. Dabei beschreibt der Produktions- und Vertriebsprozess den Weg des Produktes von der Produktion bis hin zu den KundInnen und der PLM-Prozess den »Lebensweg« eines Produktes von seiner Entwicklung/Geburt bis hin zum »Outphasing«/Sterben.

Um erfolgreich zu sein und wertvolle Lösungen zu bringen, müssen in diesen Prozessen Ankerpunkte geschaffen werden, an denen das KundInnenfeedback aufgenommen, insbesondere innerhalb des Unternehmens weiterkommuniziert, beantwortet, ausgewertet und weiterverarbeitet wird, sodass die nötige Information bzw. der nötige Handlungsimpuls wieder zurück zu den KundInnen gelangt. Nur wenn alle diese Schritte gelingen, kann man aus meiner Sicht von einer gelungenen Integration sprechen.

Abb. 5: Beispiel für Ankerpunkte bei der Integration von aus KundInnenfeedback gewonnenen Erkenntnissen in Unternehmensprozesse

Impulsgeber zur Zukunftssicherung
Eine Firma, die sich am Feedback ihrer KundInnen ausrichtet, beschäftigt sich automatisch mit bestehenden, aber auch möglichen zukünftigen Bedürfnissen ihrer KundInnen. Das bringt den nützlichen Effekt mit sich, dass dadurch ein wichtiger und kontinuierlicher Motor für Innovationen bzw. Produktverbesserungen genutzt wird.

Aus meiner Sicht ist dieser Motor ein Geschenk für die Zukunftssicherung eines Unternehmens. Oder anders gesagt: Es ist außerordentlich gefährlich, wenn ein Unternehmen aufhört, sich um seine »Pipeline«, also den Nachschub von neuen Produktideen und -leistungen zu kümmern. Die Beschäftigung mit dem Feedback der KundInnen zwingt eine Firma dazu, nicht einzurosten oder sich auf möglicherweise bestehendem Erfolg auszuruhen. Im Gegenteil werden dadurch immer wieder wichtige Impulse gesetzt, die mit Sicherheit einen großen Einfluss auf die Ideen in der Produkt-Pipeline haben.

Die »richtigen« Botschaften und Handlungen aus den KundInnenäußerungen abzuleiten, ist deshalb eine besonders lohnende, manchmal jedoch nicht ganz einfache Aufgabe.

14.7.3 Die richtigen Schlüsse ziehen

Dort, wo das KundInnenfeedback originär ankommt, z. B. im Vertrieb oder in einem Callcenter, sollten im Zuge der Aufnahme bereits Mechanismen vorliegen, relevantes Feedback später auswerten zu können. In vielen Fällen macht es Sinn, die Auswertung sowohl nach quantitativen als auch nach qualitativen Aspekten zu ermöglichen.

Quantitative Auswertungen sind in der Regel relativ einfach aufzusetzen. Mögliche Beispiele sind: Anzahl der Anrufe/Mails/Klicks, Anteil der positiven/negativen Äußerungen, Anteil der Fragen zu einem bestimmten Thema etc.

Qualitative Auswertungen hingegen müssen aufgrund ihrer inhaltlichen Komplexität nach gut durchdachten Kriterien zusammenfassbar sein. Das erfordert am Anfang Zeit und Sorgfalt bei der Auswahl von Auswertungskriterien.

Die Botschaft hinter der Information
Nicht selten sind Verbesserungsvorschläge von KundInnen nicht in der Form umsetzbar, wie sie geäußert werden oder sie widersprechen der Wirtschaftlichkeit eines Unternehmens. Man sollte sie deshalb aber nicht standardmäßig verwerfen, denn sie können trotzdem wertvolle Impulse geben. Die Idee von KundInnen zur Produktverbesserung mag vielleicht nicht passend sein, die ihr zugrunde liegenden Gedanken könnten jedoch einen inspirierenden und wichtigen Anstoß für die Weiterentwicklung eines Produktes geben.

Stellen Sie sich einen Kunden vor, der sich bei einem Vertriebsmitarbeiter über ein Produkt der Firma beschwert. Im Zuge seiner Beschwerde – und im besten Fall sogar vom Vertriebsmitarbeiter dazu befragt – äußert der Kunde einen Verbesserungsvorschlag, der dazu führen würde, dass sich seine Beschwerde und vielleicht sogar auch die anderer KundInnen erledigt. In so einem Fall ist es wichtig, dass das Feedback nicht nur als Beschwerde in die Statistik eingeht, sondern dass der Verbesserungsvorschlag Eingang in die richtigen Kanäle findet. Dafür sollte also ein Ankerpunkt vorhanden sein, an dem eine Bewertung und nachfolgende Verteilung der Information stattfindet.

Steuerung des Informationsflusses

Die Bewertung kann zum einen die Validität des Verbesserungsvorschlages überprüfen. Danach ist es wichtig, dass zum anderen der Informationsfluss richtig gelenkt wird, also dass der als valide bewertete Verbesserungsvorschlag oder das nach wie vor bestehende Problem z. B. bei der Entwicklungsabteilung der Produkte ankommt und seinen Weg vorher über das Marketing nimmt, damit die Produktmanager und -strategen ebenfalls ihre notwendigen Schlüsse daraus ziehen und Handlungen ableiten können.

Insofern sind das Aufsetzen von qualitativen KundInnenfeedback-Auswertungen und die Schaffung von Prozessen zur richtigen Weitergabe und Integration der Informationen eine Managementaufgabe. Der Informationsstrom ist zudem ein sehr lebendiger und iterativer Prozess, der ein hohes Maß an Disziplin von allen Beteiligten fordert, damit dieser dauerhaft funktioniert und wertvolle Lösungen entstehen, die ein Unternehmen weiterbringen.

Das richtige Maß finden

Einen geeigneten Messfaktor (KPI) für den Integrationsgrad von KundInnenfeedback zu finden, ist eine besonders spannende und anspruchsvolle Aufgabe für die entsprechenden Leitungsfunktionen eines Unternehmens. Denn wird dieser inhaltlich valide befüllt, sollte er darüber Auskunft geben können, wie tief und wie gut eine Firma nach quantitativen und qualitativen Aspekten das Feedback ihrer KundInnen integriert hat – den Integrationssgrad des KundInnenfeedbacks.

Die Individualisierung auf das eigene Unternehmen oder Geschäftsmodell ist wichtig, damit Aussagekraft und Steuerungsfähigkeit der Indikatoren stark sind und bleiben. Dabei ist es unabdingbar, dass die Anzahl der Indikatoren begrenzt wird. Es ist erfahrungsgemäß besser, wenige aussagekräftige Faktoren zu haben, als eine Masse von unübersichtlichen Daten, die sich niemand anschaut.

Routinen nutzen – Aufwand begrenzen
Die heutigen Systeme in Unternehmen bieten in der Regel eine Vielzahl an automatisierten Möglichkeiten, bestimmte Daten befüllen zu lassen, beispielsweise über Ticketsysteme bei der Annahme von KundInnenanfragen und Daten aus dem CRM (Customer Relation Management). Auch Monatsberichte können so gestaltet werden, dass eine bestimmte »Rubrik« von den MitarbeiterInnen routinemäßig befüllt wird, um einen KPI zu speisen.

Trotzdem möchte ich noch einmal darauf hinweisen, dass man gut daran tut, die Datensammelei nicht zu übertreiben und sich im Unternehmen immer wieder fragt, welche Daten wirklich gebraucht werden und welche nicht. Die nicht verwendeten müssen konsequent und immer wieder aussortiert werden, denn das schafft wieder Arbeitszeit und -freiräume für wichtiges anderes.

14.7.4 Mit KPI abteilungsübergreifende Teamarbeit sichern

Das Einrichten von KPI ist eine hervorragende Gelegenheit für abteilungsübergreifende Teamarbeit, denn es sind entlang eines Unternehmensprozesses immer mehrere Abteilungen bzw. Bereiche eines Unternehmens betroffen. Darüber hinaus verbinden gemeinsam erstellte KPI die MitarbeiterInnen untereinander und holen sie aus verschiedenen Unternehmensbereichen ins Boot. Diese so zusammengebrachten überfunktionalen (aber temporären) Teams und ihre Mitglieder können später als Multiplikatoren und »Mentoren« fungieren, wenn es darum geht, den Rest der Mannschaft eines Unternehmens zum Mitmachen zu motivieren.

Ein solches Vorgehen sichert der Unternehmensleitung eine größere Chance auf Umsetzung und Erfolg der KPI, da diese nicht als »von oben« oktroyiert empfunden werden, insbesondere dann nicht, wenn sie von KollegInnen für KollegInnen vorgestellt und erklärt werden.

In den gewiss aufkommenden Diskussionen bei der Vorstellung und Erklärung sollte ebenfalls gesichert sein, dass Verbesserungsideen gehört und – nach der Diskussion im KPI-Team – ggf. auch nachträglich noch eingearbeitet werden. Das stärkt zusätzlich die Akzeptanz von Messindikatoren in der Belegschaft.

14.7.5 Den Fokus auf die wesentlichen Werte legen

Indem die kontinuierliche Integration des KundInnenfeedbacks gleichwertig – d. h. mit dem gleichen Wert – neben die anderen drei Säulen meines Modells gestellt wird, erfolgt notwendigerweise eine starke Fokussierung auf diesen Bereich. Das könnte Unternehmen insofern sehr guttun, als dass im Zuge heutiger Strategien und (übersteigerter) Wachstumsziele nicht selten der KundInnenfokus verloren geht bzw. gegangen ist.

Die Ohnmacht der Verkäufer

Ich habe im Laufe meiner Berufstätigkeit mannigfaltige Schilderungen von VertriebsmitarbeiterInnen aus unterschiedlichen Unternehmen gehört, die einerseits bzgl. ihrer Verkaufszahlen immer stärker unter Druck gesetzt werden, andererseits jedoch kaum noch durchdringen zur Riege der Marketing- und Strategiemanager, um zu artikulieren, was ihnen dabei helfen würde, die Wünsche ihrer KundInnen zu befriedigen und damit ihre Verkaufsziele besser zu erreichen.

Meine Beobachtung ist, dass sogar das Gegenteil der Fall ist: Mit der Globalisierung geht eine Harmonisierung von Produktportfolios einher, wodurch in der Regel auf regionale Besonderheiten immer weniger Rücksicht genommen wird. Dadurch haben VertriebsmitarbeiterInnen naturgemäß auch immer eingeschränktere Möglichkeiten, auf regionalbedingte KundInnenwünsche oder Befindlichkeiten einzugehen.

Zusätzlich hat sich ein weiterer Trend durchgesetzt: Aus der Firmenzentrale werden eine ganze Reihe von Monitoring- und Berichts-Tools herausgegeben, um VertriebsmitarbeiterInnen auf Schritt und Tritt zu folgen und sogar täglich oder wöchentlich deren Umsatz mit dem Soll vergleichen zu können.

Zwar gibt es in den Berichts-Tools meist auch die Möglichkeit für die VertriebsmitarbeiterInnen, eine Rückmeldung zu bestimmten Themen oder Vorkommnissen zu geben, wodurch theoretisch schon jetzt der Informationsfluss zum Thema KundInnenfeedback gestärkt werden könnte. Das setzt allerdings voraus, dass in der »Zentrale« auch der Wunsch, Kapazitäten und Möglichkeiten vorhanden sind, diese Informationen aufzunehmen, auszuwerten und weiterzugeben, was ich in vielen Unternehmen allerdings anzweifele.

Die oben geschilderte Entwicklung bedeutet einerseits, dass die Möglichkeiten für die VertriebsmitarbeiterInnen, KundInnenwünsche vor Ort zu befriedigen, eher abnehmen, dass ihnen Möglichkeiten, sich dazu zu artikulieren und an die Verantwortlichen zu richten, jedoch häufig fehlen und der Verkaufsdruck aber zunimmt. Eine perfektere Grundlage für Frustration und das Gefühl der Ohnmacht kann ich mir kaum vorstellen.

Ventile schaffen für mehr Motivation
Eine Rückkehr zu einer für alle Seiten vernünftigen Balance führt aus meiner Sicht nur über den Weg der Integration von KundInnenfeedback. Denn soll KundInnenfeedback in allen Unternehmensbereichen gehört werden, muss zu allererst denjenigen zugehört werden, die im Kontakt mit den KundInnen sind und das sind die VertriebsmitarbeiterInnen.

Da es sich dabei in der Regel um eigene MitarbeiterInnen handelt, wird hier auch oft von »internen KundInnen« gesprochen. Den eigenen MitarbeiterInnen Gelegenheiten zu geben, sich zu äußern und ihnen zu zeigen, dass ihre Äußerungen gehört und verarbeitet werden, bietet eine unschätzbare Grundlage für Motivation.

14.7.6 Gewinn/Verlust

Sowohl die Erneuerungskraft als auch der Integrationsgrad von KundInnenfeedback können aus meiner Sicht als Gewinn oder Verlust dargestellt werden. Der Umsatzbeitrag einer Innovation ist messbar, genauso wie die Kosten von Innovationen, die keinen Erfolg hatten.

Die von Kunden erhaltenen Feedbacks werden ebenfalls mit einem Wert versehen. Letztendlich ist dieser Wert kein geringerer als der, den ein Unternehmen für Marktforschung bezahlen würde. Die Verarbeitung der Feedbacks kommt einer Veredelung der Information gleich und kann in unterschiedlichen Formen weitere Werte generieren. Als simple Antwort im Kundenservice (Stärkung der Kundenbeziehung), als Innovationsimpuls für Marketing und Vertrieb (Füllung der Produktpipeline), Verbesserungsvorschlag in der Qualitätssicherung (Stärkung der Produktsicherheit) usw. Geschieht dies jedoch nicht, dann entgehen dem Unternehmen Werte und Impulse für seine Kundenbeziehung und seine Weiterentwicklung.

Für eine Gewinn-Verlust-Rechnung wäre also zu überlegen, ob der eingangs dem KundInnenfeedback zugeordnete Wert nur dann wirksam wird, wenn er auch eine Verarbeitung in irgendeiner Form findet. Ist dies nicht der Fall, würde der Wert negativ in die Bilanz eingehen. Umgekehrt könnte sich der Eingangswert verdoppeln oder sogar vervielfachen, je mehr Ergebnisse aus ihm generiert werden.

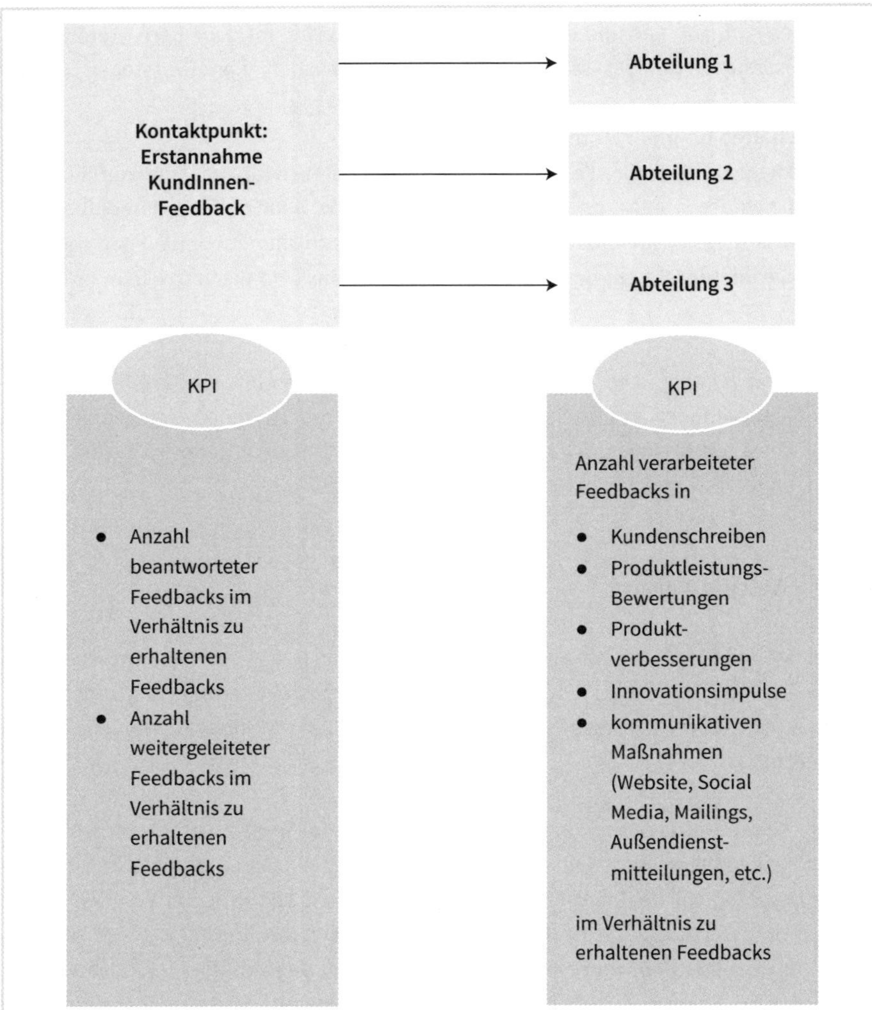

Abb. 6: Beispiele für Messpunkte und die Ermittlung des Integrationsgrads von KundInnenfeedback

14.8 Säule 2: MitarbeiterInnen-Befinden

14.8.1 Definition

Ich habe diese Säule weder MitarbeiterInnengesundheit noch MitarbeiterInnenzufriedenheit genannt, denn für mich umschließt das Befinden von MitarbeiterInnen beides – und beides ist wichtig.

Plakativ gesprochen könnte man das MitarbeiterInnenbefinden als das Gefühl und den Zustand bezeichnen, mit dem MitarbeiterInnen morgens ihren Arbeitstag antreten. Ist es ein freudiges oder belastendes Gefühl? Ist die Mitarbeiterin/der Mitarbeiter gesund oder leidet sie/er an einer chronischen Erkrankung? Sind die MitarbeiterInnen motiviert oder werden sie einen weiteren Tag »Dienst nach Vorschrift« absolvieren? Empfinden sie die eigene Wirksamkeit im Unternehmen als gegeben oder fühlen sie sich »machtlos«? Haben sie das Gefühl, dass ihr Potential ausgeschöpft ist, fühlen sie sich unter- oder überfordert? Fühlen sie sich gerecht behandelt und bezahlt? Welcher Zustand überwiegt an der Mehrzahl der Arbeitstage? Das ist wichtig.

14.8.2 Verantwortung des Unternehmens

Selbstverständlich kann ein Unternehmen nicht zu irgendeinem festgelegten Prozentsatz für den seelischen und körperlichen Zustand seiner MitarbeiterInnen verantwortlich gemacht werden. Trotzdem würde niemand auf die Idee kommen abzustreiten, dass die Arbeit einen gewaltigen Einfluss auf das Befinden eines jeden hat. Insofern hat jedes Unternehmen eine große Einflussmöglichkeit auf das MitarbeiterInnenbefinden und daraus abgeleitet auch eine Verantwortung.

Ich würde diese Verantwortung mit dem Begriff »Fürsorge« beschreiben, denn damit drückt sich aus, dass der Input, den das Unternehmen liefern kann, ein empathischer ist, der zugleich jedoch kein bestimmtes Ergebnis garantiert.

14.8.3 Verantwortung der MitarbeiterInnen

Aber nicht nur das Unternehmen trägt mit seiner Fürsorge einen gehörigen Teil zum Befinden bei. Der Anteil der MitarbeiterInnen an ihrem eigenen Befinden ist mindestens genau so groß, beispielsweise wenn es um die eigene Lebensführung oder um die innere Einstellung bzw. das Arbeiten daran geht.

Letztlich müssen wir uns alle fragen, was wir »unterm Strich« wollen. Wie wollen wir leben und arbeiten und wie wollen wir uns dabei fühlen? Den eigenen Anteil daran zu erkennen und in konstruktive Bahnen zu lenken, ist unser Teil der Verantwortung, den ich mit »Motivation und konstruktiver Bereitschaft« bezeichnen würde.

Positive Absichten

Um von vornherein der Diskussion um eine etwaige Festlegung von »richtigen« oder »falschen« Verhaltensweisen oder Einstellungen zu entgehen, möchte ich das Thema darauf leiten und reduzieren, dass einem Arbeitsvertrag zwischen einer Firma und einer Mitarbeiterin/einem Mitarbeiter zuallererst eine positive Absicht zugrunde liegt, welche im Laufe der Arbeitsjahre nicht in Vergessenheit geraten sollte.

Damit meine ich, dass jede Partei offen und gewillt ist, sich mit den Bedürfnissen und Anforderungen der jeweils anderen Partei auseinanderzusetzen und ihr Bestes tut, um diese immer wieder zu erfüllen – und zwar von beiden Seiten.

Von dieser Warte aus entsteht notwendigerweise ein Agieren auf Augenhöhe zwischen beiden und dieses beugt unnötigen Frustrationen oder überzogenem Anspruchsdenken auf beiden Seiten vor. Ein allgemeingültiges »Richtig« oder »Falsch« kann es folglich gar nicht geben, da beide Vertragsparteien diese Trennlinie auf Basis der allgemeingültigen gesellschaftlichen Werte, der im Unternehmen gültigen Leitlinien und der rechtlichen Rahmenbedingungen selbst ausgestalten und festlegen müssen.

14.8.4 Ermittlung des MitarbeiterInnen-Befindens

Durch die obige Definition von MitarbeiterInnenbefinden ist bereits eine Mischung aus MitarbeiterInnenzufriedenheit und MitarbeiterInnengesundheit vorgegeben. Die Erhebung lässt sich auf viele Arten gestalten und es gibt schon heute eine Reihe von Instrumenten wie beispielsweise die Anzahl von Krankheitstagen, die Anzahl von MitarbeiterInnen, die Wiedereingliederungsmaßnahmen erhalten, bis hin zu MitarbeiterInnenbefragungen, Stimmungsbarometern oder 360°-Feedbacks.

Wichtig sind aus meiner Sicht hier zwei Dinge: Die Parameter sollten über die Jahre hinweg immer gleich oder zumindest sehr ähnlich sein, damit eine Vergleichbarkeit zwischen den Erhebungen hergestellt werden kann. Und die Erhebungen sollten einem regelmäßigen Rhythmus folgen, um einerseits aussagekräftig über eine gewisse Zeitperiode zu werden und andererseits auch eine Glaubwürdigkeit in der Belegschaft herzustellen und zu zeigen, dass es dem Unternehmen mit diesem Thema wirklich ernst ist.

14.8.5 Kommunikation

Jegliche MitarbeiterInnenbefragung und jegliches Einsammeln von Daten weckt vollkommen berechtigterweise den Wunsch, darüber informiert zu werden, was einerseits mit den Daten geschieht und andererseits, was inhaltlich dabei herausgekommen ist. Eine Kommunikation zu beiden Themen sollte deshalb selbstverständlich sein.

Plattformen und Gelegenheiten dafür bieten sich im Laufe eines Jahres genug, ob es Meldungen im Intranet und Berichte auf MitarbeiterInnenversammlungen sind oder beispielsweise auch feste Punkte in Bereichsbesprechungen oder Personalgesprächen.

14.8.6 Mitwirkung

Gerade bei dem Thema MitarbeiterInnenbefinden macht eine Mitwirkung derjenigen Sinn, um die es geht, wenn geeignete Erhebungskriterien erarbeitet werden sollen. Warum also nicht beispielsweise die AbteilungsleiterInnen bitten, in einer Abteilungsbesprechung diese zum Thema zu machen und die Ideen und Wünsche der MitarbeiterInnen dazu einzusammeln?

So eine Sammlung kann einerseits gute und nützliche Impulse setzen. Andererseits wird die Akzeptanz durch die Mitwirkung gesteigert und letztlich das Verständnis und das Erlebnis, dass dem Unternehmen an seinen MitarbeiterInnen und deren Befinden viel gelegen ist.

14.8.7 Maßnahmen

Jegliche Aktion der oben beschriebenen Art ist nur halb vollbracht, wenn der Teil der daraus abgeleiteten Maßnahmen fehlt. Bei der Planung sollte deswegen von vornherein nicht nur Zeit dafür eingeplant werden, Kriterien und Durchführung hinlänglich auszuarbeiten, sondern auch dafür, dass Maßnahmen zunächst abgeleitet, dann budgetiert, kommuniziert und schließlich durchgeführt werden.

Daran erkennt man, dass dieses Thema – wenn es nachhaltig in einem Unternehmen implementiert werden soll – einen bedeutsamen Stellenwert an Zeit und je nach Maßnahmen auch an Budget einnehmen kann. Wichtig ist die Kontinuität dieses Themas aus mindestens zwei Gründen: um eine Wirksamkeit zu erzielen und um eine Glaubwürdigkeit zu erlangen.

14.8.8 Gewinn/Verlust

Analog zu heute schon gängigen »wellbeing« Indices könnte man sich einen »wellbeing at work«-Index vorstellen. Dieser Index würde das geistige Wohlbefinden und die Arbeitsfähigkeit der ArbeitnehmerInnen in einem Unternehmen erfassen. Dabei meine ich mit Arbeitsfähigkeit nicht nur die gesundheitlichen Voraussetzungen, sondern auch die Zufriedenheit mit den Möglichkeiten des Wirkens eines Arbeitnehmers in einem Unternehmen, den Grad an empfundener Selbst-Wirksamkeit. Die Erfassung der mentalen Gesundheit im Kontext mit Arbeit ist 2016 beispielsweise durch eine Untersuchung der Bundesanstalt für Arbeitsschutz und Arbeitsmedizin in Deutschland erfolgt.[37] Eine solche Erfassung in Kombination mit der Arbeitsfähigkeit der Angestellten könnte eine wirkungsvolle Methode sein, um eine Darstellung von Gewinn bzw. Verlust in einem Unternehmen in diesem Feld zu erreichen. Dabei würde beispielsweise die Anzahl der Arbeitnehmer die einen positiven Wert aufweisen der Anzahl der Arbeitnehmer gegenübergestellt, die einen negativen Wert aufweisen.

14.9 Säule 3: Schadschöpfung und Ressourcen-Bilanz

14.9.1 Definition

Jede Firma tritt natürlicherweise mit dem, was sie tut, in eine Interaktion mit ihrer Umgebung, sei es lokal oder global. Dabei nutzt sie bestehende Ressourcen, veredelt sie vielleicht oder schafft sogar neue. Andererseits werden in diesem Prozess auch Ressourcen verbraucht und früher oder später gelangen sie in Form von Emissionen, also als direkt oder indirekt abgegebene Abfälle aus der Produktion oder Distribution in die Umwelt zurück. Ihre Summe wird neuerdings als *Schadschöpfung* bezeichnet.[38]

Ressourcenverbrauch ist bislang zwar über die Kosten der Verbrauchsmaterialien und Energiekosten im finanziellen Status eines Unternehmens abgebildet. Diese Kosten decken jedoch bislang nicht den Aufwand ab, welcher für ein Produkt von der Rohstoffförderung über die Produktion und Nutzung bis hin zu Entsorgung oder Recycling entsteht. Auch dieser sollte bei der Erfolgsbetrachtung eines Unternehmens berücksichtigt werden, denn je intensiver eine Ressource ist, also je mehr für diese aufgewendet werden muss, desto mehr wird unser gesamtes System dadurch belastet. Wäre es da nicht sinnvoll, den Erfolg eines Unternehmens auch daran fest zu machen, wie intensiv seine Ressourcennutzung und sein -verbrauch bzw. wie gut seine Rückführung oder (Wieder-) Herstellung von Ressourcen ist? Vielleicht gelingt es vielen Unternehmen, hier eine positive Bilanz zu erzielen, indem es verlorene Ressourcen wieder nutzbar macht oder Ressourcen (wieder)herstellt.

37 Rose, U./Müller, G./Burr, H./Schulz, A./Freude, G. (2016): Arbeit und Mentale Gesundheit: Ergebnisse aus einer Repräsentativerhebung der Erwerbstätigen in Deutschland. Bundesanstalt für Arbeitsschutz und Arbeitsmedizin. Dortmund, Berlin, Dresden 2016

38 Günther, E.: Schadschöpfung. https://wirtschaftslexikon.gabler.de/definition/schadschoepfung-44691/version-206256. Abrufdatum 24.3.2019

Berechnungsmodelle für den »Ressourcenrucksack« gibt es bereits[39] und diese mit der Berechnung der Schadschöpfung zu kombinieren, wäre wahrscheinlich eine lohnende Aufgabe.

Eine Erweiterung des Begriffs Ressource, die bei der oben zitierten Berechnung des Ressourcenrucksacks meines Erachtens noch nicht zur Anwendung kommt, könnte ebenfalls in die Überlegungen einbezogen werden: die menschliche Ressource/*human resources*.

Ein Unternehmen, welches durch sein Geschäftsmodell im Rahmen seiner Wertschöpfungskette die Gesundheit seiner »Zulieferer« beeinträchtigt, würde hier eine negative Beeinträchtigung der Bilanz erfahren, denn die beeinträchtigten Menschen werden – abgesehen von dem Leid was erzeugt wird – dem BIP ihres Landes als produktive Teilnehmer entzogen bzw. ihr Beitrag dazu wird verkürzt. Wirtschaftsunternehmen, die darauf setzen, Textilien in unkontrollierten und die Gesundheit beeinträchtigenden Verhältnissen herstellen zu lassen, würden sich in diesem Modell erfolgsmindernd verhalten. Eine Handlungsweise eines Unternehmens, welche Gesundheit fördert, verbessert oder wiederherstellt, wäre in diesem Modell erfolgssteigernd.

14.9.2 Gewinn/Verlust

Insgesamt ist es denkbar, dass Unternehmen mittels ihrer Tätigkeit nicht nur einen Ausgleich zu Ressourcenverbrauch und Schadschöpfung herstellen, sondern dafür sorgen können, dass ihre Gesamt-Bilanz in diesem Feld positiv ausfällt. Rückführung bzw. Wiederherstellung von Ressourcen und gesundheitsfördernde Arbeitsbedingungen für MitarbeiterInnen wären wichtige Aspekte hierfür.

Ein Beispiel dafür könnte ein Krankenhaus sein, welches einerseits zwar Ressourcen verbraucht und Emissionen produziert, allerdings durch sein Tätigkeitsfeld im Rahmen der Gesundheitsfürsorge und Heilung die Gesundheit vieler wiederherstellt oder verbessert. Der Gewinn in diesem Feld könnte – um in diesem Beispiel zu bleiben – durch die Reduktion der *DALY* (*Disability Adjusted Life Years*) seiner Patienten kalkuliert werden, welche wiederum aufsummiert als produktive Leistungen der behandelten Menschen zum BIP der Gesellschaft gegen die Kosten der Ressourcen und Emissionen gerechnet werden. Entsteht aus allen Faktoren eine positive Bilanz, so ist hier ein Gewinn zu verzeichnen.

39 Schmidt-Bleek, F.: MIPS-Konzept. https://wupperinst.org/themen/ressourcen/ressourcen-berechnen/. Abrufdatum 24.3.2019

Gerade anhand dieses Beispiels würde vielleicht noch einmal besonders deutlich, wie wichtig und positiv bestimmte Arbeitsfelder für unsere Gesellschaft sind.

Mir ist klar, dass eine Berechnung insbesondere des menschlichen Ressourcenaspekts sehr schwierig und zum jetzigen Zeitpunkt vielleicht sogar unmöglich oder nach näherer Betrachtung und Diskussion eventuell nicht wünschenswert ist. Mein Ansinnen besteht lediglich darin, mittels dieser Stichworte ein gemeinsames gesellschaftliches Nachdenken über diese und mit Sicherheit noch andere wichtige Faktoren zu unterstützen und mich selbst daran zu beteiligen. Ganz im Sinne von »Eine große Reise besteht aus vielen kleinen Schritten.«

14.10 Säule 4: Finanzielle Lage

Ich möchte mich in diesem Abschnitt kurzhalten, denn die Beurteilung der finanziellen Lage eines Unternehmens wird in der Literatur ausführlich beschrieben und diskutiert. Die zugrunde liegenden Kriterien aus diversen Perspektiven der Finanzsicht, wie z. B. Vermögens- und Kapitalstruktur, Finanzierungs- und Liquiditätsstatus, finanzielle Erfolgsentwicklung (Gewinn- und Verlustrechnung), sowie andere hinzuzuziehende Parameter, wie Marktentwicklung, Unternehmensstrategie, Wettbewerbssituation oder die derzeitige und zu erwartende Auftragslage, sind mögliche Analyseparameter dieser Säule – je nach ausgewähltem Bewertungsmodell. Unabhängig davon, welche Bewertungsmethode gewählt wird: Die Gewichtung dieser Wertermittlung stellt in dem hier vorgeschlagenen Modell nur 25 % dar und verliert somit an Beitrag zum Gesamt-Erfolg.

15 Diskussion

Wir hoffen, dass es noch viele und weiterführende Ideen zu diesem Thema geben wird. Unser Ansatz ist es hier, zunächst Denkanstöße zu geben, wie eine größere Ausgewogenheit im wirtschaftlichen Handeln und damit im Leben der ArbeitnehmerInnen, für die Gesellschaft und die Umwelt erzielt werden kann. Das führt aus unserer Sicht nur über den Weg einer neuen Definition, Berechnung und Darstellung von Erfolg.

Die Ermittlung des Unternehmenserfolgs ist heutzutage zu einseitig auf eine bestimmte Bewertungsart fokussiert und fördert deshalb ein alternatives unternehmerisches Handeln auf breiter Fläche nicht. Das ist insofern logisch, als dass die wesentlichen Vorgaben für die ManagerInnen in Unternehmen in Kennzahlen ausgedrückt werden, die letztendlich den Geldgewinn des Unternehmens als oberste Erfolgsmaxime zum Ziel haben. Milton Friedman formulierte diesen Mechanismus so:

> *»In einem System freien Unternehmertums mit Privatbesitz an Produktionsmitteln ist der Manager ein Angestellter der Eigentümer. Er ist seinem Arbeitgeber unmittelbar verantwortlich. Diese Verantwortung besteht darin, das Unternehmen nach ihren Wünschen zu führen, was normalerweise bedeutet, unter Einhaltung gesellschaftlicher Normen, wie sie in Gesetzen oder ethischen Gepflogenheiten verankert sind, so viel Geld wie möglich zu verdienen.«*
>
> Milton Friedman[40]

An diesem Mechanismus ist nichts falsch und man wird ihn wahrscheinlich auch nicht ändern können oder wollen, da ManagerInnen – wie Friedman ebenfalls trefflich ausführt – nicht die Entscheidungshoheit über etwaige gemeinnützige und u. U. den Gewinnzielen des Unternehmens entgegenstehende Handlungen im Unternehmen haben.

Die logische Konsequenz daraus ist daher, dass es notwendig ist, unsere bisherige Erfolgs- und Wertberechnung zu erneuern und damit Handlungsspielräume erweitern, die einen systemischen Erfolg finanziell belohnen. Was hindert unsere Gesellschaft daran, mit Geldwert anzuerkennen, wenn ein Unternehmen dem System, in dem es sich bewegt – Gesellschaft, Umwelt – guttut und im umgekehrten Fall eine finanzielle Wertminderung erfährt? Sollten auf dieser Basis staatliche Subventionssysteme nicht komplett neu durchdacht werden?

40 Friedman, M.: Was die Aufgabe von Unternehmen ist und was nicht. http://www.misesde.org/?p=11727. Abrufdatum 24.3.2019

Erst wenn Unternehmen auf der gesamten Länge ihrer Wertschöpfung genauso auch ihre Wertzerstörung darstellen müssen, wird das Bild vollständig. Erst dann zeigt sich deren systemische Wirkung umfassend und somit auch ihr wahrer Wert.

Die schon jetzt gesetzlich verankerte Pflicht zur Darstellung nichtfinanzieller Informationen im Geschäftsbericht ist zwar ein erster Schritt, dieser greift jedoch nicht in die Erfolgsbewertung eines Unternehmens ein. Er wird deshalb unserer Meinung nach immer nur ein Zusatzergebnis anstelle eines integralen Bestandteils darstellen.

Wir fürchten jedoch, dass sich genau deshalb der Kern aktuellen unternehmerischen Denkens nicht ändert und folglich auch nicht die Zielrichtung heutigen unternehmerischen Handelns und vermuten daher, dass eine gesetzliche Verankerung zu einer erweiterten Berechnung von Unternehmenserfolg und Unternehmenswert unumgänglich sein wird.

Eine Anhebung des Preises von verbrauchten Ressourcen oder sogenannten »Verschmutzungsrechten« ist aus unserer Sicht keine umfassende Lösung der in diesem Buch beschriebenen Problemstellungen, weil – wie oft bei Kostensteigerungen – automatisch auf die Personalseite gegriffen wird, um dort die höheren Kosten für beispielsweise Rohstoffe oder Verschmutzungsrechte wieder einzusparen. Das aber wäre konträr zu dem, was wir erreichen wollen, denn dann würde wieder ein Teil des Gesamtsystems über Gebühr belastet und vermutlich mit weiteren Effizienzsteigerungen noch weiter in die »Machbarkeitsfalle« getrieben. Wir möchten jedoch erreichen, dass die Einrechnung von ganz unterschiedlichen Faktoren in den Unternehmenserfolg mehr Möglichkeiten als jetzt eröffnet, um Wertsteigerungen für uns alle zu erzielen.

Sicher wird eine Mischung verschiedener Faktoren benötigt, die letztendlich einen Einfluss auf den Unternehmenswert haben. Inwiefern der Gewinn oder Verlust in den jeweiligen Modellfeldern eine monetäre Auswirkung auf ein Unternehmen haben sollte, ist sicherlich eine Entscheidung der jeweiligen Gesellschaft, in der dieses oder ein ähnliches Modell zur Anwendung kommt. Ist eine finanzielle Auswirkung gewünscht, würde das zu tatsächlichem Wertverlust oder tatsächlicher Wertsteigerung von Unternehmen führen und es würde zu einer Umverteilung von geschöpften Werten und Gewinnen kommen.

Doch dafür ist ein generelles Umdenken notwendig, welches zunächst mit der Hinterfragung bestehender Realitäten beginnen muss. ManagerInnen können in dieser Diskussion eine überaus wertvolle Rolle einnehmen, da sie tagtäglich mit den Kennzahlen eines Unternehmens zu tun haben und ihre Arbeit und Steuerungstätigkeiten darauf ausrichten. Sie kennen die internen Mechanismen im Unternehmen und können einschätzen, welche Auswirkungen bestimmte Änderungen haben könnten.

Alleine der Beginn einer bewussten Diskussion über die »Richtigkeit« bestehender KPI würde schon eine Menge in Unternehmen bewirken, denn: Kommt eine Diskussion zu diesen grundlegenden Themen kompetent in Unternehmen zustande, wird der Druck erhöht, diese Diskussion auch mit den Eignern und den politischen Akteuren zu führen.

Wir haben in diesem Buch einen Weg beschrieben, der aus unserer Sicht helfen würde, das obige Ziel zu erreichen: Vom Aufzeigen des *Machbarkeitsparadigmas* und seinen Auswirkungen, über dessen Hinterfragung und den Möglichkeiten einer Neuorientierung. Dabei hat uns auch immer die Frage nach dem »guten Umgang« mit Ressourcen geleitet – einschließlich den *human resources* – was wiederum bedingt, dass wir uns auch ausführlich mit Führungsthemen auseinandersetzen.

Wir sind fest davon überzeugt, dass eine notwendige Veränderung nur dann stattfinden kann, wenn die Menschen an den Schaltstellen ihr Verhalten ändern – und das sind in Unternehmen die Führungskräfte. Damit diese jedoch den dafür benötigten Handlungsspielraum bekommen, muss eine Diskussion bisheriger Bewertungsraster stattfinden, die zu neuen Rahmenbedingungen führt und neue Handlungsoptionen in einem werteorientieren Wirtschaften möglich macht.

Für unsere Kinder Julia, Wendelin, Emily und Noah

Literatur

Bachrach, G. (2011): Man sollte seine Fehler ans Herz drücken. Ein Gespräch mit Hans Magnus Enzensberger über den Charme des Unperfekten, Zeitmagazin Nr. 1/2011: https://www.zeit.de/2011/01/Fehler-Enzensberger. Abrufdatum 24.3.2019

Biver, J C. (2018): »Die ›Liebe‹ als Führungskonzept des Unternehmers«. Vortrag im Club Europäischer Unternehmerinnen e. V. mit Sitz in Hamburg

Briggs Myers, I./Myers, P. B. (1995): Gifts Differing: Understanding Personality Type. Mountain View, CA 1995

Bundespsychotherapeutenkammer n.e. V. (BPtK) (2015): BPtK-Studie zur Arbeitsunfähigkeit, psychische Erkrankungen und Krankengeldmanagement 2015

CAPT, Center of Applications of Psychological Types, https://www.capt.org/mbti-assessment/estimated-frequencies.htm?bhcp=1. Abrufdatum: 24.3.2019

Csíkszentmihályi, M. (2004): Flow im Beruf. Das Geheimnis des Glücks am Arbeitsplatz. Stuttgart 2004

DGB-Index Gute Arbeit. Der Report 2017. In: Institut DGB-Index Gute Arbeit (Hrsg.) Berlin 2017, S. 1–11

Epikur (1980): Briefe, Sprüche. In: Kraus, H.-W. (Hrsg.): Werkfragmente. Stuttgart 1980

Ernst & Young GmbH Wirtschaftsprüfungsgesellschaft (2018): Frauenanteil in deutschen Vorständen steigt weiter leicht – aber 54 Frauen stehen 638 Männern gegenüber. https://www.ey.com/de/de/newsroom/news-releases/ey-20180705-frauenanteil-in-deutschen-vorstaenden-steigt-weiter-leicht. Abrufdatum 21.03.2019

Erren, T.C./Falaturi, P./Morfeld, P./Knauth, P./Reiter, R.J./Piekarski, C. (2010): Shift Work and Cancer – The Evidence and the Challenge, Dtsch Arztebl Int 2010, 107(38), S. 657–662

Fischer-Epe, M. (2017): Coaching Tools III. In: Rauen, C. (Hrsg.): Manager Seminare, Edition Training aktuell. Bonn 2017

Freudenberger, H.J./Richelsen, G. (1980): Burn Out: The high cost of high achievement. Norwell M.A., USA, 1980

Friedman, M. (1970): Was die Aufgabe von Unternehmen ist und was nicht. http://www.misesde.org/?p=11727. Abrufdatum 24.3.2019

Gershon, M. D. (1998): The second Brain. New York 1998

Goleman, D. (1995): Emotionale Intelligenz, 19. Aufl., München 2006

Greenblatt, S. (2013): Die Wende. Wie die Renaissance begann. München 2013

Greve, G. (2016): Organizational Flow. Der leichte Weg zur Höchstleistungsorganisation. https://www.flowskills.com/neurobiologie-und-flow.html. Abrufdatum 24.3.2019

Groll, T. (2012): Alles gleichzeitig funktioniert nicht. Multitasking ist ein Mythos: Niemand kann mehrere komplexe Tätigkeiten gleichzeitig ausführen, das macht das menschliche Hirn nicht mit. https://www.zeit.de/karriere/beruf/2012-08/multitasking-gehirnleistung, Abrufdatum 21.3.2019

Günther, E.: Schadschöpfung. https://wirtschaftslexikon.gabler.de/definition/schadschoepfung-44691/version-206256. Abrufdatum 24.3.2019

Helmers, K. U./Dahm-Daphi, J. (2018): Profit vor Gesundheit?, Hamburger Ärzteblatt 05/2018, S. 11

Hersey, P./Blanchard, K. (1982): Management of organizational behaviour. Leading Human Resources. 10. Aufl., London 2015

Initiative Offene Gesellschaft e. V.: https://www.die-offene-gesellschaft.de/. Abrufdatum 21.3.2019

Jung, C. G. In: Jung, L., (Hrsg.) (2008): Typologie. 9. Aufl., München 2008

Kant, I. (1999).: Was ist Aufklärung? In: Brandt, H.D. (Hrsg.): Ausgewählte kleine Schriften. Hamburg 1999, S. 20

Lemm, S. (2018): Intensiver Ausdauersport kann Männerherzen schädigen. In: Ärztliches Journal, München Januar 2018. http://www.aerztliches-journal.de/medizin/medizin/medizin/intensiver-ausdauersport-kann-maennerherzen-schaedigen/e2d34561b-0137315500c2594c826e84c/. Abrufdatum 21.3.2019

Machalke, K. (2013): Die leisen Hilferufe von Swisscom-Chef Carsten Schloter, Focus online, https://www.focus.de/panorama/boulevard/topmanager-schockt-mit-selbstmord-die-leisen-hilferufe-des-swisscom-chefs_aid_1052146.html, Abrufdatum 23.3.2019

Marschall, J. et al (2017): DAK-Gesundheitsreport 2017. Analyse der Arbeitsunfähigkeitsdaten. Update: Schlafstörungen. In: Storm A (Hrsg.): Beiträge zur Gesundheitsökonomie und Versorgungsforschung (Band 16). Hamburg 2017, S. 8, S. 31–34

Metz, R. (2016): Deutschland in Daten, Bundeszentrale für politische Bildung. http://www.bpb.de/nachschlagen/zahlen-und-fakten/deutschland-in-daten/221081/bip, Abrufdatum 21.03.2019

Münchrath, J. (2015): Frau Jellen, hören Sie die Signale!, Handelsblatt 15.09.2015: http://www.handelsblatt.com/my/politik/konjunktur/nachrichten/zinserhoehung-in-usa-muss-her-frau-yellen-hoeren-sie-die-signale/12320590.html?ticket=ST-1774044-679GtDzvVmjartrUgXLX-s02lcgiacc01.vhb.de. Abrufdatum: 24.3.2019

Precht, R. D. (2009): Wer bin ich – und wenn ja wie viele? Eine philosophische Reise. München 2009

Pressestelle DAK Gesundheit (2019): Fast jeder dritte Schüler hat Schlafstörungen. DAK-Präventionsradar 2018 untersucht Zusammenhang mit Schulstress und langen Bildschirmzeiten. https://www.dak.de/dak/bundes-themen/praeventionsradar-2042446.html. Abrufdatum 21.3.2019

Pulse of Europe e. V.: https://pulseofeurope.eu/. Abrufdatum 21.3.2019

Rose, U./Müller, G./Burr, H./Schulz, A./Freude, G. (2016): Arbeit und Mentale Gesundheit: Ergebnisse aus einer Repräsentativerhebung der Erwerbstätigen in Deutschland. Bundesanstalt für Arbeitsschutz und Arbeitsmedizin, Dortmund, Berlin, Dresden 2016

Scherer, M. (2018): Intensiver Ausdauersport kann Männerherzen schädigen. In: Ärztekammer Hamburg und Kassenärztliche Vereinigung (Hrsg.): Hamburger Ärzteblatt 02/2018, S. 25

Schmidt-Bleek, F.: MIPS-Konzept. https://wupperinst.org/themen/ressourcen/ressourcen-berechnen/. Abrufdatum 24.3.2019

Seneca, L. A. (1999): De Tranqillitate Animi – Über die Seelenruhe. In: Rosenbach, M (Hrsg.): Philosophische Schriften in fünf Bänden. Darmstadt 1999, S. 101–175

Statista (2018): Wirtschaftswachstum in Deutschland anhand der Veränderung des Bruttoinlandsproduktes (BIP) gegenüber dem Vorjahr in den Jahren 1992 bis 2018. https://de.statista.com/statistik/daten/studie/2112/umfrage/veraenderung-des-bruttoinlandprodukts-im-vergleich-zum-vorjahr/. Abrufdatum 21.3.2019

Tödtmann, C.: Gallup-Studie: Die meisten Angestellten fühlen sich von ihren Arbeitgebern belogen, https://blog.wiwo.de/management/2019/02/06/gallup-studie-die-meisten-fuehlen-sich-von-ihren-arbeitgebern-belogen/. Abrufdatum 28.5.2019

WHO: Constitution of WHO. Preamble to the Constituion (1948): https://www.who.int/about/mission/en/, Abrufdatum 24.3.2019

Wippert, P.-M. (2011): Kritische Lebensereignisse in Hochleistungsbiographien, Untersuchungen an Spitzensportlern, Tänzern und Musikern. Lengerich 2011

Glossar

Accelleration: Beschleunigung, Zeitraffung

Agens: (Medizin) medizinisch wirksamer Stoff, krank machender Faktor

Algorithmus: Rechenvorgang nach einem bestimmten, sich wiederholenden Schema; eindeutige Handlungsvorschrift zur Lösung eines Problems oder einer Klasse von Problemen; Verfahren zur schrittweisen Umformung von Zeichenreihen

BIP: Bruttoinlandsprodukt, Wert aller produzierten Waren und Dienstleistungen im Inland nach Abzug der Vorleistungen und Importe; Indikator für die wirtschaftliche Leistungsfähigkeit einer Volkswirtschaft

Bore-out: (unscharfer) Oberbegriff für persönliche Krisen, die durch Unterforderung entstehen und mit seelischer und physischer Erschöpfung einhergehen

Burn-out-Syndrom: (unscharfer) Oberbegriff für persönliche Krisen, die durch Überforderung entstehen und mit seelischer und physischer Erschöpfung einhergehen

Circulus vitiosus: Teufelskreis

Controller: Mitarbeiter, der der Unternehmensleitung Fakten, Methoden und darauf basierende Reflexionen für die Koordination, Kontrolle und Bewertung eines Unternehmens liefert

DALY, Disability-Adjusted Life Years: Maßzahl für durch Krankheit beeinträchtigte oder durch Tod verminderte Lebensjahre

Emotionale Intelligenz: Fähigkeit, eigene und fremde Gefühle (korrekt) wahrzunehmen, zu verstehen und zu beeinflussen

Flow: als beglückend erlebtes Gefühl eines mentalen Zustandes völliger Vertiefung (Konzentration) und restlosen Aufgehens in einer Tätigkeit

Glaubenssatz: starre Anschauung; konstruktivistische Grundannahme

Headcount: Mitarbeiterzahl, Angestelltenzahl, Personalbestand

Hörsturz: plötzlich auftretende Innenohrschwerhörigkeit, bis hin zum (vorübergehenden) Verlust des Gehörs, »Ohrinfarkt«

Introspektion: nach innen gerichtete Selbst-Beobachtung; Innenschau

Intestinal: zum Darm gehörend

KPI: Key Performance Indicator = Leistungskennzahl; Kennzahlen, anhand derer die Leistung, Auslastung oder der Erfüllungsgrad wichtiger Zielsetzungen einer Organisation ermittelt, gemessen und bewertet werden kann

Krankenstand: Anzahl von Kranken in einem Betrieb o.Ä. zu einem bestimmten Zeitpunkt

Management by exception: »Führen nach dem Ausnahmeprinzip«; nach Festlegung der Ziele, Sollwerte und Bewertungsmaßstäbe arbeiten die Mitarbeiter selbstständig, solange keine Toleranzüberschreitungen oder nicht vorhersehbare Ereignisse eintreten

Matrixorganisation: mehrdimensionale Organisationsstruktur, bei der für unterschiedliche Unternehmensbereiche entscheidungsberechtigte Teilhandlungen eines Gesamtprozesses definiert werden, für den wiederum nur gemeinsam Beschlüsse gefasst werden dürfen

Orakel: Voraussage; Weissagung; Wahrsagung

Paradigma: grundsätzliche Denkweise; Weltsicht; Weltanschauung; Erklärungsmodell

Prävention: Zuvorkommen; Vorbeugung

Psychovegetativ: auf einer von seelischen Vorgängen ausgelösten Störung des vegetativen Nervensystems beruhend

Reparativ-kurativ: wiederherstellend-heilend (im Ggs. zu präventiv/vorbeugend)

Roll-out: bezeichnet das (großflächige) Ausrollen/Einführen von Tätigkeiten, Leistungen oder Produkten

Schattencoaching: Coaching on the Job; Coach ist in der Arbeitssituation als Beobachter und Feedbackgeber anwesend

Selbstmanagement: Kompetenz, die eigene persönliche und berufliche Entwicklung selbstständig und unabhängig zu gestalten

Selbstwirksamkeit: Überzeugung einer Person, auch schwierige Situationen und Herausforderungen aus eigener Kraft erfolgreich bewältigen zu können

Self discovered logic: Einsicht, die eine Person durch eigenes Nachdenken gewinnt (im Gegensatz z. B. zum Frontalunterricht)

Shareholder: Anteilseigner eines Unternehmens

Sparring: Trainingspartner (ursprüngl. Boxsport)

Standardisierung: Vereinheitlichung (von Abläufen/Prozessen/Berechnungen)

Systemisch: ein bestimmtes System (als Ganzes) betreffend

USP: Unique Selling Proposition oder Unique Selling Point; Alleinstellungsmerkmal

Wertschöpfungskette: Darstellung von Tätigkeiten eines Unternehmens, die es für Konzeption, Herstellung, Vertrieb, Auslieferung und Unterstützung seiner Produkte benötigt

Danksagung

Ganz am Anfang ist Anne-Ev Ustorf zu nennen, selbst Autorin, die eine professionell-freundschaftliche Unterstützerin der ersten Anläufe zu diesem Projekt war. Bei der nächsten Etappe half uns besonders Corinna Luerweg. Durch sie fanden wir zu einer groben Struktur unseres Textes und zum Exposé, das es uns ermöglichte, in einer frühen Phase des Schreibens Feedback von unterschiedlichen Personen einzuholen.

Feedback zu geben ist wahrlich nicht einfach, denn es ist eine Gratwanderung, Kritik zu äußern und doch zugleich zu ermutigen. Besonders nennen möchten wir hier Petra Winter, Kirsten Dahler, Gabriele Fischer, Kerstin Holzer, Christiane Götz Weimer, Prof. Dr. Ralf Eberenz und Dr. Thomas Ingelfinger. All diesen Personen gilt unser aufrichtiger Dank für ihre Mühe und ihre Ernsthaftigkeit.

Dank gilt auch last but not least unseren Erstlesern Elena Ites und Wendelin Rodenberg, deren Anmerkungen uns animierten, an manchen Stellen noch genauer hinzuschauen.

Die Autorinnen

Dr. Cristina Barth Frazzetta

Nach dem Abitur studierte Cristina Barth Frazzetta zunächst Pharmazie bis zum Abschluss als pharmazeutisch-technische Assistentin, danach legte sie das Vorexamen in Germanistik und Biologie mit den Nebenfächern Philosophie und Politologie ab, bevor sie 1976 das Studium der Medizin in Bonn, Berlin und Rochester/USA absolvierte und 1982 mit der Approbation und Promotion zum Dr. med. abschloss. Insgesamt war sie 14 Jahre ärztlich tätig, davon fünf Jahre in eigener Praxis als Fachärztin für Allgemeinmedizin und Psychotherapeutische Medizin. 1996 machte sie sich nach Weiterbildungen in Coaching, Prozessmanagement, Kommunikationspsychologie und systemischer Business-Aufstellung als freiberufliche Beraterin selbstständig. Ihre Beratungsschwerpunkte sind Leadership-Coaching im Topmanagement, Teambuilding, Konfliktmediation, Begleitung von Veränderungsprozessen und Health-Coaching.

Im Jahr 2001 gründete sie das Hamburger Beratungsunternehmens d4b und leitete dies acht Jahre lang als Geschäftsführerin. Im Jahr 2009 gründete sie CBF Coaching und CBF Toscana Coaching Retreats mit dem Fokus auf Executive Coaching, Teambuilding und Burn-out-Präventionsmaßnahmen in internationalen Wirtschaftsunternehmen.

In der Zeitspanne 2008–2012 war sie Lehrbeauftragte der Universität Hamburg in den Master-Studiengängen Entrepreneurship und HR-Management. Seit 2012 ist sie Dozentin an der Ärzte-Akademie Hamburg. Sie ist heute ECA (European Coaching Association)-zertifizierter Master-Business-, Health- und Lehr-Coach mit eigenem Lehrinstitut.

Ehrenämter:
Seit 2012 Vize-Präsidentin der ECA in Italien; seit Anfang 2016 Beiratsmitglied des CeU (Club europäischer Unternehmerinnen mit Sitz in Hamburg) und dessen Repräsentantin in Italien; seit 2012 Aufsichtsrats-Vorbereitung (pro bono) für VDU-, später CeU-Mitglieder in Kooperation mit E&Y, später KPMG

Publikationen:
managerSeminare, Heft 69, 2003, Zwischen Ethik und Effektivität
Deutsches Ärzteblatt, Heft 45, 6.11.2009, Mitarbeiter zu Mitstreitern machen.

Deutsches Ärzteblatt, Jg. 107, Heft 43, 29.10.2010, Strategie meint Langfristigkeit

Der Urologe, 8-2010, Erfolgsfaktor Mitarbeiter

Emotion-Sonderheft, Das erschöpfte Ich, 17.4.2013, Weg mit den Mauern in unserem Kopf

Bilanz, 11.8.2016, Manager müssen Visionen liefern

Markenartikel, 4/2017, Ohne Sinn geht es nicht, Markenwerte und Firmenkultur

Experten-Interviews (CIO 11/2001; SZ 9/13; Madame Business Lounge 10/16; Hamburger Abendblatt 11/16)

Claudia James

Musikwissenschaften und russische Literaturwissenschaft studierte Claudia James in Hamburg und St. Petersburg, Russland. Während des Studiums arbeitete sie u. a. als Leiterin von interkulturellen Austauschprogrammen, wissenschaftliche Mitarbeiterin für die Hamburgische Bürgerschaft, Sendeproducerin beim NDR Hörfunk und als freiberufliche Violinistin. Nach dem Studium war sie als Produktmanagerin zunächst in einem russischen, dann in einem amerikanischen Food-Unternehmen tätig. Im Libanon baute sie erfolgreich eine Firma für Hygieneberatung und Vermarktung von Desinfektionsmitteln in Krankenhäusern auf.

Zurück in Hamburg bekleidete Claudia James ab 2002 verschiedene Führungspositionen bei der BODE Chemie GmbH, einem Tochterunternehmen der BEIERSDORF AG, u. a. als Director Marketing und als Mitglied der Geschäftsleitung. Im Jahr 2009 wurde das Unternehmen von der PAUL HARTMANN AG übernommen, einem Konzern für Medizin- und Pflegeprodukte. Als Teil der Unternehmensführung begleitete und gestaltete sie den »Change« der Tochtergesellschaft zur eigenständigen Business Unit und war nach der Integration zuletzt mit dem Aufbau und der Leitung des BODE SCIENCE CENTER, einem Zentrum für Wissenschaft, Kommunikation und Beratung, betraut.

Eine motivierende, ausbalancierte Mitarbeiterführung sowie die Förderung und Umsetzung von flexiblen und familiengerechten Arbeitsmodellen lagen Claudia James in all den Jahren besonders am Herzen. Für die vorbildliche Umsetzung von »Mixed Leadership« wurde die BODE Chemie 2012 mit dem Helga-Stödter-Preis durch die Hamburger Handelskammer ausgezeichnet.

Aktuell berät Claudia James als Senior Expert Marketing bei der Knieler & Team GmbH Konzerne aus der Healthcare-Branche.

Ehrenämtes:

Sprachpatin für Flüchtlinge; Sport-Jugendwartin und Jugendschutzbeauftragte

Publikationen:

James, C., Schmidt, A. (1994): Medienpluralismus und Programmwirklichkeit. Eine Studie über die Radiosender in Hamburg, Communications. The European Journal of Communication 19, S. 33–50

Kampf, G., Reise, G., James, C., Gittelbauer, K., Gosch, J., Alpers, B. (2013): Improving patient safety during insertion of peripheral venous catheters: an observational intervention study. GMS Hyg Infect Control 8(2): Doc18

James, C. (2019): Das Konzept der Hygienekommunikation: Sprache als Compliance-Helfer. Krh.-Hyg.+Inf.verh. Vol. 41, 2/2019

James, C. (2019): The concept of hygiene communication: using speech as compliance enhancer. HygMed Vol. 44, 6/2019

Auszeichnungen:

1. Platz beim Management & Krankenhaus AWARD 2014 in der Kategorie Labor und Hygiene für die Händehygiene-Kampagne »Jeder Moment zählt« der Paul Hartmann AG und des Bode Science Center

Helga-Stödter-Preis für die vorbildliche Umsetzung von »Mixed Leadership« durch die Handelskammer Hamburg

Werden Sie uns weiterempfehlen?
O Ja
O Nein
O Vielleicht
SCHÄFFER
POESCHEL